权威·前沿·原创

皮书系列为
"十二五""十三五""十四五"时期国家重点出版物出版专项规划项目

U0205942

BLUE BOOK

智 库 成 果 出 版 与 传 播 平 台

广东省特支计划创新团队项目（项目编号：2019BT02H594）
广东外语外贸大学南海研究创新团队项目（项目编号：TD2004）

海洋国际合作蓝皮书

BLUE BOOK OF INTERNATIONAL MARITIME COOPERATION

海洋国际合作研究报告（2023）

ANNUAL REPORT ON INTERNATIONAL MARITIME COOPERATION (2023)

主　编／隋广军　肖鹞飞

副主编／唐丹玲　林　丽

社会科学文献出版社
SOCIAL SCIENCES ACADEMIC PRESS（CHINA）

图书在版编目（CIP）数据

海洋国际合作研究报告.2023／隋广军，肖鹞飞主
编；唐丹玲，林丽副主编.--北京：社会科学文献出
版社，2024.3
　（海洋国际合作蓝皮书）
　ISBN 978-7-5228-3274-6

　Ⅰ.①海… Ⅱ.①隋… ②肖… ③唐… ④林… Ⅲ.
①海洋资源-资源开发-国际合作-研究报告-2023
Ⅳ.①P74

中国国家版本馆 CIP 数据核字（2024）第 035677 号

海洋国际合作蓝皮书
海洋国际合作研究报告（2023）

主　　编／隋广军　肖鹞飞
副 主 编／唐丹玲　林　丽

出 版 人／冀祥德
组稿编辑／张晓莉
责任编辑／叶　娟　胡晓利　俞孟令
责任印制／王京美

出　　版／社会科学文献出版社·区域国别学分社（010）59367078
　　　　　　地址：北京市北三环中路甲 29 号院华龙大厦　邮编：100029
　　　　　　网址：www.ssap.com.cn
发　　行／社会科学文献出版社（010）59367028
印　　装／天津千鹤文化传播有限公司

规　　格／开本：787mm×1092mm　1/16
　　　　　　印张：19.5　字数：292千字
版　　次／2024 年 3 月第 1 版　2024 年 3 月第 1 次印刷
书　　号／ISBN 978-7-5228-3274-6
定　　价／138.00 元

读者服务电话：4008918866

主要编撰者简介

隋广军　博士，教授，博士生导师。现任广东国际战略研究院院长，广东外语外贸大学原党委书记，享受国务院政府特殊津贴，获授"广东省优秀社会科学家"称号。现为教育部工商管理教学指导委员会委员，中国工业经济学会常务副会长，广东省社科联兼职副主席。主要研究领域：全球经济治理、"一带一路"与产业合作、创新与危机管理、战略管理。主要研究成果：主持国家社科基金重大项目、重点项目、一般项目，教育部中欧合作项目等40多项，在《管理世界》《经济学动态》《改革》等学术刊物发表论文100余篇，出版《全球经济治理新范式：中国的逻辑》、《广东处于转折点》、《广东产业发展研究报告》、*Typhoon Impact and Crisis Management*、《台风灾害评估与应急管理》等学术著作20余部，60多份决策咨询报告得到中央政府、外交部、商务部与广东省领导同志批示并被有关部门采纳。

肖鹞飞　教授，广东国际战略研究院高级研究员，广东外语外贸大学粤港澳大湾区研究院高级研究员。主要研究领域：国际金融、国际贸易、世界经济。主要研究成果：第一类是针对国际金融理论、国际货币制度、人民币汇率、人民币自由兑换和跨境人民币结算等研究问题所出版的教材、专著4部和发表的学术论文40余篇；第二类是针对广东外经贸发展、广东开放经济发展等专题研究问题所形成的著作、研究报告、咨询报告20余篇；第三类是撰写《广东外经贸蓝皮书》总报告14篇，撰写《粤港澳大湾区蓝皮书》专题报告2篇。

唐丹玲　二级教授，博士生导师，南方海洋科学与工程广东省实验室（广州）二级研究员，广东省海洋生态环境遥感中心主任，广东省创新创业计划"南海生态环境权益综合研究 U 团队"带头人。香港科技大学博士，罗德岛大学博士后，在美国、日本工作多年，入选中国科学院"百人计划"回国。曾任复旦大学教授、中国科学院南海海洋研究所研究员、全球海洋遥感协会（PORSEC）主席、太平洋海洋科学技术学会（PACON）主席、联合国重大项目"全球环境展望"（GEO）科学指导委员会委员。主要研究领域：遥感海洋生态学、海洋生态与环境、生物海洋学、海洋权益，提出了"风泵的海洋生态效应"理论框架，开拓了南海 U 形海疆线走廊综合研究。主要研究成果：发表 SCI/EI 等论文近 200 篇，在 Springer 等知名出版社出版 *Remote Sensing of the Changing Oceans*、*Typhoon Impact and Crisis Management* 和 *Geological Environment in the South China Sea* 等多部专著。获"第二届全国创新争先奖"（银质奖章）。

林　丽　广东外语外贸大学东方语言文化学院副教授。主要研究领域：南海合作、南海话语、越南外交与文化、越南语信息处理。主要研究成果：主持国家社科基金国际问题研究一般项目 1 项，广东省级科研、教研项目 2 项；出版专著 1 部，公开发表论文 30 余篇，其中英文 EI 检索论文 2 篇，《中文信息学报》《模式识别与人工智能》《山东大学学报》《山西大学学报》《解放军外国语学院学报》等国内核心期刊论文 9 篇。2020～2021 年，曾作为副主编参与《东盟文化蓝皮书》系列编撰。

摘　要

　　海洋国际合作蓝皮书聚焦于海洋国际合作的研究，具有如下特点：第一，海洋国际合作的主体是主权国家及相关职能部门、联合国及其职能机构、区域国际组织及其职能机构；第二，合作的方式是以公约、协定、倡议等"硬法"和"软法"为手段形成共识和共同行动；第三，合作的内容主要涉及海洋生态系统保护、海洋产业经济、海上安全、海洋科技和海洋文化传播等方面；第四，合作的范围既有全球也有区域、既有多边也有双边。本书是海洋国际合作蓝皮书的首本，会对核心概念和内容做梳理，对以往情况适当回溯。本年度研究报告主要内容摘要如下。

　　总报告，定义了海洋国际合作的概念，明确了合作的内容和方式，概述了合作的发展和现状，重点阐述了大国合作及多边治理。当前，加强和推进海洋国际合作与治理已成为全球普遍共识，进入了以海洋法律法规为基础的国际社会共商共治时期。截至 2022 年，形成了以《联合国海洋法公约》、联合国环境大会和《21 世纪议程》等为法律制度框架，以联合国及其机构、主权国家政府机构、非政府组织及跨国公司等为行为主体，以海洋生态环境保护、海洋资源开发利用、海上安全、海洋科学研究和海洋人文交流等为主要合作内容的海洋国际合作与治理体系。

　　分报告，从海洋生态环境保护、海洋产业经济、海上安全、海洋科技等四个方面阐述了海洋国际合作的发展和现状。（1）海洋生态环境是海洋生物生存和发展的基本条件，生态环境的改变会导致生态系统和生物资源的变化；联合国制定了海洋生态环境保护的公约和纲领性文件并成立了多个国际

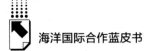

机构，中国政府开创了东北亚海洋合作机制、西北太平洋保全计划等海洋环境治理项目。（2）海洋产业经济包括海洋渔业、海洋交通运输业、海洋装备制造业、海洋油气业、滨海旅游业和海洋化工业等；海洋产业经济国际合作包括海洋渔业产品贸易、海洋渔业资源开发与保护、海洋运输、公海航运安全与港口通关、海洋装备制造、海洋油气、滨海旅游、海洋化工等。（3）在联合国倡导下各国合作成为维护海上安全的主要途径，各国围绕海洋环境、海洋经济、海事安全、海洋人文安全和网络安全展开多种形式的合作活动。（4）海洋科技国际合作对于促进海洋资源开发和保护具有重要意义，报告梳理了国际知名海洋研究机构、分析了海洋科技发展现状及研究热点、总结了海洋科技国际合作的模式。最后，报告从海洋国际合作法律的进展、评价与展望的角度，梳理和归纳了上述四方面海洋国际合作的内容。

区域报告，选择了地中海和北冰洋两个区域海洋案例。地中海国际合作具有天然的复杂性和多样性，地中海行动计划是联合国环境规划署发起的13个"区域海洋项目"中最早的一个，以欧盟为代表的区域和次区域组织、国家主体间的双边和多边合作也成为解决海洋空间使用、海洋资源开采、海洋安全威胁、环境退化和气候变化、生物多样性治理、移民治理等地区问题的关键。北冰洋地区被誉为"人类最后的资源宝库"，国际合作主要聚焦科学研究、资源开发与航道利用，国际合作方式有北极理事会、联合科考队、常驻科学研究站点、漂浮科学考察船。

专题报告，阐述了全球海洋治理具有治理主体多元化、制度体系复杂化和议题关注度提升的特征，中国应与世界各国加强合作，共同维护海洋秩序。联合国等国际组织正在积极促成气候变化的国际合作，联合国气候大会通过签订各种条约以达成控制气候变化的目的。海洋国际合作已经形成了以《联合国海洋法公约》为框架性制度安排的治理体系。

关键词： 海洋资源和环境保护　国际合作　国际公约协定倡议　国际组织　主权国家

目 录 ↖

Ⅰ 总报告

Ⅱ 分报告

Ⅲ 区域报告

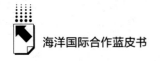
Ⅳ　专题报告

皮书数据库阅读**使用指南**

总 报 告

General Report

B.1

海洋国际合作与治理发展报告

隋广军　肖鹞飞　郁清漪*

摘　要： 当前，海洋国际合作已经进入了以海洋法律法规为基础的国际社会共商共治时期。以《联合国海洋法公约》等为法律制度框架，以联合国及其机构、主权国家政府机构、非政府组织及跨国公司等为行为主体，以海洋生态环境保护、海洋资源开发利用、海上安全、海洋科学研究、海洋文化交流等为主要合作内容的海洋国际合作与治理体系已经形成。推进海洋国际合作与治理成为全球普遍共识；合作渠道不断完善，形成了多层次海洋合作模式和机制；合作广度和深度持续拓展，实现了覆盖部门合作和战略合作的海洋务实国际合作。以中国、美国和欧盟为代表的全球主要经济体开展高层对话、实施行动计划，在海洋生态环境保护、海上

---

* 隋广军，经济学博士，广东国际战略研究院院长、教授、博士生导师，主要研究领域为全球经济治理、"一带一路"与产业合作、创新与危机管理、战略管理；肖鹞飞，广东外语外贸大学教授，广东国际战略研究院高级研究员，广东外语外贸大学粤港澳大湾区研究院高级研究员，主要研究领域为国际金融、国际贸易、世界经济；郁清漪，文学博士，广东国际战略研究院讲师，主要研究领域为全球经济治理、欧洲及西语国家经济、国际发展援助。

执法、港口与海运合作方面进行了有益实践。以联合国为代表的国际组织致力于实现海洋可持续发展，在海洋信息交换与传播、海洋观测预报与防灾减灾等领域积极推动国际海洋治理。2021年，中国制定的《中华人民共和国国民经济和社会发展第十四个五年规划和2035年远景目标纲要》提出深度参与全球海洋治理。2022年，第二届联合国海洋大会聚焦"海洋科学促进可持续发展十年"，欧盟发布了关于海洋治理的联合声明。

关键词： 海洋国际合作　国际海洋治理　生态环境保护　海上执法

一　海洋国际合作的发展与现状

（一）海洋国际合作的发展演变

人类海洋活动自大航海时代开始进入"全球海洋"时期，并伴随海洋法规则的不断演化和丰富，形成了特定的历史时空特征，大致可以分为五个阶段。第一个阶段是西班牙和葡萄牙二元分治时期。伴随地理大发现的历史进程，西班牙和葡萄牙开始进行以开辟新航路和殖民征服为目的的海洋活动，进而发展为早期的海洋帝国。由于海上竞争和领土争端，西班牙和葡萄牙先后于1494年和1529年签订了分割大西洋的《托尔德西里亚斯条约》和分割太平洋的《萨拉戈萨条约》，确定了海洋及其中新发现陆地的归属权。这一时期的海洋治理格局基于教皇权威而诞生，以明显的二元结构为特征，呈现出竞争性和垄断性。第二个阶段是海洋绝对自由时期。1609年荷兰国际法学家胡果·格劳秀斯（Hugo Grotius）发表《海洋自由论》，为荷兰参与国际贸易、打破西班牙和葡萄牙的海洋权益垄断提供了法理依据。格劳秀斯提出了海洋对所有人都应当是开放的、自由的这一前提假设，进而认为根据国际法任何国家都可以在海洋自由航行、通过航行与他国进行自由贸易。[①] 基于格劳秀斯海洋法思想的"海洋绝对自由"理念构成了所有海洋国家平等享有海洋权益的早期国际法基础，使得荷兰和英国的海上行动和权益具有了合法性。

第三个阶段是重视和维护国家海洋利益时期。1890年，美国军事家和史学家阿尔弗雷德·赛耶·马汉（Alfred Thayer Mahan）发表《海权对历史的影响：1660~1783年》，提出了由海军体系、商船运输体系和驻泊体系构成的"海权"理论，列举了地理位置、自然结构、领土范围、人口数量、民族特征、政府性质六个影响海权的基本条件，为美国19世纪后半叶谋求占领海外经济市场、寻找商业机会的扩张战略提供了现实主义强权理论基础。[②] 这一海洋权益的"国家回归"使得各国开始重视并建设自身的海上实力，推动海洋活动进入更宽领域、更深层次。第四个阶段是进入20世纪以后，国际海洋法的形成、发展和基本稳定时期。1958年，第一次联合国海洋法会议召开，会议通过了《公海公约》《领海及毗连区公约》《捕鱼及养护公海生物资源公约》《大陆架公约》，对海洋绝对自由进行了约束，形成了针对国家权利的具体规范，全球海洋治理进入了相对自由时期。第五个阶段是国际海洋法成熟和稳定时期。1982年，由160余个主权国家磋商达成的《联合国海洋法公约》（简称"《海洋法公约》"）正式生效，对领海、毗连区、专属经济区（EEZ）、大陆架、用于国际航行的海峡、群岛国、岛屿制度、闭海或半闭海、内陆国出入海洋的权利和过境自由、海洋科学研究、海洋环境保护和保全、海洋技术发展和转让等内容作出了迄今为止最为全面的法理阐释，是管理海洋的综合性国际公约。应该说，海洋自由论推翻了早期的海洋垄断论，使得各国共享海洋成为可能。然而，根据海洋自由论，国家对海洋的权利和管辖权局限在海岸线周围的狭窄水域范围内，其余

---

① 马忠法：《〈海洋自由论〉及其国际法思想》，《复旦学报》（社会科学版）2003年第5期，第119~128页。

② 刘永涛：《马汉及其"海权"理论》，《复旦学报》（社会科学版）1996年第4期，第69~73，61页。

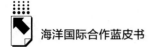
海洋对所有人开放，但不属于任何人。① 各国对领海以外海洋的渔业资源和自然资源的争夺、人类活动导致的日益严重的海洋污染，造成了海洋的"公地悲剧"。而海权论的诞生，导致海洋超级大国竞争加剧，使海洋变成了一个充满潜在不稳定因素的舞台。共商、共治海洋成为国际社会迫切的需求。在1958年的第一次联合国海洋法会议上诞生的一系列公约是建立更加稳定的海洋秩序、推动国家间互信与合作、更加合理地管理和利用海洋这一愿景的体现。1982年的《海洋法公约》则进一步为国际社会确立了有关海洋资源和海洋利用的国际制度和规范，使得基于规则的全球海洋治理具有了法理基础。应该指出，《海洋法公约》仍然有未能覆盖的领域，且伴随人类海洋活动的增加和深入，面临各条款效力范围和解释力不足的问题。但整体而言，《海洋法公约》是发达国家和发展中国家共商的产物，为各国共治海洋营造了有利环境和条件，为维护现行总体稳定的国际海洋秩序作出了积极的贡献。

（二）海洋国际合作的主要内容和方式

海洋合作具有丰富的内涵和外延。狭义的海洋合作大多指为获得海洋能源、生物、矿物、航道等多种资源而开展的合作研究、合作开发等；广义的海洋合作则视海洋为载体，研究世界各国以海洋为依托开展的相关产业合作与成果互惠共享，② 主要指沿海国家或涉海组织及个人为达成共同愿景、谋求共同的海洋利益，在涉海领域相互配合的一种联合行动。③ 本报告定义的海洋国际合作指以主权国家为核心的多元主体按照自愿、平等、互利原则共同开展的涉海活动，包含经济、政治、科技、文化等多个领域。

---

① United Nations, "The United Nations Convention on the Law of the Sea（A Historical Perspective）," https：//www. un. org/Depts/los/convention_ agreements/convention _ historical _ perspective. htm, accessed：2023-10-12.

② 刘大海、于莹：《"21世纪海上丝绸之路"周边国家海洋合作指数评估报告2018》，科学出版社，2019，第5页。

③ 宁凌等：《面向21世纪海上丝绸之路的中国与东盟海洋合作研究》，中国经济出版社，2019，第36页。

第一，海洋经济国际合作。经济合作与发展组织将海洋经济定义为海洋产业的经济活动及基于海洋生态系统提供的资产、商品和服务的总和。[①] 国家标准《海洋及相关产业分类》将海洋经济定义为开发、利用和保护海洋的各类产业活动，以及与之相关联活动的总和。[②] 上述两种定义体现了两大内涵：其一，海洋生态系统为海洋产业相关活动提供了源泉。依据《中华人民共和国海洋行业标准》，列入海洋经济统计并具有一定产业规模的海洋产业主要有海洋水产业、海洋油气业、海洋交通运输业、海滨砂矿业、海洋盐业、海洋生物制药和保健品业、沿海造船业、海洋电力和海水利用业、海洋化工业、海洋工程建筑业、海洋信息服务业、滨海旅游业及其他海洋产业13 个门类。[③] 这些产业均依赖海洋生态系统，进行开发和利用海洋资源的相关活动。其二，海洋产业相关活动对海洋生态系统产生显著的影响。《海洋法公约》明确了海洋污染的四大类别，即陆源污染、来自船只的污染、来自用于勘探或开发海床和底土的自然资源的设施装置的污染、来自在海洋环境内操作的其他设施和装置的污染，并指出"各国有保护和保全海洋环境的义务"。[④] 显而易见，人类活动特别是海洋产业相关活动对海洋生态系统的可持续性具有直接效应。因此，海洋经济国际合作的主要内容涉及海洋产业和海洋环保两大重点领域。

第二，海洋安全国际合作。一般而言，以国家作为分析单位的"安全"概念可以分为传统安全和非传统安全。前者侧重军事力量的运筹，使国家能够确保领土完整、主权独立，是以军事安全为核心的政治安全；后者则是伴随冷战结束和全球化深入发展而形成的超越国家间对抗、冲突和战争的新安

[①] OECD, *The Ocean Economy in 2030*, Paris：OECD Publishing, 2016, p. 22.

[②] 国家海洋信息中心：《海洋及相关产业分类》，全国标准信息公共服务平台，https：// std. samr. gov. cn/gb/search/gbDetailed？id＝D4BEFFF4E 980B241E05397BE0A0AF581，最后访问日期：2023 年 10 月 12 日。

[③] 任淑华等编著《海洋产业经济学》，北京大学出版社，2011，第 20 页。

[④] 如无特殊说明，本报告所引用的《联合国海洋法公约》内容均来自联合国网站。参见《联合国海洋法公约》，联合国网站，https：//www. un. org/zh/documents/treaty/UNCLOS-1982，最后访问日期：2023 年 10 月 12 日。

全威胁，包括恐怖主义、分裂主义、跨国犯罪等。海洋安全概念的内涵和外延也随着时代发展不断丰富，"不被别国从空中、浅海和水中侵入领海"的狭义定义已扩展成为包含"维持海上秩序、打击海上违法行为、保护海上边界、保护海洋环境和海上生物资源"的广义概念。[①] 海洋安全可以被定义为"在一国海洋国土（领海和专属经济区）范围内能够有效抵御和化解内外威胁和不测事件，保障生存和发展的稳定状态"。[②] 海洋安全威胁包括：国家海洋国土主权受到外国占有性宣示；国家海域和岛礁遭受军事入侵；国家海洋资源受到掠夺，经济建设遭到破坏、遏制和干扰；海盗、跨国组织犯罪和其他恐怖主义袭击；海洋水质和底层污染，由此造成生物多样性丧失和人类居住环境恶化；风暴潮、海啸、海平面上升等自然灾害。[③] 此外，以个人作为分析单位，海上搜救也是安全合作的重要组成部分。《国际海上人命安全公约》和《国际海上搜寻救助公约》先后于1974年和1979年通过，从而正式形成了涵盖搜救行动的国际体系。1998年，国际海事组织联合国际民航组织通过并出版了《国际航空和海上搜寻救助手册》，为组织和提供搜寻和救援服务提供了指南。国家安全和个人安全构成了海洋安全国际合作的两大维度。

第三，海洋科技国际合作。进入20世纪以后，科学所取得的成就和突破超过以往全部历史的总和，科学的众多门类相互交叉、渗透、综合，已经发展成为结构复杂的大科学系统。[④] 随着海洋战略在21世纪的重要性日益突出，传统工程技术在与其他相关学科交叉、融合的基础上派生出的海洋技术涵盖了海洋基础技术、海洋相关技术和海洋应用技术三大类。[⑤] 领域化和专业化日渐成为科学界分工的显著特征，使得科学研究中的合作既成为一种

---

① 许民强：《国际海事安全法律制度研究》，博士学位论文，大连海事大学，2015，第12页。

② 刘兰、徐质斌：《关于中国海洋安全的理论探讨》，《太平洋学报》2011年第2期，第93~100页。

③ 刘兰、徐质斌：《关于中国海洋安全的理论探讨》，《太平洋学报》2011年第2期，第93~100页。

④ 谢彩霞：《国际科学合作研究状况综述》，《科研管理》2008年第3期，第179~186页。

⑤ 陈鹰：《海洋技术定义及其发展研究》，《机械工程学报》2014年第2期，第1~7页。

必然选择，也成为促进科学创新的重要动力源泉。海洋科技国际合作是指以科学家群体为中心形成的科研共同体，围绕海洋科学研究、海洋环境监测、防灾减灾、海水养殖、海洋生物资源利用、海水淡化、海洋污染与海洋生态保护、极地科学等多领域展开的国际合作。为了规范海洋科技国际合作，《海洋法公约》第十三部分对进行海洋科学研究的权利和一般原则等内容进行了总体定位，明确"所有国家均有权进行海洋科学研究，海洋科学研究应专为和平目的而进行"，指出"各国和各主管国际组织应按照尊重主权和管辖权原则，在互利基础上，促进为和平目的而进行的海洋科学研究的国际合作"。第十四部分对海洋技术的发展和转让进行了专门性说明，要求"各国在公平合理的条款和条件下发展和转让海洋科学和海洋技术，同时对包括内陆国和地理不利国在内的发展中国家进行技术援助以加速发展中国家的社会和经济发展"。可以看到，海洋科学研究是实现海洋可持续发展的基础和前提，发展海洋科学和促进技术合作是人类共同应对海洋带来的机遇和挑战、构建人类命运共同体的重要形式和手段。

第四，海洋文化国际合作。海洋文化是人类在社会历史进程中基于对海洋的认识和利用，在实践中所创造出来的物质文化、精神文化和制度文化的总和。[1] 人海互动产生了海洋文化，海洋文化是人在进行海洋活动的过程中逐渐形成的关于海的文化表象，包括生活、生产、价值观念、习俗等方面，具体而言，涉及造船技术、航海技术、航海叙事、海洋文献、航海制度、海神信仰、航海习俗、海洋神话传说等。[2] 各国各地区的海洋文化既体现了各自的国家、民族特色，又体现了鲜明的跨海相连性、历史一体性、社会互动性和大区域共同性，具有统一性和完整性。[3] 世界各国、各族

---

[1] 杜军、林燕飞：《"一带一路"建设背景下广东省与东盟国家建立海洋文化交流与合作机制研究》，《东南亚纵横》2019年第3期，第76~82页。

[2] 谢必震：《论海峡两岸"海洋文化资源"合作开发与保护》，载两岸关系和平发展协同创新中心福建师范大学两岸文化发展研究中心编《两岸发展的文化合力——第二届两岸文化发展论坛文集》，人民出版社，2015，第195~200页。

[3] 曲金良：《海上丝绸之路文化遗产保护与利用的国际合作路径》，《中国社会科学报》2022年3月4日，第6版。

群、各个文明中都有关于海洋的文化历史记载。以爱琴海为中心、环地中海地区的古希腊文明、古罗马文明推动形成了兴盛的工商航海文化，这是西方文明的源头；17世纪从英国普利茅斯出发横渡大西洋到达新大陆的"五月花号"推动了美国的诞生、奠定了今日美国的精神和文化传统；中国典籍《山海经》记录了远古时期人类生存的海内、海外世界，体现了东方民族对已知海洋的认识和对未知海洋的想象及探索；15世纪郑和率领船队进行远洋航行，将西太平洋和印度洋的广阔海域联结在一起；跨大西洋的奴隶贸易和"被征服"的殖民叙事对非洲和拉丁美洲的族群、民族和民族性产生了深远影响。由于海洋空间辽阔、海洋文明溯源久远，海洋文化在历史和现实中成为联结人类情感的紧密纽带。海洋文化交流与合作既是人类文化认同和信任的重要载体，也是人类精神文明的必然追求。开展关于海洋文化的交流与合作有助于促进国家、区域，甚至全球层面的民心相通。

（三）海洋国际合作的现状

第一，合作意愿日益增强，推进海洋国际合作与治理成为全球普遍共识。联合国2030年可持续发展议程将"保护和可持续利用海洋和海洋资源以促进可持续发展"纳入，提出了预防和减少各类海洋污染、可持续管理和保护海洋及沿海生态系统、加强各级科学合作以缓解和解决海洋酸化问题、有效规范捕捞活动、增加可持续利用海洋资源给小岛屿国家和最不发达国家带来的经济利益等具体目标。[1] 64%的海域在国家管辖范围之外，[2] 这意味着实现海洋可持续发展是共同的国际责任，加强国际合作成为全球层面的普遍共识。欧盟委员会提出"共同管理世界的海洋及其资源，使其健康

---

[1] United Nations, "Transforming our World: the 2030 Agenda for Sustainable Development," October 21, 2015, https://documents - dds - ny.un.org/doc/UNDOC/GEN/N15/291/89/PDF/N1529189.pdf? OpenElement, accessed: 2023-10-12.

[2] Robin Mahon, "BBNJ - 'Common Heritage of Mankind'," UNEP, July 22, 2019, https://www.unep.org/cep/news/blogpost/bbnj-common-heritage-mankind, accessed: 2023-10-12.

且富有生产力，造福当代和后代"的国际海洋治理理念。① 作为落实 2030年可持续发展议程的举措，2016 年欧盟委员会发表《国际海洋治理：我们海洋的未来议程》，提出填补国际海洋治理框架的空白；推进重点海域渔业管理与合作，填补区域治理的空白；加强国际组织之间的协调与合作，启动"海洋伙伴关系"海洋管理；提高海洋治理能力；确保海洋安全和稳定五项行动计划。② 2022 年欧盟委员会继续发布《为可持续蓝色星球设定航向——欧盟国际海洋治理议程》，提出在全球、地区和双边层面加强国际海洋治理框架；采取协调和互补方式应对共同的挑战和累积性影响以实现海洋可持续发展；在国际水域竞争和基于规则的多边秩序面临的挑战日益加剧背景下使海洋成为一个安全可靠的空间；为旨在保护和可持续管理海洋的科学决策提供海洋知识四大目标。③ 美国方面，2007 年发布的《21 世纪海上力量合作战略》强调，没有一个国家具备单独确保整个海洋的安全的资源，呼吁各国政府、非政府组织以及国际组织和私人机构建立拥有共同利益的伙伴关系以便更好应对不断涌现的海洋新威胁。④ 2014 年，在美国主办的海洋会议——"我们的海洋"（Our Ocean）上，美国国务卿约翰·克里（John Kerry）表示，"如果全世界不共同努力保护海洋免受不可持续的捕捞活动、前所未有的污染和气候变化的破坏性后果的影响，整个生态系统就有可能在根本上遭到破坏"。⑤

① European Commission, "International Ocean Governance," https：//oceans-and-fisheries. ec. europa. eu/ocean/international-ocean-governance_ en, accessed：2023-10-12.

② European Commission, "International Ocean Governance：An Agenda for the Future of Our Oceans," November 10, 2016, https：//eur-lex. europa. eu/legal-content/EN/TXT/PDF/? uri＝CELEX：52016JC0049, accessed：2023-10-12.

③ European Commission, "Setting the Course for a Sustainable Blue Planet-Joint Communication on the EU's International Ocean Governance Agenda," June 24, 2022, https：//oceans-and-fisheries. ec. europa. eu/publications/setting - course - sustainable - blue - planet - joint - communication-eus-international-ocean-governance-agenda_ en, accessed：2023-10-12.

④ James T. Conway, Gary Roughead and Thad W. Allen, "A Cooperative Strategy for 21st Century Seapower," HSDL, October 2007, https：//www. hsdl. org/? view&did＝479900, accessed：2023-10-12.

⑤ U. S. Department of State, "Welcoming Remarks at Our Ocean Conference," June 16, 2014, https：//2009-2017. state. gov/secretary/remarks/2014/06/227626. htm, accessed：2023-10-12.

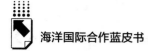

作为发展中国家代表，中国亦为海洋国际合作与治理提供了方案和智慧。2017 年，中国在"共商共筑人类命运共同体"高级别会议上提出"要秉持和平、主权、普惠、共治原则，把深海、极地、外空、互联网等领域打造成各方合作的新疆域，而不是相互博弈的竞技场"，① 中国于 2019 年提出"海洋命运共同体"理念，② 表达了加强海上对话和海洋合作的意愿。2021 年制定的《中华人民共和国国民经济和社会发展第十四个五年规划和 2035 年远景目标纲要》进一步要求"深度参与全球海洋治理"："深化与沿海国家在海洋环境监测和保护、科学研究和海上搜救等领域务实合作，加强深海战略性资源和生物多样性调查评价。参与北极务实合作，建设'冰上丝绸之路'。"③ 欧盟、美国和中国等世界主要经济体的各类战略文件和公开表述为世界共同管理、治理海洋提供了预期和行动指南。

第二，合作渠道不断完善，形成多层次海洋合作模式和机制。伴随全球化和区域一体化的迅速发展，在海洋的"全球公域"属性下，单个国家进行的海洋管理和治理已经无法应对资源过度开发、海洋环境污染、气候变化等问题带来的挑战。以政府间国际组织为核心的多利益攸关方积极参与海洋国际合作与治理的实践，形成了全球-区域-双边多级联动、灵活安排和长效机制并行的多层次海洋合作模式和机制。在全球层面，从 1982 年《海洋法公约》正式通过到 2017 年召开首届联合国海洋大会，海洋治理的全球主义路径已经形成了以《海洋法公约》为核心的规则框架，包含开展海洋国际合作的规范性内容，也针对各国在不同海域的行为制定了准则。④ 区域层面，在联合国环境规划署倡议下，区域海洋治理伙伴关系（PROG）得以形

① 习近平：《论坚持推动构建人类命运共同体》，中央文献出版社，2018，第 419 页。
② 《人民海军成立 70 周年 习近平首提构建"海洋命运共同体"》，人民网，2019 年 4 月 23 日，http://cpc.people.com.cn/n1/2019/0423/c164113 - 31045369.html，最后访问日期：2023 年 10 月 12 日。
③ 《中华人民共和国国民经济和社会发展第十四个五年规划和 2035 年远景目标纲要》，中国政府网，2021 年 3 月 13 日，http://www.gov.cn/xinwen/2021-03/13/content_ 5592681.htm，最后访问日期：2023 年 10 月 12 日。
④ 吴士存：《全球海洋治理的未来及中国的选择》，《亚太安全与海洋研究》2020 年第 5 期，第 1~22，133 页。

成，旨在确定和促进跨部门海洋治理的综合区域模式，并促进有关海洋生态系统和资源的保护和可持续利用的区域合作，目前已经形成了区域海洋公约和行动计划、区域渔业机构、参与区域海洋治理的政治和经济团体、领导者推动的区域海洋治理倡议、特别协议和倡议五种形式。① 全球主要涉海国家和区域一体化组织之间展开了形式多样的多边、诸边和双边海洋合作，如欧盟、美国和加拿大开展的大西洋研究合作，中国和东盟在 21 世纪海上丝绸之路框架下的国际合作，中欧"蓝色伙伴关系"，等等。在以主权国家为核心的官方合作之外，包括非政府组织和跨国公司等在内的利益攸关方亦扮演着越来越重要的角色。比如，成立于 1987 年、总部位于美国阿灵顿的保护国际基金会（Conservation International）通过开展科学研究、开发金融创新产品、与当地社区建立伙伴关系等方式来保护热带荒野地区和海洋生态系统中的生物多样性。1979 年成立、总部位于荷兰阿姆斯特丹的绿色和平组织（Greenpeace International），关注过度捕捞和捕鲸等海洋活动。海洋经济中的百大跨国公司联合提出"海洋 100 对话"倡议，希望创建一个用于海洋管理的科学商业平台以应对在实现可持续和公平的海洋经济过程中的挑战。多层次合作模式为管理、治理海洋发挥了全球动员作用，也为多利益攸关方的积极行动提供了渠道和机制。

第三，合作广度和深度持续拓展，实现覆盖部门合作和战略合作的宽领域、深融合海洋务实国际合作。"国际海洋考察十年计划"从 1971 年开始，到 1980 年结束，其间一系列具有开创性的国际合作研究项目落地实施。2017年，第 72 届联合国大会通过决议将 2021~2030 年确定为联合国"海洋科学促进可持续发展十年"（简称"海洋十年"）。2020 年，该计划经第 75 届联合国大会批准，进一步提升了海洋国际合作的广度和深度。这一计划回应了"是否有办法在继续依靠海洋来满足人类需求的同时扭转海洋健康状况下降的

---

① "Why Regional Ocean Governance," PROG, https：//www. prog – ocean. org/about/regional – ocean – governance/#：～：text = There% 20are% 20at% 20least% 20five% 20common% 20forms% 20that，initiatives% 3B% 20and% 205% 20Ad% 20hoc% 20agreements% 20and% 20initiatives，accessed：2023–10–12.

趋势"的全球性问题，提出海洋科学需要发挥核心作用，促进海洋知识生成的范式转变，助力落实 2030 年可持续发展议程，为开展跨地域、跨部门、跨学科和跨时代的行动提供框架，促进从"我们所拥有的海洋"转向"我们所希望的海洋"。① 海洋国际合作随时间推移逐渐从环境保护、资源开发、文化遗产保护、海上安全等涉海领域的部门合作拓展到人力资源培训、完善法律制度体系等能力建设领域的战略合作。"海洋可持续发展"成为指导海洋国际合作的总体思想，不断扩展和深化海洋国际合作既是一种现实需求，也是发展趋势。

二 大国海洋合作

（一）高层对话与行动计划

随着海洋议题重要性增加、海洋合作议题在大国高层对话中出现的频次增加，以中国和美国为代表的全球性大国、以欧盟成员国为代表的区域性大国各自与合作国之间以及相互之间都制定并实施了多元化的合作倡议和行动计划。欧盟方面，自 2007 年出台首份《综合海洋政策》以来，欧盟共同的海洋政策在发展中形成。成员国的海洋政策趋于协调，或通过整体国家战略，如法国、葡萄牙和德国；或通过部门层面的特别倡议，如英国、丹麦和爱尔兰。17 个欧盟成员国及其伙伴国发起"健康和生产性海洋联合规划倡议"以促进研究资源和能力之间的协同。② 2010 年和 2012 年，《欧洲 2020：智慧、可持续、包容增长战略》和《蓝色增长：海洋及关联领域可持续增长的机遇》先后发布，将海洋经济发展和就业作为支持经济增长的支柱。

---

① 联合国教科文组织政府间海洋学委员会：《联合国海洋科学促进可持续发展十年（2021～2030年）实施计划》，联合国教科文组织网站，https：//unesdoc. unesco. org/ark：/48223/pf0000377082_chi，最后访问日期：2023 年 10 月 12 日。

② European Commission, *Progress of the EU's Integrated Maritime Policy*, Luxembourg：Publications Office of the European Union, 2012, p. 10.

前者指出，深厚的海洋传统是欧盟的重要优势之一，并提出了包括海洋政策在内的"资源节约型欧洲"旗舰倡议，旨在通过结构性和技术性转型实现经济增长与资源和能源利用脱钩、增强竞争力。① 后者指出，与海洋相关联的经济活动每年为欧盟提供 540 万个就业机会和近 5000 亿欧元的增加值，75% 的对外贸易和 37% 的内部贸易依赖海运，并在此基础上提出将启动一项将蓝色经济嵌入成员国、地区、企业和社会团体政策议程的进程，重点关注蓝色能源、水产养殖、旅游、海洋矿产资源和蓝色生物技术。② 同时，欧盟"波罗的海地区战略"和"亚得里亚海与爱奥尼亚海地区战略"相继实施，将蓝色经济作为地区战略的重要支柱。此外，2013 年，欧盟、美国和加拿大签署《关于大西洋合作的戈尔韦声明》，该声明要求三方加强对大西洋的探测，共享探测数据，协调使用探测设施，开展可持续的海洋资源管理，绘制海洋生物栖息地地图，促进海洋研究人才流动，推荐重点研究领域，等等。③

美国重视与印太地区经济体的海洋合作，这些经济体包括中国、东盟、印度、日本和澳大利亚等。中美两国在 1979 年签署《中华人民共和国国家海洋局和美利坚合众国国家海洋大气局海洋和渔业科学技术合作议定书》后开启了双边合作，取得了丰富成果。海洋法、海洋科研等领域的合作成为中美环境合作联合委员会框架和中美战略与经济对话框架下的重要议题，《关于建立加强海上军事安全磋商机制的协定》（1998 年）、《2011~2015 年中国国家海洋局与美国国家海洋和大气管理局海洋与渔业科技合作框架计划》（2012 年）等相继签署。美国和东盟于 2022 年将合作关系升级为"全

① European Commission, "Europe 2020: A Strategy for Smart, Sustainable and Inclusive Growth," EUR-Lex, May 3, 2010, https://eur-lex. europa. eu/legal-content/en/ALL/? uri=CELEX% 3A52010DC2020, accessed: 2023-10-12.

② European Commission, "Blue Growth-Opportunities for Marine and Maritime Sustainable Growth," EUR-Lex, September 13, 2012, https://eur-lex. europa. eu/legal-content/EN/ALL/? uri= CELEX%3A52012DC0494, accessed: 2023-10-12.

③ 《欧盟与美、加合作开展大西洋研究》，北方网，2013 年 5 月 26 日，http://news. enorth. com. cn/system/2013/05/26/010997887. shtml，最后访问日期：2023 年 10 月 12 日。

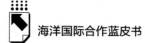
面战略伙伴关系"，双方同意进一步推进海洋和经济合作。在美国-东盟特别峰会期间，美国表示了对"东盟印太展望"提出的海洋合作①的支持，提出了一项总额达到六千万美元、主要由美国海岸警卫队领导的新区域海事倡议，重点关注人员和驻留、打击非法捕捞活动、印太支持平台、国防物品、培训等，旨在扩大海洋合作。② 与此同时，美国与东盟成员国的双边合作已有较大进展。比如，美国和印尼于2015年签署了《海上合作谅解备忘录》，在保护沿海社区和渔业、打击非法捕捞活动、扩大海洋科学技术合作、加强海上和港口安全等多个领域加强合作。③ 美国副总统卡玛拉·哈里斯（Kamala Harris）在2022年访问菲律宾期间，向菲律宾承诺提供海事执法援助、支持菲律宾的可持续渔业、支持菲律宾海岸警备队升级和扩展船只交通管理系统、延长非移民签证有效期等。④ 美国重视印度在海上安全与防务领域的地位和作用，双方签署了《国防技术和贸易倡议》《物流交换协议备忘录》等多份海上伙伴关系协议，于2015年签署了《美印亚太和印度洋联合战略愿景》，美国于2016年将印度升级为美国的重要防务伙伴。⑤ 此外，自2002年起，美国启动与日本和澳大利亚的三边对话，对话层级已从副外长级迅速提高到外长级，显示了美国在与区域主要经济体加强印太地区海洋合

① 海洋合作主要包括和平解决争端合作、可持续管理海洋资源合作、解决海洋污染合作、海洋科学技术合作。参见 ASEAN, "ASEAN Outlook on the Indo-Pacific," June 23, 2019, https：//asean. org/asean2020/wp-content/uploads/2021/01/ASEAN-Outlook-on-the-Indo-Pacific_ FINAL_ 22062019. pdf, accessed：2023-10-12.

② The White House, "Fact Sheet：U. S. -ASEAN Special Summit in Washington, DC," May 12, 2022, https：//www. whitehouse. gov/briefing - room/statements - releases/2022/05/12/fact - sheet-u-s-asean-special-summit-in-washington-dc/, accessed：2023-10-12.

③ U. S. Embassy and Consulates in Indonesia, "Fact Sheet：U. S. -Indonesia Maritime Cooperation," https：//id. usembassy. gov/our-relationship/policy-history/embassy-fact-sheets/fact-sheet-u-s-indonesia-maritime-cooperation/, accessed：2023-10-12.

④ The White House, "Fact Sheet：Vice President Harris Launches Initiatives to Support U. S. -Philippines Maritime Cooperation," November 21, 2022, https：//www. whitehouse. gov/briefing - room/statements-releases/2022/11/21/fact-sheet-vice-president-harris-launches-initiatives-to-support-u-s-philippines-maritime-cooperation/, accessed：2023-10-12.

⑤ Vivek Mishra, "India-US Maritime Cooperation：the Next Decade," *Indian Foreign Affairs Journal*, vol. 12, no. 1, 2017, pp. 60-73.

作方面的意愿。

中国方面，早期主要参与由国际组织推动的海洋国际合作。1993年，联合国经济及社会理事会下属区域经济委员会亚洲及太平洋经济社会委员会倡议设立区域性环境合作机制——东北亚环境合作机制（NEASPEC），该机制由中国、日本、韩国、朝鲜、俄罗斯、蒙古6国环境官员组成，每年召开一次高级官员会，就东北亚自然保护、生态效率伙伴关系、减缓并预防沙尘暴、海洋资源的利用和保护等议题开展讨论，交流主要做法。中国先后于1994年和2000年参与了由全球环境基金、联合国开发计划署和国际海事组织共同发起实施的"东亚海海洋污染防止与管理计划"和"东亚海环境管理伙伴关系计划"，实践海洋综合管理和可持续发展的理念，完成厦门海岸带综合管理示范点等的建设。进入21世纪以后，中国推动达成双边海洋合作成效显著。中国与东盟于1991年建立对话关系，于2002年签署《南海各方行为宣言》。有关各方承诺以和平方式解决它们的领土和管辖权争议，并开展海洋环保、海洋科学研究、海上航行和交通安全、搜寻与救助、打击跨国犯罪等领域的合作。① 中国和东盟将海上合作纳入双方十大合作领域（交通领域），取得了一系列进展，如建立"中国-东盟交通部长会议机制"、建立"中国-东盟海事磋商机制"、制定《中国-东盟港口发展与合作联合声明》《中国-东盟海运协定》等合作规划。② 随后，《南海及其周边海洋国际合作框架计划（2016~2020）》就海洋经济、政策、环境等方面的合作确立了实施框架。③ 2017年，"南海行为准则"框架通过，2019年，第一轮审读完成，第二轮审读启动。2017年，国家发展改革委和国家海洋局联合制定《"一带一路"建设海上合作设想》，提出共同建设中国-印度洋-非洲-地中

---

① 《南海各方行为宣言》，中国外交部网站，2002年11月4日，https://www.mfa.gov.cn/web/zyxw/200303/t20030304_277805.shtml，最后访问日期：2023年10月12日。

② 蔡鹏鸿：《中国-东盟海洋合作：进程、动因和前景》，《国际问题研究》2015年第4期，第14~25、133页。

③ 《国家海洋局发布〈南海及其周边海洋国际合作框架计划（2016~2020）〉》，中国政府网，2016年11月5日，http://www.gov.cn/xinwen/2016-11/05/content_5128785.htm，最后访问日期：2023年10月12日。

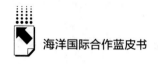
海蓝色经济通道、中国-大洋洲-南太平洋蓝色经济通道、经北冰洋连接欧洲的蓝色经济通道三条蓝色经济通道。

（二）海洋生态与环境保护科研合作

国际社会为保护海洋生态与环境签署了一系列国际协议，包括《海洋法公约》中关于海洋生态治理的具体条款，以及《防止海洋石油污染国际公约》和《国际防止船舶造成污染公约》等专门性国际公约，为海洋国际合作与治理提供了框架性依据。与此同时，区域海由于生态系统比较脆弱且与邻近海洋的环境相分离，往往是环境问题的多发地，根据海洋问题或海洋的地理特性，区域合作被认为是最有效的方式，在区域而不是全球层面对海洋环境问题进行监测和解决更有效率。[①]

作为多种环境理念和可持续发展概念的发源地和践行者，欧洲区域性大国间的海洋生态与环境保护科研合作具有悠久的历史，并已取得成功的经验，形成了波罗的海、地中海和北海-东北大西洋三种区域海治理模式。首先是波罗的海国家间合作，沿岸各国形成了以《保护波罗的海区域海洋环境公约》（也称"《赫尔辛基公约》"）作为总体原则性框架（7个附件作出具体规定）的环境治理模式。《赫尔辛基公约》于1974年签署、1992年更新，7个附件分别就有害物质、最佳环境实践和最佳可用技术的使用标准、防止陆源污染的标准和措施、防止船舶污染、豁免在波罗的海地区倾倒废物和其他物质的一般禁令、防止海上活动污染、应对污染事件等领域的环保规则、标准和程序进行说明。[②]缔约国必须同时承担《赫尔辛基公约》及其附件中规定的义务。其次是地中海国家间合作，沿岸国家形成了以《保护地中海海洋环境和沿海区域公约》（也称"《巴塞罗那公约》"）和7项议定书共同构成法律依据的公约+议定书治

---

① 于海涛：《西北太平洋区域海洋环境保护国际合作研究》，博士学位论文，中国海洋大学，2015，第20页。

② "The Helsinki Convention," HELCOM, https：//Helcom.fi/about-us/convention/, accessed：2023-10-12.

理模式。《巴塞罗那公约》于 1976 年通过、1995 年修订，和《倾倒议定书》《预防和应急议定书》《陆源议定书》《特别保护区和生物多样性议定书》《离岸议定书》《危险废物议定书》《海岸带综合管理议定书》共同构成地中海地区具有法律约束力的区域多边环境协定。①《巴塞罗那公约》缔约国需加入至少一项议定书以完成履约。最后是北海-东北大西洋国家间合作，沿岸国家依据《在处理北海油类和其他有害物质污染中进行合作的协定》（也称"《波恩协定》"）和《保护东北大西洋海洋环境公约》（也称"《OSPAR 公约》"）构成的平行法律体系进行海洋环境保护治理。油轮泄漏造成的西欧重大污染灾难推动《波恩协定》于 1969 年签署。于 1992 年签署的《OSPAR 公约》则是由 1972 年《防止船舶和航空器倾倒污染海洋公约》（也称"《奥斯陆公约》"）和 1974 年《防止陆源物质污染海洋公约》（也称"《巴黎公约》"）演化而来的，其 5 个附件分别涉及防止和消除陆源污染、防止和消除倾倒或焚烧造成的污染、防止和消除来源为海上的污染、海洋环境质量评估、保护和养护海洋区域的生态系统和生物多样性五大具体领域。②《赫尔辛基公约》《巴塞罗那公约》《OSPAR 公约》均包含了科学和技术研究合作的专门性条款，要求缔约方在科学、技术和其他研究领域进行合作，交换数据及科学信息，推动涉及环境友好型技术研发、评估污染程度和风险、提供解决方案的互补性科研项目或联合科研项目，对有特殊需求的发展中国家进行技术援助等。欧洲及其伙伴国对波罗的海、地中海、北海-东北大西洋进行的治理分别代表了三种成功模式，成为国际其他地区海洋生态环境保护的重要参照和良好示范。

中国和东盟国家在南海地区亦形成了"搁置争议、共同开发"的机制化生态和环境保护合作。1997 年的《中华人民共和国与东盟国家首脑会晤联合声明》提出通过中国-东盟科技联委会等机制进一步加强合作，加强技

---

① "Barcelona Convention and Protocols," UNEP, https：//www.unep.org/unepmap/who-we-are/barcelona-convention-and-protocols, accessed：2023-10-12.

② "OSPAR Convention," OSPAR, https：//www.ospar.org/convention, accessed：2023-10-12.

术交流。双方于2003年签署《中国-东盟面向和平与繁荣的战略伙伴关系联合宣言》以来，相继出台了一系列实施方案和行动计划。《落实中国-东盟面向和平与繁荣的战略伙伴关系联合宣言的行动计划》提出尽快落实在生物技术、遥感、海洋科学等领域的合作项目，开展联合科学研究和技术开发活动。《落实中国-东盟面向和平与繁荣的战略伙伴关系联合宣言的行动计划（2016~2020）》提出"大力实施中国-东盟科技伙伴计划，包括通过建设联合实验室等开展联合研发；通过中国-东盟技术转移中心和卓越中心网络进行技术示范、推广和转移；通过东盟国家杰出青年科学家来华工作计划等，开展能力建设和人员交流"。双方成立了中国-东盟环境保护合作中心，并通过了《中国-东盟环境保护合作战略（2009~2015）》。中国已牵头组织发起并实施了30多个合作项目，中国和印尼共建了海洋与气候联合研究中心和海洋联合观测站，和泰国共建了气候与海洋生态系统联合实验室，与马来西亚、柬埔寨分别建立了联合海洋观测站，与越南开展了"北部湾海洋环境管理与保护合作"等项目。[1]

（三）海上执法合作

海上执法是涉海行政机关及其他特定的机构或组织为维护国家海洋权益与海上秩序，在我国管辖海域及国际法授权海域内执行国内规范性法律文件及我国批准的相关国际法律文书的具体活动。[2] 这一定义包含多个维度的内涵和特征。从执法主体看，具有行政执法力量和非行政执法力量的属性差异。从执法依据看，包括一国国内法和批准执行的国际法。从执法职责看，经历了三个阶段的发展过程，一是以海事安全为主的阶段，职责集中于海关缉私、移民、交通运输、海事安全等方面；二是以维护海洋权益为主的阶段，职责扩大到维护国家海洋权益、保护国家海洋资源和环境等方面；三

---

① 任远喆、王晶：《南海生态环境合作：机制建设与中国角色》，《南洋问题研究》2021年第4期，第82~98页。
② 崔野：《"海上执法"概念簇的释义与辨析》，《湖北警官学院学报》2022年第2期，第57~67页。

是多样化任务阶段，增加了反恐等维护国土安全的新任务。① 因此，国际海上执法合作主要是指各国性质相同的执法主体根据相关法律法规，就跨国海事安全或海洋权益等方面展开的合作。目前，形成了主要在公海开展执法活动的一般模式和进入伙伴国领海及专属经济区开展执法活动的美国模式。

2002 年中国与东盟各国签署的《南海各方行为宣言》提出，以《联合国宪章》宗旨和原则、《海洋法公约》、《东南亚友好合作条约》、和平共处五项原则以及其他公认的国际法原则作为处理国家间关系的基本准则，开展打击跨国犯罪领域的国际合作，包括但不限于打击毒品走私、打击海盗和海上武装抢劫以及军火走私。② 2002 年和 2004 年双方分别签署《中国与东盟关于非传统安全领域合作联合宣言》和《中国–东盟非传统安全领域合作谅解备忘录》，确定将合作重点聚焦在打击贩毒、非法移民、海盗、恐怖主义、武器走私、洗钱、国际经济和网络等领域的跨国犯罪活动，通过信息交流、人员交流和培训、执法合作和共同研究等方式，进一步促进打击跨国犯罪的合作。③ 2004 年达成的《落实中国–东盟面向和平与繁荣的战略伙伴关系联合宣言的行动计划》将非传统安全领域合作作为重要支柱，表示将通过中国–东盟打击跨国犯罪高官会、中国–东盟禁毒行动计划、东盟与中日韩打击跨国犯罪部长会和高官会等机制加强在打击跨国犯罪领域的合作，促进双方执法机构和检察机关在刑事司法和相关法律体系方面的联系与合作，在打击恐怖主义、贩毒、贩卖人口、非法移民、海盗和国际经济犯罪等领域就制订双多边协定的程序和执法交流最佳实践

---

① 吴志飞、姚路、翁辉：《世界主要国家海上执法力量建设发展与运用》，《求实》2013 年第 1 期，第 55~57 页。

② 《南海各方行为宣言》，中国外交部网站，2002 年 11 月 4 日，https：//www.mfa. gov. cn/web/zyxw/200303/t20030304_ 277805. shtml，最后访问日期：2023 年 10 月 12 日。

③ 《中国与东盟国家签署非传统安全领域合作备忘录》，中国新闻网，2004 年 1 月 10 日，https：//www.chinanews. com/n/2004–01–10/26/390195.html，最后访问日期：2023 年 10 月 12 日。

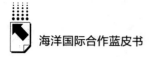

和经验。①

美国参与国际海上执法合作的主要途径是签署"随船观察员协议"。美国和与其专属经济区接壤的绝大部分国家签署了双边层面的"随船观察员协议"，该协议授权美国海岸警卫队人员在美国海军船只或协议国执法船只上行使执法权（反之亦然），该协议主要应用于缉毒行动，在部分情况下可扩展至打击非法、不报告和不受管制的捕捞活动（IUU）领域。② 目前，美国海岸警卫队与全世界 25 个国家签署了打击海上非法毒品贩运的"随船观察员协议"或行动规则，与 16 个国家签署了以统一打击非法捕鱼为目的的"随船观察员协议"。③ 比如，美国和英国于 1998 年签署《美国和英国在加勒比海和百慕大地区打击非法贩运的海上与空中行动协议》，该协议的条款四专门对随船观察员项目进行了制度性安排，要求在双方执法机构之间启动联合执法的随船观察员项目。④ 2009 年，美国和加拿大签署《美国和加拿大统一跨境海上执法合作框架协议》，要求双方在承认国家主权原则、尊重基本权利和自由特别是隐私的基础上，在共有水道（加拿大和美国国际边界沿线上无争议的海域或内水）预防、侦查、制止、调查和起诉与边境执法有关的一切刑事犯罪或违法行为，包括但不限于针对非法毒品交易、移民偷运、贩运枪

① 《落实中国-东盟面向和平与繁荣的战略伙伴关系联合宣言的行动计划》，中国外交部网站，2004 年 12 月 21 日，http：//switzerlandemb. fmprc. gov. cn/web/gjhdq_ 676201/gjhdqzz_ 681964/lhg_ 682518/zywj_ 682530/200412/t20041221_ 9386056. shtml，最后访问日期：2023 年 10 月 12 日。

② Emma Myers and Sally Yozell, "Civil-Military Cooperation to Combat Illegal, Unreported, and Unregulated (IUU) Fishing: A Summary of the September 2017 National Maritime Interagency Advisory Group Meeting," Stimson Center, January 30, 2018, https：//www. stimson. org/wp-content/files/file-attachments/NMIO%20NIAG%20Final%20Report%20with%20Appendices. pdf, accessed：2023-10-12.

③ 闫岩：《美国海岸警卫队在南海实施随船观察员项目的可能性及法理分析》，《国际问题研究》2022 年第 2 期，第 132~152、158 页。

④ U. S. Department of State, "Agreement Between the Government of the United States of America and the Government of the United Kingdom of Great Britain and Northern Ireland Concerning Maritime and Aerial Operations to Suppress Illicit Trafficking by Sea in Waters of the Caribbean and Bermuda," https：//www. state. gov/wp-content/uploads/2020/02/00-1030-United-Kingdom-Maritime-Mtrs-Shiprider-Carib-and-Bermuda. pdf, accessed：2023-10-12.

支、走私假货和假币以及恐怖主义的执法活动。[1] 其中，作为核心内容的"随船观察员"制度标志着两国海上执法合作关系的高度成熟，其在本质上已超越了普通的合作或者协作，而是上升到统一执法的层面。[2]

（四）港口与海运合作

由于发展条件不同，各港口在竞争中为了保持相对优势会朝合理的分工方向发展，并在竞争中趋向于合作，从而获得提高投资收益率、扩大港口经济规模、实现港口使用平衡、加速技术开发和转让、共同投资配备各项服务、维护港口和码头的所有权和管理权威等合作效益。[3] 目前，国际港口与海运合作已经有许多成功的案例。从合作主体来看，主要有政府主导型和行业协会主导型。从合作内容来看，涉及缔结友好港或组建港口联盟，港口建设和运营合作，覆盖港口基础设施建设、运营、产业合作和人员培训等的综合性港口合作等。较有代表性的是欧洲海港组织（European Sea Ports Organisation，简称"ESPO"）的行业协会模式和中国-东盟港口综合性合作模式。

欧洲海港组织于1993年成立（前身是1974年成立的欧盟委员会港口工作组），由来自欧盟成员国和挪威的港务管理局、港口协会和港口行政部门的代表组成，主要职责是代表欧洲港口群共同利益，提升其在欧盟事务中的发言权，从而影响欧盟公共政策，建设安全、高效和有利于环境可持续发展的欧洲港口部门，促进欧洲港口之间的自由和公平竞争。[4] ESPO 的工作涉及多个领域。以2022年为例，ESPO 发布了《欧洲港口治理趋势》报告；密切参与欧洲铁路署促进和改善欧洲铁路货运所需的铁路-港口协同的工

---

[1] U. S. Department of Homeland Security, "Framework Agreement on Integrated Cross - Border Maritime Law Enforcement Operations Between The Government of the United States of America and The Government of Canada," https：//www. dhs. gov/xlibrary/assets/shirider_ agreement. pdf, accessed：2023-10-12.

[2] 王君祥：《美加统一跨境执法合作机制评析——兼议湄公河流域联合执法安全合作机制的完善》，《刑法论丛》2014年第3卷，第450~472页。

[3] 何建云、宁越敏：《西欧港口合作的经验和启示》，《中国港口》1999年第9期，第44~46页。

[4] "Our Organisation," ESPO, https：//www. espo. be/organisation, accessed：2023-10-12.

作；持续支持欧盟"Fit for 55"一揽子计划、① 关注为避免"碳泄漏"而制定的《欧盟关于建立碳边境调节机制的立法提案》的立法进程；将气候变化、空气质量、能源效率等列为港口行业的十大环境优先事项；俄乌冲突爆发后，与欧盟委员会和其他利益攸关方共同参与了"团结通道"建设，促进乌克兰的农产品出口和与欧盟的双边贸易，使乌克兰能够有效地进出口货物。②

中国和东盟在港口与海运合作方面成果显著，《中国-东盟港口发展与合作联合声明》（2007 年）和《中国-东盟海运协定》（2007 年）先后签署，达成了"鼓励并支持在各次区域进行港口合作；改善投资环境并制定相关便利政策，鼓励和支持各自企业根据本国的法律、规则和规章，积极参与对方港口基础设施建设；通过举办研讨会和培训班，促进港口建设与管理领域的人力资源开发、人员培训、技术与信息交流；进一步拓展融资渠道，包括政府、国际金融组织以及其他金融机构的资金支持"③ 等共识。2013 年和 2016 年，"中国-东盟港口城市合作网络"和"中国-东盟港口物流信息中心"两大合作平台成立，使中国-东盟港口合作进入深度发展阶段，中国-东盟间班轮航次不断加密。中国北部湾港口群成为与东盟港口城市合作的前沿阵地，其中，中国和马来西亚"两国双园"计划打造的中马钦州产业园区和马中关丹产业园作为港口产业园区，是中国-东盟港口合作的典型代表，开启了合作的新模式。

三 多边海洋合作与全球海洋治理

（一）涉海国际组织与多边机制

伴随全球化的发展，全球海洋治理在实践中逐渐形成了"全球主义"

---

① 到 2030 年欧盟温室气体净排放量较 1990 年减少 55%，到 2050 年实现碳中和。

② "Annual Report 2021~2022," ESPO, November 09, 2022, https：//www.espo.be/publications/annual-report-2021-2022, accessed：2023-10-12.

③ 《中国-东盟港口发展与合作联合声明（全文）》，中国政府网，2007 年 10 月 30 日，http：//www.gov.cn/gzdt/2007-10/30/content_789703.htm，最后访问日期：2023 年 10 月 12 日。

和"区域主义"两条路径。[①] 联合国框架下的国际组织及框架外的全球性、区域性组织是全球海洋治理的主体。联合国系统的多个机构均参与了全球海洋的管理与治理。第一，联合国大会。联合国大会致力于对世界海洋进行管理，于 1982 年召集了第三次联合国海洋法会议并通过了《海洋法公约》。只有大会能使《海洋法公约》中阐明的"各海洋区域的种种问题都是彼此密切相关的，有必要将其作为一个整体加以考虑"的基本原则生效，大会自《海洋法公约》通过后，从 1983 年开始一直根据秘书长编写的年度综合报告进行年度审议和审查海洋事务、海洋法的工作。[②] 大会于 1992 年召集了联合国环境与发展会议并通过了《21 世纪议程》，为海洋可持续发展设置了专门性章节，为建立面向 21 世纪的全球环境与发展伙伴关系奠定了基调。第二，联合国海洋事务和海洋法司。该机构为联合国秘书处机构，主要职责是就《海洋法公约》的执行、与海洋事务研究和法律制度相关的一般性质问题和具体发展问题提供咨询意见、研究报告、协助和调查；就海洋法和海洋事务向大会、《海洋法公约》缔约国会议和大陆架界限委员会提供实质性服务；向联合国系统各组织提供资助，并使其权限范围内的文书和方案符合《海洋法公约》；等等。[③] 第三，大陆架界限委员会。该委员会于 1997 年召开第一届会议，主要职能是履行《海洋法公约》附件二中关于委员会的规定，审议沿海国提出的关于扩展到 200 海里以外的大陆架外部界限的资料和其他材料，根据有关沿海国的请求提供科学和技术咨询意见。[④] 第四，国际海洋法法庭。该法庭是各缔约国按照《联合国宪章》以和平方式建立的一个全面的体系，旨在解决《海洋法公约》在解释或适用方面可能出现的争

---

① 吴士存：《全球海洋治理的未来及中国的选择》，《亚太安全与海洋研究》2020 年第 5 期，第 1~22，133 页。
② 《海洋与国际社会》，联合国网站，https：//www.un.org/zh/law/sea/intercommunity.shtml，最后访问日期：2023 年 10 月 12 日。
③ 《海洋事务和海洋法司》，联合国网站，https：//www.un.org/zh/aboutun/structure/ola/ocean.shtml，最后访问日期：2023 年 10 月 12 日。
④ 《大陆架界限委员会》，联合国网站，https：//www.un.org/zh/law/sea/clcs.shtml，最后访问日期：2023 年 10 月 12 日。

端。它是《海洋法公约》设立的用以解决争端的四种可供选择的机制之一，其他机制包括国际法院、按照《海洋法公约》附件七组建的仲裁庭、按照《海洋法公约》附件八组建的特别仲裁庭。① 第五，国际海底管理局。该机构根据《海洋法公约》要求于 1994 年成立，职能是管理深海大洋底矿产资源勘探开发活动，有效保护海洋环境，使其免受深海海底相关活动可能产生的有害影响。② 第六，国际海事组织。该组织作为联合国的一个专门机构，目标是通过合作促进安全、环保、高效和可持续的航运；鼓励和促进在海事安全、航行效率、预防和控制海洋污染等事项上普遍采用最高可行标准。③ 第七，联合国教科文组织政府间海洋学委员会（IOC）。该委员会负责支持全球海洋科学研究和服务，协调海洋观测、海啸预警和海洋空间规划等领域的计划，从而助力联合国"海洋十年"的实施。④ 第八，联合国环境规划署。该组织是联合国系统内倡导环境保护的领导机构，致力于与政府、民间社会、私营部门和联合国机构合作以应对气候变化、生物多样性丧失和污染等环境挑战。⑤ 第九，联合国海洋大会。2017 年，为落实 2030 年可持续发展议程目标，首届联合国海洋大会在纽约召开，会议通过了题为"我们的海洋、我们的未来：行动呼吁"的宣言，作出"制止和扭转海洋及其生态系统健康程度和生产力下降的趋势，保护和恢复海洋的复原力和生态完整"的承诺。⑥ 2022 年，第二届联合国海洋大会在里斯本召开，会上 100 多个会员国承诺，到 2030 年通过海洋保护区和其他有效的划区养护措施养护或保护至少 30% 的全球海洋，大会发布《2022 年联合国海洋大会宣言——我们

---

① 《国际海洋法法庭》，联合国网站，https：//www.un.org/zh/law/sea/itlos.shtml，最后访问日期：2023 年 10 月 12 日。

② "About ISA," ISA, https：//www.isa.org.jm/about-isa, accessed：2023-10-12.

③ "Brief History of IMO," IMO, https：//www.imo.org/en/About/HistoryOfIMO/Pages/Default.aspx, accessed：2023-10-12.

④ 《海洋》，联合国教科文组织网站，https：//www.unesco.org/zh/ocean? hub = 66739，最后访问日期：2023 年 10 月 12 日。

⑤ "About the United Nations Environment Programme," UNEP, https：//www.unep.org/about-un-environment, accessed：2023-10-12.

⑥ "Our Ocean, Our Future：Call for Action," UN, https：//digitallibrary.un.org/record/1290893, accessed：2023-10-12.

的海洋、我们的未来、我们的责任》，指出新冠疫情对海洋经济，特别是对小岛屿发展中国家海洋经济具有破坏性影响，大会要求实施《海洋法公约》所体现的国际法，支持联合国"海洋十年"计划，即生成和利用知识，采取必要的变革性行动，到2030年实现健康、安全、有复原力的海洋，促进可持续发展。① 目前，《海洋法公约》为人类从事海洋活动建立了法律框架，《21世纪议程》第17章为实现海洋可持续发展制定了行动方案。此外，关于国家管辖范围以外区域海洋生物多样性（BBNJ）养护和可持续利用的法律体系、《生物多样性公约》、《濒危野生动植物种国际贸易公约》等共同构成了海洋领域具有法律约束力的多边协定。联合国系统外，"可持续海洋经济高级别小组"（海洋小组）于2018年成立，成员国拥有占世界近40%的海岸线、30%的专属经济区、20%的渔业和20%的船队，并由联合国秘书长海洋问题特使提供建议。② 此外，国际海洋环境保护领域的民间社会组织数目繁多，如1977年成立的保护海洋动物的民间组织海洋守护者协会。区域性的政府间海洋组织也日益增加，如东北大西洋渔业委员会（NEAFC）、南太平洋区域性渔业管理组织（SPRFMO）、北太平洋海洋科学组织（PICES）、奥斯巴委员会（OSPAR Commission）等。③

（二）海洋信息交换与传播

联合国教科文组织政府间海洋学委员会下设的"国际海洋数据和信息交换委员会"（IODE）创立于1961年，是为通过成员国之间的海洋学数据和资料交流加强海洋研究和开发而建立的国际机构。④ IODE组织并实施了

---

① "Our Ocean, Our Future, Our Responsibility: Draft Declaration," UN, https://digitallibrary.un.org/record/3978820, accessed: 2023-10-12.

② "Member Countries Account for Approximately," Oceanpanel, https://oceanpanel.org/members/, accessed: 2022-12-19.

③ 郑志华、宋小艺：《全球海洋治理碎片化的挑战与因应之道》，《国际社会科学杂志》（中文版）2020年第1期，第174~183页。

④ "IODE is...," UNESCO, https://www.iode.org/index.php? option = com_ content&view = article&id = 385&Itemid = 34, accessed: 2023-10-12.

许多国际计划，在资料管理方面有全球海洋资料抢救计划、全球温盐剖面计划、全球海洋表层走航数据计划、海洋 XML、海洋数据标准项目、海洋数据门户等，在信息管理方面有水科学与渔业摘要、海洋文献计划、开放科学名录等，此外还有与 IOC 其他计划和项目进行合作的海洋科学计划、全球海洋观测系统计划、国际海啸警报系统计划等。[①] 海洋数据能被应用于多个领域的预测。一是气候和海防领域，海洋数据能及时预测风暴和其他不利天气，预估风、大气压力模式、陆块升降和洋流模式变化导致的海平面变化；二是厄尔尼诺预测领域，这一现象会对热带太平洋以外地区的渔业、农业、生态系统和天气模式产生影响，造成严重的损失；三是航运安全预测领域，通过数学模式计算和卫星、浮标及其他测量平台的测量数据能预测潮汐、风暴和海流等影响航运和其他海上活动安全的因素；四是生物和非生物资源管理领域，对生物多样性进行监测有助于评估生态系统健康状况，以可获得的数据为基础的渔业资源管理有助于欧洲渔业委员会为来年每种鱼类的捕捞量提供建议，对沙、砾石、石油、天然气和锰结核等非生物资源的开采也在数据库中得到了很好的记录。[②]

国际科学理事会（ICSU）成立于 1931 年，是一个拥有包括国家科学团体和国际科学联盟在内的全球会员的非政府学术组织，其于 1957 年成立"海洋研究科学委员会"（SCOR）。SCOR 侧重于促进规划和开展海洋学研究方面的国际合作，以及解决阻碍研究的方法和概念问题，其工作涉及海洋科学的所有领域。[③] SCOR 启动了第一个大型国际海洋研究项目——国际印度洋考察（IIOE）；伴随计算能力的增加和新的全球海洋遥感卫星仪器的应用，SCOR 启动了"世界海洋环流实验"和"热带海洋全球大气研究"两个全球规模项目；启动了"全球海洋通量联合研究""海洋生物地球化学和

---

① 祁冬梅、于婷、邓增安：《IODE 海洋数据共享平台建设及对我国海洋信息化进程的启示》，《海洋开发与管理》2014 年第 3 期，第 57~61 页。

② "Marine Data Management：We Can Do More, But Can We Do Better?," UNESCO, https：//www. iode. org/index. php? option = com_ content&view = article&id = 3&Itemid = 33, accessed：2023-10-12.

③ "About SCOR," SCOR, https：//scor-int. org/scor/about/, accessed：2023-10-12.

生态系统综合研究""表层海洋-低层大气研究"等大型海洋项目；制定了"全球有害藻华生态学与海洋学"国际研究计划；赞助了国际安静海洋实验和第二次国际印度洋考察。[①]

中国是国际海洋资料和信息交换的受益国，通过国际海洋资料和信息交换获得了国际上较为珍贵的海洋调查资料，包括 TOPEX 卫星测高数据集、海洋大气综合数据集、全球地面站气象观测数据集、全球温盐剖面数据集、全球海平面观测系统数据集、世界海洋环流实验数据集、世界海洋数据库数据集、全球海洋实时观测计划数据集等。[②]

（三）海洋观测预报与防灾减灾

从全球层面看，自 20 世纪末以来，联合国在海洋防灾减灾方面发挥了引领性作用。联合国将 1990~1999 年确定为"国际减少自然灾害十年"，推动国家、区域和全球各个层面采取一系列具体措施，将"提高各国迅速有效地减少自然灾害影响的能力并帮助发展中国家建立早期预警系统"作为首要目标。[③] 随后，联合国以 10~15 年为周期，制定了应对海洋灾害的一系列行动计划。1994 年联合国召开了第一次世界减灾大会，通过了《建立更安全的世界的横滨战略和行动计划》，强调防灾和备灾对于减灾的重要性，提出将"减灾"概念扩大为管理"对社会、经济、文化和环境系统产生重大影响（特别是发展中国家），包括环境、技术灾害及其相互关系在内的自然灾害和其他灾害"，从而将防灾减灾升级为对灾害的综合性管理。[④] 2004年，印度洋地震和海啸灾难发生后，联合国于次年召开了第二次世界减灾大会，通过了《兵库宣言》和《2005~2015 年兵库行动框架：建立国家和社

---

① "SCOR History," SCOR, https：//scor-int. org/scor/history/, accessed：2023-10-12.
② 祁冬梅、于婷、邓增安：《IODE 海洋数据共享平台建设及对我国海洋信息化进程的启示》，《海洋开发与管理》2014 年第 3 期，第 57~61 页。
③ General Assembly of the United Nations, "International Decade for Natural Disaster Reduction," United Nations Digital Library, https：//digitallibrary. un. org/record/152704, accessed：2023-10-12.
④ "Draft Yokohama Strategy and Plan of Action for a Safer World," United Nations Digital Library, https：//digitallibrary. un. org/record/161609, accessed：2023-10-12.

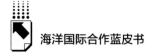

区的抗灾能力》（简称"《兵库行动框架》"）。《兵库宣言》指出，"灾害
会在短时间内严重破坏发展投资的成果，仍然是当前可持续发展和消除贫困
的主要障碍，因而应对和减少灾害以促进和加强各国可持续发展是国际社会
面临的最严峻挑战之一"，并宣布"将以有关国际承诺以及国际商定的发展
目标为基础，加强21世纪的全球减灾活动"。① 《兵库行动框架》确定了
2005～2015年的五大重点行动领域，分别是通过完善制度基础加强灾害治
理；加强灾害风险识别、评估、监测及预警；利用知识和教育建设抗风险文
化；减少潜在危险因素；加强各级防灾准备、有效应对灾害。② 2015年，第
三次世界减灾大会通过了《2015～2030年仙台减少灾害风险框架》，将"了
解灾害风险；加强灾害风险治理；加强投资以增强抗灾能力；加强灾害准备
以有效应对和更好重建"确定为四大优先行动领域，③ 并分别对国家和地区
层面、区域和全球层面的行动提出了具体要求。

从区域层面看，作为海洋灾害频发地区，欧洲、亚洲和美洲基于不同的
制度基础和发展水平，在海洋防灾减灾的实践过程中形成了差异性的战略部
署和行动方案。欧洲区域重视民防救助合作，欧盟委员会制定了《民防-预
防警戒状态以应对可能的紧急事件》以加强欧盟成员国之间的协调，通过
网络动员整个欧盟的资源和力量；亚洲区域重视防灾减灾能力的提高，以
《上海合作组织成员国政府间救灾互助协定》为依托开展灾害防御与救援合
作；美洲地区的海洋防灾减灾国际区域合作主要为帮助拉丁美洲发展中国家
建立应急机制以预防和缓解自然灾害造成的影响。④ 应该说，欧盟灾害治理

① "Draft Hyogo Declaration," United Nations Digital Library, https：//digitallibrary. un. org/record/
1493331, accessed：2023-10-12.
② United Nations Office for Disaster Risk Reduction, "Hyogo Framework for Action 2005～2015,"
United Nations Digital Library, https：//digitallibrary. un. org/record/599268, accessed：2023-
10-12.
③ "Sendai Framework for Disaster Risk Reduction 2015～2030," UN, https：//www. un. org/en/
development/desa/population/migration/generalassembly/docs/globalcompact/A _ RES _ 69 _ 283. pdf,
accessed：2023-10-12.
④ 马英杰、姚嘉瑞：《基于人类命运共同体的我国海洋防灾减灾体系建设》，《海洋科学》
2019年第3期，第106～114页。

模式是建立在发达的经济水平、较高的防灾减灾意识、广泛的民间社会团体协同作用的基础上的。而以发展中国家为主的亚洲和拉丁美洲地区则仍然处于防灾减灾基础设施投入和能力建设的阶段。与此同时,欧洲的区域一体化程度更深,在多个领域的合作已超越了国家间水平而达到超国家水平,有利于开展应对海洋灾害的集体行动。相较之下,亚洲和拉丁美洲地区尽管也积极推动区域一体化进程,但在合作的广度和深度上尚有提升的空间。

整体而言,预防和减少海洋灾害已成为全球和区域层面的共识,并被视为实现可持续发展和减贫的重要组成部分,这为人类社会的整体繁荣和稳定营造了有利环境。

分 报 告
Topical Reports

B.2
海洋生态环境保护国际合作报告

唐丹玲　周玮辰*

摘　要:　全球海洋生态系统是紧密联系的整体，海洋生态环境保护是跨越国界的挑战。国际合作在维护全球海洋生态系统方面发挥着不可或缺的作用。我国在海洋生态环境保护和国际合作领域采取了一系列积极举措，这些举措包括积极参与联合国设立的多个致力于海洋环境保护的国际组织、遵守涉及海洋环境保护的国际公约和重要文件（如《21 世纪议程》《联合国气候变化框架公约》《生物多样性公约》）等。截至 2022 年，中国已成为联合国和多个区域性海洋国际合作组织的重要成员和合作伙伴。同时，中国政府也开展了广泛的政府间合作，与日、韩、俄、美、法及东盟国家建立了多边/双边的海洋环境保护合作机制，完善了西北太平

---

* 唐丹玲，博士，南方海洋科学与工程广东省实验室（广州）二级研究员、二级教授、博士生导师，广东省海洋生态环境遥感中心主任，主要研究领域为遥感海洋生态学、海洋生态与环境、生物海洋学、海洋权益；周玮辰，南方海洋科学与工程广东省实验室（广州）博士后，主要研究领域为海洋遥感。

洋行动计划等合作机制，建立了较为完善的区域性海洋环境保护的合作框架。此外，我国政府积极推动国际科研合作，截至2022年，中国的科研机构已与多个国家的50余个海洋科学研究机构建立了牢固的国际合作关系。

关键词： 海洋生态　海洋环境保护　国际环保组织　国际合作

海洋生态环境是海洋生物赖以生存与发展的基础，其变化也会引起其中的生物资源的改变。生物对环境有着高度依赖性，环境变化会直接影响生物的生存和繁衍能力。当外界环境变化超过生物群落的忍受限度时，生态系统的良性循环将遭到破坏，进而对整个生态系统产生负面影响。在任何一片海域中，无论是自然因素还是人为因素引起的变化，都不会仅限于其发生的特定位置，都会对附近的海域或其他区域造成直接或间接的影响。全球海洋生态系统是相互联系、相互交织的，在某种程度上存在"一损俱损、一荣俱荣"的关系。

海洋生态系统和海洋经济系统之间存在着对立统一的关系，同时也存在着一种良性循环。健全的海洋生态系统可以为海洋经济系统提供一个良好的资源和环境基础，发达的海洋经济系统则可以为海洋生态系统保护工作提供有力的物质保障。假如变成恶性循环，那么退化的海洋生态系统很难保证海洋经济系统的资源与环境需求，而不发达的海洋经济系统也很难为海洋生态系统的保护提供资金支持。

一　联合国的海洋生态环境保护机构

海洋生态环境保护是一项全球性挑战，联合国作为规模最大的国际组织，一直致力于促进和加强海洋生态环境保护的国际合作。联合国推动了各个国家间关于海洋生态环境的探讨与合作，通过多项决议实施防止、减轻和

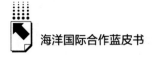

控制海洋生态环境污染的相关行动方案，实现全球海洋生态环境保护的国际合作。

联合国在海洋生态环境保护方面取得了显著的成就，然而海洋污染、过度捕捞、海洋生态系统的退化等问题依然存在，仍然需要更加及时和有力的行动来解决。联合国需要继续发挥其国际影响力，推动各国加强合作，制定更加严格的政策和法规，确保海洋生态环境的可持续发展。

（一）联合国海洋法会议

1958 年，第一次联合国海洋法会议在日内瓦召开，会议通过了《领海及毗连区公约》① 《公海公约》② 《捕鱼及养护公海生物资源公约》③ 以及《大陆架公约》④。其中，《大陆架公约》明确规定沿海国家有义务保护海域生物资源不受有害物质损害；《公海公约》规定各国应防止船舶、输油管道等污染海水；《捕鱼及养护公海生物资源公约》规定各国在公海捕鱼时有保护公海生物资源的义务。1982 年，第三次联合国海洋法会议通过了《联合国海洋法公约》⑤，这是有史以来最详细的一部国际海洋法。该条约在第 12 部分详细地阐述了海洋污染的分类，以及防止、减轻和控制海洋污染的措施，明确了地区间维护海洋生态环境健康的责任等相关内容。联合国海洋法会议在促进了国际海洋环境立法合作的同时，还对我国海洋环境保护事业的快速发展与完善起到了巨大的推动作用。

---

① 《领海及毗连区公约》，联合国网站，https：//www.un.org/zh/documents/treaty/ILC-1958-4，最后访问日期：2023 年 1 月 3 日。
② 《公海公约》，联合国网站，https：//www.un.org/zh/documents/treaty/ILC-1958-3，最后访问日期：2023 年 1 月 3 日。
③ 《捕鱼及养护公海生物资源公约》，联合国网站，https：//www.un.org/zh/documents/treaty/ILC-1958-2，最后访问日期：2023 年 1 月 3 日。
④ 《大陆架公约》，联合国网站，https：//www.un.org/zh/documents/treaty/UNCITRAL-1958，最后访问日期：2023 年 1 月 3 日。
⑤ 《联合国海洋法公约》，联合国网站，https：//www.un.org/zh/documents/treaty/UNCLOS-1982#12，最后访问日期：2023 年 1 月 3 日。

（二）联合国人类环境会议

作为具有重大意义的国际性会议，联合国人类环境会议旨在讨论如何在全球范围内实现对环境的保护。1972 年 6 月，首届联合国人类环境会议在斯德哥尔摩召开，会议通过了《人类环境宣言》及《行动计划》，在一定程度上提高了各国政府对于环境保护的意识，对促进各国环境保护合作有着重要的意义。《人类环境宣言》强调保护和改善人类环境，要求各国广泛合作，防止人为因素造成的海洋污染和海洋生物资源危害；《行动计划》提出对地球环境进行评估，控制环境污染尤其是海洋污染。

（三）联合国环境与发展大会

1992 年，联合国环境与发展大会通过了多个重要的全球性纲领性文件和协定。其中，《21 世纪议程》① 第 2 部分第 17 条根据《联合国海洋法公约》，要求对海洋及其近岸地区的环境进行保护，积极地应对海洋生态环境变化，实现海洋生物资源的合理开发和使用。在有关海洋生态环境保护的问题上，《21 世纪议程》建议"对海洋资源进行合理的开发和使用，保护海洋环境及海洋生物资源"，强调海洋环境的整体性，呼吁各国政府实行可持续的海洋开发和管理方针。《联合国气候变化框架公约》要求缔约国严控温室气体排放，使其保持在人类可控水平。此外，该公约提出重视温室气体对海洋生态系统的影响，减轻海平面上升对岛屿和沿海区域可能产生的不利影响。《生物多样性公约》旨在保护地球上生物资源的多样性，包括海洋生态系统中的生物资源及其所构成的生态综合体。

（四）联合国环境规划署

联合国环境规划署（UNEP）于 1973 年 1 月正式设立，是世界上最早、

---

① 《21 世纪议程》，联合国网站，https：//www.un.org/zh/documents/treaty/21stcentury，最后访问日期：2023 年 1 月 3 日。

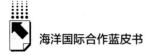

最具代表性的国际环境组织。从始至终，联合国环境规划署都在全球环保中扮演着重要的角色，对世界环境保护领域的发展起到了积极的推动作用。

在海洋生态环境保护方面，UNEP 根据区域海域的海洋生态环境变化，积极拟定区域性海洋保护公约，大力推动国际合作，开展海洋生态环境保护全球综合行动计划。现如今，联合国环境规划署直接管辖的海域包括西北太平洋、加勒比海、地中海及中非、东非、西非和东亚地区的海域。我国参与的西北太平洋行动计划和东北亚环境合作机制等区域性海洋合作项目也均由联合国环境规划署推动。

（五）国际海事组织

国际海事组织（IMO）创建于 1948 年，前身为政府间海事协商组织，于 1982 年更名为"国际海事组织"。IMO 是一个由海上安全委员会、法律委员会、海上环境保护委员会、技术合作委员会、便利运输委员会等组成的国际组织。IMO 承担着预防各类船舶海上活动所引起的海洋污染的责任，促成了一系列关于海洋生态环境保护的公约和协定的通过，包括海上油类、废物和船舶污染等方面的公约。

国际海事组织不仅致力于开展有关海洋生态环境保护合作的国际立法活动，还致力于推动各国进行海洋技术合作、加强对海洋生态环境的管理，是重要的海洋生态环境保护国际组织。

（六）国际原子能机构

国际原子能机构（IAEA）建立了隶属于核科学与应用司的海洋环境研究实验室，该实验室包括辐射测量实验室、放射生态学实验室和海洋环境研究实验室。

辐射测量实验室专注于海洋放射性测量、监测和评估及放射性示踪剂在环境污染防治，海洋物理、化学和生物过程以及气候变化研究中的应用。其建设了放射性核素模拟评估数据库，可以模拟全球海洋生态环境中放射性核素的扩散和转移，为防止放射性废物污染海洋提供技术支持。放射生态学实验室以先进的同位素技术为基础，致力于解决成员国海洋生态污染导致的问题，如生物富集、海洋酸化、生物毒素残留等。此外，实验室设有海洋酸化国际协调中心，在全球范围内积极地促进、推动海洋酸化问题研究的合作与交流。海洋环境研究实验室正通过同位素技术调查海洋酸化的影响以及海洋酸化与其他环境应激因素的相互作用，包括海洋酸化对珊瑚礁生态系统和渔业的经济影响、海洋碳循环过程、沿海区域污染和海洋生物多样性丧失等相关研究。海洋环境研究实验室还通过核科学技术和稳定同位素技术监测海洋污染过程、污染物来源及污染导致的气候变化。实验成果将帮助成员国评估海岸带和海洋污染，为海洋生态环境的可持续发展提供服务。

（七）世界气象组织

世界气象组织（WMO）成立于 1950 年，1951 年成为联合国负责全球天气与气候观测的专门机构。WMO 在气象、水文及地球物理科学等领域开展了众多国际合作。WMO 的主要机构包括 6 个区域协会，以及 2 个技术委员会。WMO 与联合国教科文组织政府间海洋学委员会（简称"海委会"）共同合作，成立了海洋学和海洋气象学联合技术委员会，该委员会就大气对海洋污染的影响进行了研究。

（八）联合国粮食及农业组织

联合国粮食及农业组织（FAO）成立于 1945 年 10 月，其主要功能是收集、分析和分发与粮食有关的资料，并为各国政府和专家们举办关于食品和农业问题的论坛。

联合国粮食及农业组织在海洋生态环境保护方面也起到了重要作用。海洋生态环境与世界渔业密切相关，海洋污染将会影响海洋生物的多样性，进而影响鱼类资源及其所对应的水产品的质量，而过度捕捞、环境污染等问题也将对海洋生态系统造成严重的威胁。因此，在开展有关海洋生态环境保护的国际合作的过程中，联合国粮食及农业组织的首要目标是保护海洋生物资源，防止水产品污染对人体造成损害。

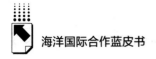
（九）联合国教育、科学及文化组织

联合国教科文组织（UNESCO）为联合国教育、科学及文化组织的简称。联合国教科文组织成立于1946年，宗旨是促进各国在教育、科学、文化方面的国际协作。在环境方面，该组织还积极参加了《生物多样性公约》《21世纪议程》及《联合国气候变化框架公约》的执行工作。2015年，2030年可持续发展议程获得了联合国大会的批准，联合国教科文组织将对计划的实施起到至关重要的作用。另外，UNESCO也负责海委会的相关工作，开展了海洋生态环境保护方面的国际合作。

海委会通过协调海洋观测、海啸预警和海洋空间规划等领域的计划，促使其150个会员国共同努力保护海洋健康。自1960年成立以来，海委会就是所有致力于了解和改进海洋、海岸和海洋生态系统管理的联合国机构的发力点。目前海委会正在支持其所有成员国提高自身的科研能力以及涉海机构的管理运营能力，以实现包括2030年可持续发展议程、《巴黎协定》和《2015~2030年仙台减少灾害风险框架》在内的全球目标。海委会的工作内容包括：为国际海洋科学服务、对海洋资源开发和海洋环境保护进行统筹，提高各个国家的海洋科学研究能力，推动国际合作交流。其工作目标如下：①形成健康稳定的海洋生态系统；②建设准确的海啸及海洋相关危险预报系统；③通过海洋抵御全球气候问题并提高海洋应对气候异常的能力；④为可持续海洋经济提供科学服务；⑤预见可能出现的海洋科学问题。

近年来，海委会发起并组织了多项有影响力的国际合作项目，① 其中，"海洋十年联盟"是目前最具影响力的海洋国际合作联盟，该联盟旨在建立一个由海洋十年的知名伙伴组成的网络，通过有针对性的资源调动、网络建设，促进对海洋十年的支持。"海洋十年"旨在通过海洋科学解决方案和项目，构建一个清洁、健康、高产且安全的海洋。在2021年6月8日"世界海

---

① Ocean Expert, https：//www.oceanexpert.net/events/calendar? group = 31, accessed：2023 - 01-05.

洋日"之际，海委会公布了"海洋十年"的首批 166 项行动。这些行动项目的实施将为海洋生态环境保护领域的科研和国际合作作出积极的贡献。

（十）联合国开发计划署

联合国开发计划署（UNDP）于 1965 年建立，宗旨是根据可持续发展目标消除贫困，提高人类生活水平，保护地球生态环境。在海洋生态环境保护方面，联合国开发计划署依据联合国可持续发展目标（The Sustainable Development Goals，SDGs）中的可持续发展规划，制定了"气候行动"（Climate Action）计划和"水下生命"计划。[①] "气候行动"计划针对全球变暖造成的危害，采取可持续的资源开发和利用方式以实现全球温度升高小于 1.5℃的目标。"水下生命"计划重视海洋生态环境问题，通过国际合作为海洋生物多样性保护、海洋塑料垃圾污染和海洋酸化等问题提供解决方案，同时通过国际法更好地保护海洋生态环境，促进更合理且可持续地利用海洋资源。

（十一）全球环境基金

全球环境基金（GEF）作为一个国际合作基金，提供资金和技术支持帮助发展中国家履行国际环境公约，应对全球生物多样性丧失、气候变化及陆地和海洋污染。全球环境基金由其基金理事会和大会提供战略指导，为《联合国防治荒漠化公约》（UNCCD）及《关于汞的水俣公约》（MCM）提供金融机制。

全球环境基金也参与了涉及全球和区域的水域或水系统的多边协定。通过为计划和行动项目提供资源和资金，全球环境基金在生物多样性保护，以及全球气候变化管理、全球水体管理等重大工程中发挥着举足轻重的作用，为我国海洋生态环境保护作出了重大贡献。

---

① "Life Below Water," UNDP, https：//www.undp.org/sustainable-development-goals/below-water, accessed：2023-01-05.

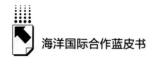

二 政府组织间的海洋生态环境保护合作

（一）东北亚各国海洋合作机制

联合国区域海洋方案由联合国环境规划署于 1974 年推出，旨在通过"共享海洋"的方式解决全球范围内海洋和海岸地区环境退化过快的问题。该方案采取全面具体的行动推进东北亚国家间的合作，保护合作区域的海洋生态环境。

1. 西北太平洋行动计划

西北太平洋区域拥有丰富的渔业资源和独具一格的海洋生态系统，但是该海域沿岸人口稠密，给海洋生态环境造成不小的压力。中国、日本、韩国、俄罗斯四国于 1994 年 9 月就西北太平洋海洋环境保护方案达成了一致意见，并制定了西北太平洋海洋和沿海地区环境保护、管理与开发行动计划（简称"西北太平洋行动计划"）。这一计划隶属于联合国区域海洋方案，旨在通过合理开发、利用和管理西北太平洋海域生态环境资源，在保障人类健康、生态安全和区域可持续发展的前提下，为本区域的居民带来长远的利益。计划提出：①控制、阻止、预防海洋及近海环境资源的进一步退化与恶化；②恢复海洋和沿海区域的生态环境；③实现海洋及沿岸环境资源的长期可持续发展。

西北太平洋行动计划长期致力于海洋生态评价、海洋污染防治及近海生物多样性环境保护方面的研究工作，该计划的执行为《保护海洋环境免受陆上活动污染全球行动纲领》的实施作出了贡献。环境领域的合作协议于 2014 年由西北太平洋行动计划区域协调办公室与联合国环境规划署和国际海事组织共同签订，该协议涵盖了多个方面，包括石油及化学品泄漏的防备响应、海洋垃圾、污染物破坏、民事责任及赔偿、压舱水管理等。2018 年，西北太平洋行动计划成员国审议并批准了 2018~2023 年中期战略，该战略关注通过西北太平洋行动计划进行海洋相关可持续发展目标的区域实施与协调。

2.东北亚环境合作会议

第一届"东北亚环境合作会议"于 1992 年在日本召开,主要的参与国有中国、日本、蒙古、韩国、俄罗斯等国家,会议目的是召集东北亚区域的生态环境专家就东北亚区域的环境保护进行广泛讨论,促进东北亚海域的环保问题的政府间双边和多边合作。1992~2007 年,东北亚环境合作会议每年由成员国轮流举办,对促进东北亚地区的生态环境建设起到了重要作用。

3.东北亚环境合作机制(NEASPEC)

东北亚环境合作机制是为应对东北亚地区的环境问题而制定的一项综合性的政府间合作框架。1993 年,中国、朝鲜、日本、蒙古、韩国、俄罗斯共同建立了东北亚环境合作机制。联合国环境与发展大会于 1992 年举行,该计划作为其后续行动计划,现已发展为一个具有国际影响力的次区域环境合作组织。

在海洋生态环境保护领域,NEASPEC 成立了东北亚海洋保护区网络(NEAMPAN)。NEAMPAN 旨在通过设立海洋保护区(MPA),[①] 对海洋生态进行更好的管理与保护。海洋保护区成为信息共享、联合评估、监测的关键分区域海洋环境保护综合平台。

4.东亚海环境管理伙伴关系计划

东亚海环境管理伙伴关系计划(PEMSEA)是一个致力于维护和改善区域海洋和沿海地区生态环境的合作机制。[②] 作为《东亚海可持续发展战略》(SDS-SEA)[③] 的区域协调机制,在过去的二十多年里,PEMSEA 一直致力

---

① 截至 2021 年,NEAMPAN 已经设立了 12 个海洋保护区(其中中国 6 个,日本 1 个,韩国 3 个,俄罗斯 2 个)。

② 该机制包括 11 个国家合作伙伴(韩国、日本、中国、朝鲜、菲律宾、越南、柬埔寨、老挝、印尼、东帝汶、新加坡)和 21 个非国家合作伙伴。参见"Country Partners,"PEMSEA,https：//www.pemsea.org/who-we-are/our-partners/country-partners,accessed：2023-01-07；"Non-Country Partners,"PEMSEA,https：//www.pemsea.org/who-we-are/our-partners/non-country-partners,accessed：2023-01-07。

③ "Sustainable Development Strategy for the Seas of East Asia,"PEMSEA,https：//www.pemsea.org/publications/reports/sustainable-development-strategy-seas-east-asia-regional-implementation-world,accessed：2023-01-07。

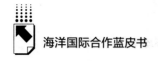

于通过与政府、公司和科研机构等合作实现对东亚共同海域的高质量管理。

《实施东亚海可持续发展战略海口伙伴关系宣言》① 于 2006 年在由中国海口市举办的第二次东亚海大会和部长会议上正式签订，该协议确立了 PEMSEA 实施 SDS-SEA 的运行机制并明确了组织的职能和目标。中国-PEMSEA 海岸带可持续管理合作中心于 2014 年正式设立。该合作中心是由自然资源部与 PEMSEA 共同支持和指导的，致力于推动《东亚海可持续发展战略》在中国的有效实施，促进国际海岸带综合管理与海洋生态文明建设相结合，推广有利于蓝色经济发展的成功模式，为推进沿海地区的综合治理工作提供技术支撑。②

5. 中日韩环境部长会议

中日韩环境部长会议（TEMM）是目前中日韩三国部长级磋商机制中历史最悠久、体制最完善的机制之一。在 2015 年第六次中日韩领导人会议期间，为解决共同面临的一系列环境问题，三方达成一致并发表了《中日韩环境合作联合声明》。三个国家还签订了《中日韩环境合作联合行动计划》（2010 年）和《中日韩环境合作联合行动计划（2021~2025）》（2021年），为三国生态环境保护的合作奠定了坚实的基础。

（二）中日韩三国海洋生态环境保护合作

中日韩三国在海洋环境污染防治和生态治理领域已有多年的合作经验，特别是在共同开展的多边行动计划中取得了明显的成效。随着中日韩在政治、经济等各方面关系的日益密切，三国在海洋生态环境保护方面的合作也在日益加深。③

自 20 世纪 90 年代起，中日韩三国在海洋生态环境保护方面积极开展合

---

① "Haikou Partnership Agreement on the Implementation of Sustainable Development Strategy for the Seas of East Asia," PEMSEA, http：//www.pemsea.org/publications/agreements - and - declarations/haikou-partnership - agreement - implementation - sustainable - development - strategy - seas-east-asia, accessed：2023-01-07.
② 《PEMSEA 中心》，自然资源部第一海洋研究所网站，https：//www.fio.org.cn/departmentguoji/pemsea.htm，最后访问日期：2023 年 1 月 7 日。
③ 陈晓径：《中国与法国的气候环境合作》，《法国研究》2019 年第 2 期，第 1~12 页。

作并取得了一系列显著成果。合作主要有：东北亚环境合作会议、东亚海环境管理伙伴关系计划、西北太平洋行动计划、中日韩环境部长会议等。这一系列的合作机制对促进海洋生态环境保护起到了积极的作用。

在中日韩三国的合作中，海洋废弃物处理已成为三国开展海洋生态环境保护合作的一个重要领域。中日韩领导人会议相继通过了多个海上垃圾和微塑料治理相关的合作协议，其中《2020 中日韩合作展望》（2010 年）着重指出，中日韩将加强三个国家在海洋环境领域的合作，在西北太平洋行动计划的范围内，落实"区域海洋垃圾行动计划"，减少海洋垃圾问题带来的不利影响。①《第二十次中日韩环境部长会议联合公报》（2018 年）对开展海上塑料废弃物处理和东海地区的海洋生态系统保护等起到了推动作用。② 在 2019 年举办的中日韩三国领导人会议上，中国提出三国应该重视海洋废弃物的威胁，并提出了"中日韩蓝色经济合作倡议"，旨在推动海洋生态修复和资源高效利用，推动海洋新兴产业的发展，为中日韩三国搭建一个"蓝色经济"的国际合作平台。会上还通过了"中日韩+X"合作早期收获项目清单，清单包含了与东盟成员国在海洋塑料垃圾应对方面的探讨，以及有关"中日韩沿海城市共同应对塑料与微塑料污染的海洋生物多样性政策与社区实践"行动的具体实施计划。③

2021 年 12 月，第二十二次中日韩环境部长会议批准了《中日韩环境合作联合行动计划（2021~2025）》和《第二十二次中日韩环境部长会议联合公报》。中国期待同日韩一道，秉持人类命运共同体理念，践行多边主义，积极参与"一带一路"地区的绿色发展，大力推动"中日韩+X"的海洋环境领域的国际合作，共同促进东北亚地区的可持续发展。

---

① 《2020 中日韩合作展望》，中国外交部网站，2010 年 5 月 30 日，http：//new. fmprc. gov. cn/web/gjhdq_ 676201/gjhdqzz_ 681964/zrhhz_ 682590/zywj_ 682602/201006/t20100603_ 9386732. shtml，最后访问日期：2023 年 1 月 8 日。

② 《第二十次中日韩环境部长会议在苏州举行》，中国政府网，2018 年 6 月 24 日，http：//www. gov. cn/xinwen/2018-06/24/content_ 5300946. htm，最后访问日期：2023 年 1 月 8 日。

③ 《"中日韩+X"合作早期收获项目》，中国政府网，2019 年 12 月 25 日，http：//www. gov. cn/xinwen/2019-12/25/content_ 5463953. htm，最后访问日期：2023 年 1 月 8 日。

（三）中国-东盟国家海洋合作

中国与东盟在海洋生态环境保护合作中取得了一系列成就。如今，在共同努力下，双方已成为重要的战略伙伴。①

1991~2011 年是中国与东盟合作的起步阶段，双方主要就南海问题和海上交通问题进行讨论和合作。1994 年 7 月，中国第一次出席东盟地区论坛，这是中国和东盟海上安全合作的一个重大进展。2011 年，中国设立了"中国-东盟海上合作基金"以落实《南海各方行为宣言》。

2012 年和 2016 年，为继续与东盟在海洋生态环境保护领域进行合作，中国国家海洋局先后制定了《南海及其周边海洋国际合作框架计划（2011~2015）》和《南海及其周边海洋国际合作框架计划（2016~2020）》。国务委员兼外长王毅在 2022 年 8 月召开的中国-东盟（10+1）外长会上指出，中国东盟可持续发展合作年汇聚了"绿色动能"，加强了绿色发展、应对气候变化和生态环保方面的合作。②"中国（海南）-东盟 2022 智库论坛"于 2022 年 12 月召开，本次论坛以"新时代构建中国-东盟蓝色经济伙伴关系：合作促进发展"为主题。③ 会议主张充分利用双边与多边合作机制及其框架下的各项资源开展蓝色经济建设，推动海洋生态系统研究、生物多样性保护、污染治理等关键领域的合作。

（四）中美海洋生态环境保护合作

1979 年 1 月，中美两国政府就一系列科学技术问题达成了合作协议。

---

① 韩立新、冯思嘉：《南海区域性海洋生态环境治理机制研究——以全球海洋生态环境治理为视角》，《海南大学学报》（人文社会科学版）2020 年第 6 期，第 18~26 页。
② 《王毅出席中国-东盟（10+1）外长会》，中国外交部网站，2022 年 8 月 4 日，https：//www.mfa.gov.cn/web/wjdt_674879/gjldrhd_674881/202208/t20220804_10734616.shtml，最后访问日期：2023 年 1 月 8 日。
③ 《陈锐受邀参加中国（海南）-东盟 2022 智库论坛》，海南热带海洋学院人文社科处网站，2022 年 12 月 22 日，http：//skc.hntou.edu.cn/xsjl/202301/t20230103_71665.html，最后访问日期：2023 年 1 月 8 日。

随后，中国国家海洋局与美国国家海洋大气局也在这一年就中美在海洋与渔业方面的科学技术问题达成了合作议定书。在此基础上，中美还开展了一些具有世界影响力的综合考察研究。[1] 40余年来，两国也在海洋生态环境保护方面进行了长久的合作。[2]

中美双方在2015年6月举行的第七轮中美战略与经济对话上表示，将进一步强化关于海洋环境问题的交流，促进双方在海洋环境问题上的务实合作。此外，中美两国共同提出了设立海洋保护区的建议，这有利于带动更多国家参与到海洋保护中来，促进海洋环境保护工作更加科学化、实用化和高效益化。[3] 2016年11月，第19次中美海洋与渔业科技合作联合工作组会议在美召开，会议听取了工作组成果汇报和未来合作计划，主要内容包括：海洋在气候变化中的角色、海洋生物资源、海洋与海岸带的综合管理、海洋政策管理与国际海洋事务、极地科学研究。会议就中美两国在海洋与渔业方面的技术合作制定了《中华人民共和国国家海洋局与美利坚合众国国家海洋与大气局2016～2020年海洋与渔业科技合作框架计划》，旨在为中美开展海洋和渔业方面的科技合作提供指南、建议和技术援助。[4]

（五）中俄海洋生态环境保护合作

俄罗斯是在世界上具有重要影响力的海洋国家，中俄两国在太平洋、北冰洋等海域有着诸多共同的海洋生态环境保护相关目标和利益。21世纪以

---

① 联合科学研究有：中美长江口及东海大陆架沉积作用过程联合研究，中美热带西太平洋海气相互作用合作研究，以及中美热带西太平洋海气耦合响应合作试验等。

② 周超：《中国海洋事业改革开放40年系列报道之国际合作篇》，中国自然资源部网站，2018年7月9日，https://www.mnr.gov.cn/zt/zh/ggkf40/201807/t20180709_2366681.html，最后访问日期：2023年1月8日。

③ 乌力吉：《海洋合作，彰显中美大国担当》，央视网，2015年9月30日，http://opinion.cctv.com/2015/09/30/ARTI1443596630652527.shtml，最后访问日期：2023年1月8日。

④ 《中美海洋与渔业科技合作联合专家组召开首次会议》，中国海洋发展研究中心网站，2018年7月31日，http://aoc.ouc.edu.cn/_t719/2018/0731/c9829a207401/page.htm，最后访问日期：2023年1月8日。

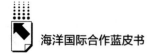

来，中俄两国基于海上非传统安全问题的需求，在海洋生态环境领域已经建立了多层级、多领域的合作机制。①

中俄在《中华人民共和国和俄罗斯联邦睦邻友好合作条约》（2001年）签署20周年的联合声明中指出，中俄双方在污染防治、跨界环境灾害应急联络、跨界水体水质的合理利用与保护、生物多样性的保护、跨界保护区的建立、固体废物的管理等多个方面进行了深入的合作。中俄两国签署的《中华人民共和国政府和俄罗斯联邦政府关于海洋领域合作协议》（2003年）表明两国将共同开展海洋资源的综合研究、开发与保护。2013年9月，两国共同签署了《中华人民共和国交通运输部和俄罗斯联邦运输部关于海上航行安全和保护海洋环境合作谅解备忘录》。② 2019年6月，中俄共同发表了《中华人民共和国和俄罗斯联邦关于发展新时代全面战略协作伙伴关系的联合声明》，明确指出中俄将在尊重沿海各国利益的前提下，促进中俄在北极地区的可持续发展、生态环境保护方面的合作。2022年6月，来自中俄海洋与气候研究领域11个涉海机构的80余名专家学者共同参加了"海洋过程与资源环境论坛暨第四届中俄海洋科学研讨会"，会议重点介绍了近几年两国在气候变化、海洋沉积物、海底资源开发方面所取得的最新研究成果，对新时代背景下两国在海洋方面开展务实合作的机制进行了探讨。2022年11月2日，两国签订了《关于海洋可持续发展综合多学科研究谅解备忘录》，就气候变化的适应和缓解、海洋及沿线海洋生物多样性保育、沿岸地区的综合建设、海洋空间规划、蓝色经济建设、海洋污染管理、海洋自然灾害防治，以及灾后修复项目等领域开展了联合研究。③ 2022年11月13日，厦门市成功举办了中俄海洋可持续发展综合多学科合作研究研讨会，作为签署备忘录后的第一次研讨会，会议进一步探讨了两国在金砖合作机制和

① 贺鉴、王雪：《中俄海洋安全合作论析》，《国际安全研究》2019年第2期，第24~44页。
② 《中俄签署海上航行安全和保护海洋环境合作备忘录》，中国政府网，2013年9月9日，http://www.gov.cn/zhuanti/2013-09/09/content_ 2595903. htm，最后访问日期：2023年1月8日。
③ 《俄中签署海洋发展备忘录》，俄罗斯卫星通信社网站，2022年11月2日，https://sputniknews. cn/20221102/1045209972.html，最后访问日期：2023年1月8日。

APEC 框架下的海洋领域合作途径，提出切实落实备忘录各项内容，为海洋可持续发展贡献智慧和力量。[1]

（六）中日海洋生态环境保护合作

日本是亚太地区重要的海洋国家，20 世纪 70 年代初，中日两国外交关系恢复正常后，双方于 1980 年、1994 年先后签署了《中日科技合作协定》和《环境保护合作协定》。在此基础上两国先后开展了多项海洋方面的合作项目。[2] 这些研究工作在渔业生产、航运作业、海洋及天气预报等领域有着重要的现实意义和深远影响。

2012 年 5 月，中日海洋事务高级别磋商机制正式启动，为推动中日两国在海洋领域的合作起到了枳极的作用。2022 年 11 月，中日双方完成了第十四轮磋商，双方在海上防务、海上执法与安全、海洋经济三个方面达成共识。在海洋生态环境保护方面，该磋商机制促进全面落实《中日渔业协定》，推动双方在海洋科研、蓝色经济创新技术和海洋塑料垃圾处理等领域的合作。

海洋塑料垃圾污染给海洋生态环境带来了巨大的破坏，中日两国都位于太平洋，海洋塑料废弃物污染问题日益严重，仅靠一国之力难以解决这一问题，亟待中日两国共同努力。在 2016 年 12 月的第六轮磋商会上，中日两国专家商讨了海洋垃圾监测和微塑料毒性等领域的国际合作。

2017 年 3 月，中日海洋垃圾合作专家对话平台首次会议在大连举行，同年 11 月，上海举行了中日海洋垃圾研讨会。两次会议促使两国达成了实施联合调查、开展海洋垃圾研究合作的共识。中日两国第八轮、第九轮磋商确定继续加强在海洋垃圾领域的合作与交流，以及在 2018 年举办中日海洋垃圾合作专家对话平台第二次会议和第二届中日海洋垃圾研讨会。2019 年

---

[1] 《2022 厦门国际海洋周 | 中俄海洋可持续发展综合多学科合作研究研讨会成功举办》，厦门市海洋国际合作中心网站，2022 年 11 月 15 日，https://en.xmicc.org.cn/detail/899.html，最后访问日期：2023 年 1 月 8 日。

[2] 合作项目包括"黑潮合作调查研究""副热带环流合作调查研究""东海特定海域河流入海环境负荷与生态效应""珠江口及邻近海域综合调查与开发"等，引自刘阳等：《中日海洋环境领域研究合作与展望》，《海洋学报》2021 年第 8 期，第 160~162 页。

10月，根据第十轮磋商达成的共识，两国正式实施了海洋垃圾的海上联合调查。① 2022年11月22日，在第十四轮磋商会议中，双方同意积极开展应对海洋塑料垃圾的双多边合作，办好2023年中日海洋垃圾合作专家对话平台第四次会议和第四届中日海洋垃圾研讨会。

除了海洋垃圾治理的合作外，中日两国也在海洋生态环境保护中开展了丰富的合作交流。2021年7月，"2020~2021中日高层次科学家研讨交流活动（海洋环境）"在青岛举办，活动围绕海洋环境与气候变化、海洋渔业生物资源保护、海洋微塑料等主题设置主旨报告和圆桌论坛。② 在第十四轮磋商中，两国表示愿意在反非法捕捞、北太平洋渔业资源的养护和鳗鱼资源的保护等领域进行长期的合作。中日两国将继续促进谈判磋商，解决渔业领域存在的问题，争取尽快重启中日渔委会并全面落实《中日渔业协定》。③

（七）中韩海洋生态环境保护合作

自中韩建交以来，两国在海洋方面的合作取得了显著成果。《科学技术合作协定》由两国政府在1992年9月签订，《环境合作协定》由中韩外交部以两国政府的名义签订。中国国家海洋局与韩国科技部于1994年签订《中韩海洋科学技术合作谅解备忘录》，从此开启了两国在海洋领域的合作。中韩海洋科学共同研究中心于1995年在青岛落成，标志着中韩双方在海上科技领域的交流与合作正式开始。两国共同关注黄海污染问题，在中韩海洋科学共同研究中心的协调下，自1997年起，两国科学家每年都会在黄海开展联合环境调查。④

① 郁志荣：《中日海洋领域合作回顾及前景分析》，中华网，2022年11月18日，https：//military.china.com/news/13004177/20221118/43911083_ all.html，最后访问日期：2023年1月8日。
② 《"2020-2021中日高层次科学家研讨交流活动（海洋环境）"在青岛举办》，中国科学技术部网站，2021年7月8日，https：//www.safea.gov.cn/kjbgz/202107/t20210708_175776.html，最后访问日期：2023年3月8日。
③ 《中日举行海洋事务高级别磋商机制第十四轮磋商》，中国政府网，2022年11月23日，http：//www.gov.cn/xinwen/2022-11/23/content_ 5728368.htm，最后访问日期：2023年3月8日。
④ 王璐：《全球海洋治理新态势下的中日韩海洋合作：机遇、挑战与路径》，《中国海洋大学学报》（社会科学版）2022年第6期，第11~20页。

近几年来，中韩双方在海洋生态环境保护领域不断深化务实合作。2021年4月，中韩海洋事务对话合作机制就海洋健康发展展开了讨论，制定了两国海洋合作机制框架和运行模式。双方同意加强在海洋科技、环境保护和渔业等领域的交流和合作。中韩两国就海上问题于2022年6月进行了第二次会议，并在此基础上进行了深入探讨。双方就中韩涉海问题广泛深入地交换了意见，同意在海洋科研、生态环保、航运、渔业、海事安全等方面加强务实合作，力争把黄海建设成为一个和平、友好、合作的海域。此外，双方还就日本福岛核污染水排海问题交换了意见。①2022年11月2日至3日，在中韩海洋可持续发展合作论坛上，来自中韩11家单位的12位专家就海洋气候变化、防灾减灾、大黄海生态系统、极地大洋、海洋经济、海洋地质、海洋碳汇及海洋微塑料研究等领域的成就进行了交流。②

（八）中法海洋生态环境保护合作

法国是世界上重要的海洋国家，中法在环保方面的合作由来已久。1978年，中法就科技合作方面的问题签订了协议。1991年，中国国家海洋局与法国海洋开发研究院就两国的海洋科技合作问题签署了海洋科技合作议定书。多年来两国在海洋地质、海洋卫星、长江口海洋生物地球化学过程、海洋观测、海洋酸化等领域的长期科学合作，在全球海洋可持续发展进程中发挥了重要作用。③

中法联合研发的第一颗卫星——中法海洋卫星于2018年10月29日成功发射。中法海洋卫星可为海洋环境监测和气候变化监测提供有力的支持，

---

① 《中韩举行海洋事务对话合作机制第二次会议》，中国政府网，2022年6月17日，http：//www.gov.cn/xinwen/2022-06/17/content_5696115.htm，最后访问日期：2023年1月8日。

② 《中韩共议海洋可持续发展合作》，中国政府网，2022年11月15日，https：//www.mnr.gov.cn/dt/hy/202211/t20221115_2765338.html，最后访问日期：2023年1月8日。

③ 杨平、姜晨锐：《海洋代言人 | 30多年的法国情缘，缔结了中法海洋科学的深远合作》，近海海洋环境科学国家重点实验室（厦门大学）网站，2021年7月15日，https：//mel.xmu.edu.cn/info/1013/6080.htm，最后访问日期：2023年1月8日。

是中法两国在应对海洋环境和气候变化问题上的一次高水平合作。① 第七届中法环境月于 2020 年 10 月在北京拉开帷幕,环境月以海洋生物多样性和海洋资源可持续利用为主题,以研讨会的方式,促进中法在环境保护方面的合作。2022 年 11 月 28 日,国家海洋环境预报中心和法国麦卡托国际海洋中心续签了合作谅解备忘录,双方希望在联合国"海洋十年"计划框架下持续开展密切合作,共同促进全球及地区海洋环境预测业务及服务的发展。②

(九)中越海洋生态环境保护合作

越南是唯一一个与中国海陆均接壤的东盟成员国,中国与越南的海洋合作极其重要。两国在《中华人民共和国和越南社会主义共和国关于两国在北部湾领海、专属经济区和大陆架的划界协定》基础上,签订了《中越北部湾渔业合作协定》。自那时以来,中越之间一直保持着长期的合作,在海洋渔业合作方面也得到了很大的发展。2014 年,两国在《中越北部湾渔业合作协定》的基础上成立了渔业生态保护区,实现了北部湾渔业资源及海洋生态环境的监测和保护,推动了该区域海洋生态文明建设的发展。

《中华人民共和国国家海洋局与越南社会主义共和国自然资源与环境部关于开展北部湾海洋及岛屿环境综合管理合作研究的协议》(简称"《协议》")是中国与越南在 2013 年 10 月 13 日签订的一份文件。《协议》以 2011 年 10 月中越双方签订的《关于指导解决中越海上问题基本原则协议》为基础,是为落实 2013 年 6 月越南国家主席访华期间两国政府发表的联合声明、进一步发展两国友好合作关系、推动海上务实合作达成的合作协议。《协议》的实施,将使我国更好地了解北部湾海域的生态环境状况,提高我

① 《中法海洋卫星成功发射体现中法合作三大"高水平"》,新华网,2018 年 10 月 30 日,http://www.xinhuanet.com/politics/2018-10/30/c_1123631615.htm? isappinstalled = 0,最后访问日期:2023 年 1 月 8 日。

② 《国家海洋环境预报中心与法国麦卡托国际海洋中心续签合作协议并联合召开双边合作技术交流远程视频会》,澎湃新闻网站,2022 年 11 月 30 日,https://www.thepaper.cn/newsDetail_forward_20964222,最后访问日期:2023 年 1 月 8 日。

国海洋环境管理水平，为我国北部湾海域的生态环境保护、应急处置等工作提供重要的理论基础与技术支撑。①

中越双方在北部湾海域具有较成熟的合作机制。中越北部湾渔业联合委员会在渔业资源可持续发展方面起到了很大的作用。该委员会协调管理两国在北部湾指定海域的渔业生产及资源养护，每年通过定期与不定期会议制定北部湾渔业生产计划。在《中越北部湾渔业合作协定》于 2019 年 6 月 30 日到期的前提下，双方有必要就北部湾的渔业生产与自然资源保障等方面签署新的合作协定，以北部湾为试验田，探索两国海上合作的突破口。随着北部湾海域渔业资源的严重枯竭，以往的渔业管理方式已经无法适应这种现状。两国有关部门需要考虑以北部湾为大的生态圈，兼顾两国沿岸渔民生计问题，研讨新的生产与管理模式，把北部湾打造成一个秩序良好、资源可持续利用、治理有效、两岸民众共享资源的"海上乐园"。②

（十）中印尼海洋生态环境保护合作

2007 年 11 月，中国与印尼签订了《中国国家海洋局与印尼海洋渔业部关于海洋领域合作的谅解备忘录》，为两国海洋渔业合作打下了基础。2010 年两国成立了共同的海洋与气候联合研究中心。中印尼合作设立的巴东海洋联合观测站于 2011 年启动了一部分观察装置，这是我国在海外设立的第一个海洋联合观测站。2012 年 3 月，两国正式签订《中华人民共和国国家海洋局和印度尼西亚共和国海洋渔业部关于发展中国-印尼海洋和气候中心的安排》，旨在促进开展海洋环境与功能、海洋预测系统等方面的深入交流与合作，促进双方在海洋环境与生态方面的务实合作。

---

① 《国家海洋局：中越两国在海洋领域合作取得新突破》，中国政府网，2013 年 10 月 14 日，http：//www. gov. cn/govweb/gzdt/2013-10/14/content_ 2506549. htm，最后访问日期：2023 年 1 月 8 日。

② 《中越关系与海上合作》，中国南海研究院网站，2020 年 8 月 28 日，http：//wi. nanhai. org. cn/review_ c/466. html，最后访问日期：2023 年 1 月 8 日。

2012～2013 年，中国与印尼相继签署了《中印尼海洋领域合作五年计划（2013～2017）》《海上合作谅解备忘录》《中印尼全面战略伙伴关系未来规划》《中印尼经贸合作五年发展规划》《中国气象局与印度尼西亚共和国气象、气候和地球物理局气象和气候领域合作谅解备忘录》。这一系列文件均表明双方将进一步加强在海洋科研和环保、渔业等领域的合作。在博鳌亚洲论坛 2015 年年会上，中印尼两国共同发布了《中华人民共和国和印度尼西亚共和国关于加强两国全面战略伙伴关系的联合声明》。两国在此基础上制定的一系列合作方针为两国开展海上合作提供了有力保障，有力地推动了海上生态环境合作的可持续发展。①

（十一）中国与其他东盟国家的海洋生态环境保护合作

马来西亚地处欧亚板块最南端，是南海周边重要的国家。中马于 2009 年 6 月签订了《中华人民共和国政府与马来西亚政府海洋科技合作协议》，双方在海洋科学研究、海洋生态保护、海洋防灾、海洋信息交流等方面取得了重要进展。中国与马来西亚在 2013 年 11 月召开了中马海洋科技合作联委会第二次会议，就海洋科学与技术的发展方向进行了深入的探讨。中马海洋科技合作联委会于 2016 年 11 月在北京举行了第三次会议。② 双方就开展"一带一路"合作、共同推进 21 世纪海上丝绸之路建设等达成重要共识，这为深化两国合作奠定了基础。同时，两国代表希望中马在联委会这个平台上，继续推动在海洋科学研究、海洋生物技术、海洋生态环境保护、海洋清洁能源等方面的合作。③

泰国拥有丰富的海洋资源。2011～2013 年，中泰两国签署了一系列重要

---

① 徐汉滨：《简论中国印尼海洋合作的主要途径》，《汉江师范学院学报》2017 年第 5 期，第 107～109 页。

② 《中马海洋科技合作联委会第三次会议在京召开》，中国政府网，2016 年 11 月 30 日，http：//www.gov.cn/xinwen/2016-11/30/content_ 5140502. htm，最后访问日期：2023 年 1 月 8 日。

③ 缪苗等：《"一带一路"视域下中马渔业合作潜力分析及新时期发展策略研究》，《热带农业科学》2021 年第 9 期，第 117～125 页。

的合作文件，包括《中华人民共和国国家海洋局与泰王国自然资源与环境部关于海洋领域合作的谅解备忘录》《中华人民共和国国家海洋局与泰王国自然资源与环境部关于建立气候变化与海洋生态系统联合实验室的安排》《中华人民共和国国家海洋局与泰王国自然资源与环境部海洋领域合作五年规划（2014~2018）》等。中泰气候与海洋生态联合实验室于 2013 年 6 月 6 日在泰国普吉正式揭牌成立，该实验室将为中泰两国在海洋科学、技术、生态环境等方面的交流提供一个国家级的平台，推动两国在海洋生态环境保护领域的全面合作。

三 国际非政府组织的海洋生态环境保护合作

国际上开展海洋生态环境保护的主体主要是国家和国际组织，[①] 国家在区域海洋生态环境保护中发挥着主导作用。然而，由于国际关系的复杂性和国家整体实力的不同，国家间在有些方面难以取得共识，很难在利益和矛盾的冲突中取得平衡。[②] 相比于国家政府，非政府组织（NGO）具有无与伦比的灵活性优势。

国际非政府组织对于国际事务的处理可以起到很好的促进作用，也是一种很好的解决方式。NGO 突破了"主权国家+国际组织"的二元结构，表现出了强大的适应能力和灵活性。多个国际非政府组织在全球范围内发挥着日益突出的作用，并对一系列国际公约、文书的制定与实施起到了积极的作用。[③]

（一）国际非政府组织在海洋生态环境保护中的意义

国际非政府组织对国际生态环境保护合作起到了促进作用。在《生

---

① 李千五：《环保非政府组织在生态治理中的作用及其实现》，《中国高新科技》2022 年第 12 期，第 134~136 页。

② 王定力、张亮：《非政府组织在国际环境保护中的地位和作用》，《社会科学家》2018 年第 2 期，第 110~113 页。

③ 江婷烨：《国际非政府组织参与全球海洋环境治理的问题审视与路径优化》，《大连海事大学学报》（社会科学版）2023 年第 1 期，第 11~21 页。

物多样性公约》《联合国气候变化框架公约》《京都议定书》《联合国防治荒漠化公约》等环境协定的国际协商过程中，从确定议题、提供专家意见和相关资料，到进行各个层面的游说，直至达成各项协议，NGO 扮演着重要角色。[①] 在面对日益严峻的海洋生态环境问题时，非政府组织突破了传统的以政府为中心的管理模式，走上了环境保护领域的国际舞台。

在海洋生态环境保护领域，世界自然保护联盟（IUCN）、世界自然基金会（WWF）、国际爱护动物基金会（IFAW）、国际鸟类联盟（BLI）、国际鸟类学家联合会（IOU）等国际非政府组织十分积极，开展了众多海洋生态环境保护工作。它们开展的相关工作包括：IUCN 制定的《濒危物种红色名录》、WWF 的海洋生物保育计划、IFAW 的各种救助行动、BLI 的各种救助行动，以及 IOU "降低渔业对海鸟危害" 的科研成果和技术宣传。这些国际合作为提高人们的海洋动物资源保护意识、促进有关政策的出台、普及海洋动物资源的保育知识等提供了强有力的支持。

国际非政府组织在保护海洋动物、实现对海洋生物资源的可持续开发等领域发挥着不可或缺的作用。但是，国际非政府组织拥有的仅仅是参与权而不是决策权，所以其影响力存在着很大的局限。

（二）海洋生态环境保护领域的国际非政府组织

1. 世界自然保护联盟

创建于 1948 年的世界自然保护联盟是全球最大的自然环境保护组织，亦是自然资源保护与可持续发展领域唯一一个联合国大会永久观察员。作为有史以来第一个世界范围的环保组织，世界自然保护联盟在 160 多个国家拥有 1400 多个成员团体和 16000 多名专家。《濒危物种红色名录》由世界自然保护联盟于 1963 年出版并持续编制，该名录目前已成为世界上最

---

① 万芳芳、罗婷婷：《论国际组织决议在公海生物多样性保护中的作用》，《海洋开发与管理》2013 年第 7 期，第 43~48 页。

完整的动植物资源保护名录。在海洋生态环境保护中，世界自然保护联盟致力于海洋和极地生态系统的恢复和维护及海洋资源的可持续利用，关注海洋生物多样性、海洋生态系统、海洋与气候变化、渔业和水产、海洋塑料和污染问题。

我国于1996年正式加入IUCN，分别在2003年和2012年建立了IUCN中国联络处和IUCN中国代表处。世界自然保护联盟拥有51个中国成员团体，包括中华环保联合会（ACEF）、青岛市海洋生态研究会、深圳市红树林湿地保护基金会、深圳市大鹏新区珊瑚保育志愿者联合会、广东省自然保护地协会、中华环境保护基金会、中国生物多样性保护与绿色发展基金会、中国红树林保育联盟等。

2. 世界自然基金会

世界自然基金会作为世界领先的自然保护组织，自1961年成立以来一直致力于帮助人类和自然实现繁荣发展。WWF的宗旨是要阻止地球上的自然环境不断恶化，保护生态环境和维护生物多样性。

在海洋生态环境保护中，WWF创新性地将地方保护性工作与蓝色海洋经济相结合，积极建设自然向好海景（Nature-Positive Seascapes），[①] 防止海洋生态环境恶化和海洋资源枯竭，为全球气候稳定、海洋健康、粮食安全健康及和平与安全作出了积极贡献。

3. 国际海洋学院

国际海洋学院（IOI）是由著名活动家伊丽莎白·曼·鲍杰斯（Elisabeth Mann Borgese）教授于1972年创立的一个独立的非政府、非营利组织，旨在培养知识渊博的海洋治理领域的未来领袖。IOI自创建以来，一直秉承"世界海洋和平大会"（PIM）[②] 的理念，旨在确保海洋作为"生命之源"的可持续性，维护和扩大《联合国海洋法公约》确认的人类共同继承财产原

---

① "Nature-Positive Seascapes," WWF, https：//www. worldwildlife. org/pages/nature - positive - seascapes，accessed：2023-01-07.

② "Pacem in Maribus（PIM）Conferences 1970～2013," IOI, https：//www. ioinst. org/about-1/ pacem-in-maribus-pim-conferences/，accessed：2023-01-07.

则。IOI 每年定期出版《IOI 年度报告》《世界海洋评估》和《海洋年鉴》，为海洋生态环境保护和治理建言献策。此外，IOI 每两年举办"世界海洋和平大会"，大会以全球性的海洋问题为主题，组织来自世界各地的海洋专家学者，对海洋进行科学性的理论和政策探讨。

2010 年的"世界海洋和平大会"在北京举办，主题是"海洋、气候变化和可持续发展：海洋和沿海城市面临的挑战"。大会聚焦海洋与气候变化、沿海城市所面对的挑战等内容，在促进沿海城市健康发展和海岸带环境保护等方面具有重要意义。目前，该组织正逐渐发展成一个对全球海洋问题进行综合系统研究并提供咨询意见的高级别国际论坛。

4. 国际生态修复协会

国际生态修复协会（SER）成立于 1988 年，在生态修复领域的各个方面发挥着领导作用。作为一个生态环境修复的知识分享和驱动平台，SER 的业务领域主要包括生态修复学科推进、实践案例研究、生态修复学术出版、生态修复标准编制等。

四　科研界的海洋生态环境保护合作

近年来，我国高度重视并切实推进国际海洋相关方面的科研合作，积极参与国际海洋生态环境保护科研项目，取得了丰富的工作成果。

（一）中国科学院及其所属机构的海洋国际合作组织

1. 中国科学院海洋研究所

中国科学院海洋研究所近年来主办、承办了数十次重要的国内外学术会议，包括海洋微生物学国际研讨会、第三届全球海洋生物多样性大会、联合国西北太平洋行动计划富营养化评价专家会议、近海生态系统健康评估方法研讨咨询会议、鳌山论坛等。研究所的实验室在国内外海洋生态与环境科学领域颇具影响力，在浮游生物生态学研究与有害藻华治理、海洋生物资源生态学、水母减灾、水产病害研究及近海生态系统健康评估等相关领域与国外研究团队展开了深入合作。此外，研究所还与美国麻省理工学院、韩国海洋水产部、澳大利亚海洋科学研究所等本领域国际知名研究院所、政府机构建立了合作关系，开展了一系列学术访问和交流。

2. 中国科学院南海海洋研究所

中国科学院南海海洋研究所于 1959 年 1 月成立，开展了广泛的国际科学合作。研究所 2008 年承办了第九届全球海洋遥感大会（9th PORSEC），2011 年主办了第二届海峡两岸台风科学与危机管理研讨会，2017 年与浙江大学共同承办了第 25 届太平洋海洋科学技术大会（25th PACON）。依托南海海洋研究所建立的热带海洋环境国家重点实验室，与香港科技大学、英国普利茅斯海洋研究所等学术机构开展国际合作，就南海的海洋环境变化、气候变化和近海生态系统可持续发展展开学术交流。依托南海海洋研究所建立的广东省海洋遥感重点实验室，积极推进国际学术交流与科技合作，牵头组织了印度洋-南海国际研讨会系列论坛（IO-SCS）和海洋生态遥感系列论坛，开展了海洋生态环境遥感、台风的生态效应、灾害应急管理与海洋资源可持续发展等领域的国际合作研究，为 21 世纪海上丝绸之路的经济合作、防灾提供了重要理论基础和科学依据。另外，依托南海海洋研究所建立的中国科学院中国-斯里兰卡联合科教中心成功开办海洋科学硕士班，培养国际海洋科学青年人才。

（二）自然资源部的海洋国际合作组织

1. 自然资源部第一海洋研究所

自然资源部第一海洋研究所（简称"海洋一所"）创建于 1958 年，研究所中由自然资源部（国家海洋局）牵头的国际合作项目主要可以分为国际合作平台建设、海洋观测预报合作、海洋生态保护合作、海洋环境保护合作四个大方向。其中，海洋生态保护合作旨在针对海洋濒危物种建立长期的区域合作机制，在传统方法的基础上集成海洋生物学，以及无人机、无人艇等现代技术工具开展科学研究，最终建立亚洲热带海区的海洋濒危物种研究保护网络。截至 2022 年底，海洋一所已与超过 30 个国家和超过 50 个海洋

机构建立了良好的国际合作关系，在海洋生态环境保护领域开展了众多具有国际影响力的国际合作。

2. 自然资源部第二海洋研究所

自然资源部第二海洋研究所（简称"海洋二所"）创建于 1966 年，1973 年中日合作海缆路由调查揭开了海洋二所对外海洋科技合作与交流的序幕。多年来海洋二所已与多个国家和区域开展了广泛的海上研究合作。截至 2022 年底，海洋二所已是国际标准化组织、空间与重大灾害国际宪章（CHARTER）、太平洋区域环境规划署秘书处（SPREP）和联合国"海洋十年"等的重要成员，为海洋及其相关海域的观测、开发、环境保护和灾害评估作出了重要贡献。

3. 自然资源部第三海洋研究所

自然资源部第三海洋研究所（简称"海洋三所"）先后与美国、德国、法国、日本等 30 多个国家以及我国台湾、香港等地区的有关机构建立了交流与合作关系，取得了丰硕成果。近年来，海洋三所积极响应国家"一带一路"倡议，先后与印尼、泰国、马来西亚等沿线国家开展了 50 多个航次的联合调查与研究。

4. 自然资源部第四海洋研究所

自然资源部第四海洋研究所（简称"海洋四所"）定期开展国际人才交流培养项目。通过这些平台和项目，海洋四所与东盟国家的海洋科研机构和管理部门在资源保护与利用领域开展全方位的合作研究和技术攻关，吸引汇聚国际创新力量和资源，构建国际领先研发团队。海洋四所着力推动将"中国-东盟国家海洋科技联合研发中心"纳入东盟科技创新合作区建设规划。近年来，海洋四所构建了多个中国与东盟的海洋科学平台，完成了十余个中国与东盟国家的合作课题项目，合作内容包括生态系统保护与修复、海洋生物多样性监测与保护和海洋综合管理等。

B.3
海洋产业经济国际合作报告*

孙照吉**

摘　要： 海洋资源丰富、空间广阔，海洋经济能够有效缓解陆地资源紧张、发展空间不足的问题。随着经济全球化的发展，海洋经济国际合作也在快速发展。当前，海洋经济的国际合作主要发生在海洋渔业、海洋交通运输业、海洋装备制造业、海洋油气业、滨海旅游业和海洋化工业等产业。2018 年，海洋渔业是全球渔业的主要部分，产量占全球渔业总产量的 65%；海洋交通运输是国际货物贸易的主要运输方式，海洋交通运输商船载重量达到 21.35 亿载重吨，全球海运贸易量为 120 亿吨。2022 年，中国海洋生产总值为 9.46 万亿元，占国内生产总值的比重为 7.8%；其中，船舶制造完工量占全球总量的 47.3%，位列世界第一。海洋经济涉及供需双方互动、供需平衡和利益分享，国际合作是海洋经济发展的基础；世界经济一体化逐渐深入，全球海洋经济的快速发展也带来了国际合作的快速发展。

关键词： 海洋经济　产业发展　国际合作

---

* 本报告系广东省哲学社会科学"十三五"规划 2020 年度青年项目"粤港澳大湾区先进制造业国际竞争策略选择与竞争力提升研究——基于高质量发展视角"（GD20YYJ05）、广东外语外贸大学特色创新项目"外贸高质量发展促进共同富裕的理论机制与实现路径研究"（23TS15）阶段性成果。

** 孙照吉，经济学博士，广东国际战略研究院讲师，主要研究领域为世界经济、全球价值链、国际贸易理论与政策。

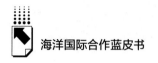

一 海洋渔业国际合作

鱼类产品自古以来就是人类重要的食物来源之一,随着航海技术和养殖捕捞技术的发展,海洋为渔业发展提供了广阔的空间,海洋渔业的发展有助于缓解自然灾害导致的粮食供给短缺,尤其是在经济发展落后、食物紧缺的地区,海洋鱼类产品是动物蛋白的重要来源。海洋渔业是指与海洋捕捞和海水养殖相关的生产活动,具体包括海水养殖、海洋捕捞、远洋捕捞、海洋渔业服务业和海洋水产品加工等。

(一)全球海洋渔业发展状况

第二次世界大战结束后,全球经济与科技发展进入黄金期,在此背景下,全球海洋渔业进入快速发展时期。如图1所示,海洋渔业捕捞量在20世纪50年代到80年代呈现高速增长,增长了大约3倍。由于海洋渔业资源日益减少,20世纪90年代后海洋渔业捕捞量维持在8000万吨(鲜重)左右。

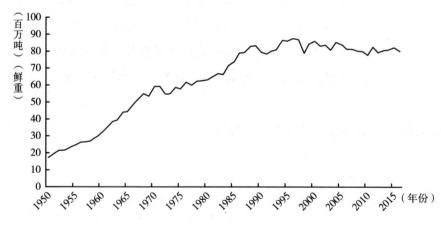

图1 1950~2015年全球海洋渔业捕捞量变化

资料来源:史磊、秦宏、刘龙腾:《世界海洋捕捞业发展概况、趋势及对我国的启示》,《海洋科学》2018年第11期,第126~134页。

从全球渔业发展来看（如表 1 所示），渔业总量从约 1.02 亿吨（鲜重）增加到 2018 年的约 1.79 亿吨（鲜重），海洋渔业捕捞量占渔业总量的比重从 79% 下降到 47%，但海洋渔业捕捞量并没有大幅度减少，维持在 8000 万吨（鲜重）左右。而内陆渔业捕捞、内陆水产养殖和海洋水产养殖的产量都呈现增长趋势，其中海洋水产养殖数量从 630 万吨（鲜重）增加到 2018 年的 3080 万吨（鲜重）。从海洋渔业和内陆渔业结构来看，2018 年海洋渔业捕捞和海洋水产养殖构成的海洋渔业产量占全球渔业总产量的 65%，因此海洋渔业目前仍是全球渔业发展的主要部分。

表 1　1986~2018 年全球渔业总产量

单位：万吨（鲜重）

时间	渔业捕捞			水产养殖			总计
	内陆	海洋	合计	内陆	海洋	合计	
1986~1995（年均）	640	8050	8690	860	630	1490	10180
1996~2005（年均）	830	8300	9140	1980	1440	3420	12560
2006~2015（年均）	1060	7930	8980	3680	2280	5970	14950
2016	1140	7830	8960	4800	2850	7650	16610
2017	1190	8120	9310	4960	3000	7950	17270
2018	1200	8440	9640	5130	3080	8210	17850

注：由于对数据进行了四舍五入处理，数字加和可能不等于表中合计或总计。

资料来源：笔者根据《2020 年世界渔业和水产养殖状况：可持续发展在行动》所载资料整理。

从全球海洋捕捞的主要类别和物种来看（如表 2 所示），有鳍鱼类、甲壳类和软体类是海洋捕捞的主要类别，它们的海洋捕捞量占海洋捕捞总量的绝大部分，其他动物的海洋捕捞量占比较低。2018 年，有鳍鱼类海洋捕捞量为 7193 万吨（鲜重），占海洋捕捞量的 85%，是海洋捕捞最主要的类别，主要物种包括秘鲁鳀、阿拉斯加狭鳕等。2018 年，甲壳类和软体类海洋捕捞量分别为 600 万吨（鲜重）、596 万吨（鲜重），都占海洋捕捞量的 7%，主要物种包括十足游行亚目、美洲大赤鱿、鱿鱼等，海蜇、海参和海胆等其他动物的海洋捕捞量较低。

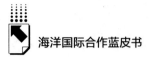

表2 2018年全球海洋捕捞的主要类别和物种

单位：万吨（鲜重）

类别	产量	类别占比	物种	产量	物种占比
有鳍鱼类	7193	85%	秘鲁鳀	705	10%
			阿拉斯加狭鳕	340	5%
			鲣	316	4%
			大西洋鲱	182	3%
			蓝鳕	171	2%
			欧洲沙丁鱼	161	2%
			太平洋白腹鲭	156	2%
			黄鳍金枪鱼	146	2%
			鲹	134	2%
			大西洋鳕	122	2%
			白带鱼	115	2%
			大西洋鲭	105	1%
			日本鳀	96	1%
			沙丁鱼	89	1%
			其他	4357	61%
甲壳类	600	7%	十足游行亚目	85	14%
			三疣梭子蟹	49	8%
			日本毛虾	44	7%
			南极磷虾	32	5%
			海蟹	31	5%
			青梭子蟹	30	5%
			阿根廷红虾	26	4%
			鹰爪虾	25	4%
			其他	278	46%
软体类	596	7%	美洲大赤鱿	89	15%
			海洋软体类	66	11%
			鱿鱼	57	10%
			普通鱿鱼	37	6%
			乌贼和耳乌贼	35	6%
			头足纲	32	5%
			虾夷扇贝	32	5%
			其他	248	42%

续表

类别	产量	类别占比	物种	产量	物种占比
其他动物	53	1%	海蜇	26	50%
			水生无脊椎动物	12	22%
			海参	5	9%
			智利海胆	3	6%
			沙海蜇	3	6%
			海胆	3	5%
			其他	2	3%

注：由于对数据进行了四舍五入处理，各类别物种产量加和可能不等于该类别产量，各类别"物种占比"一列的总数可能不为100%。

资料来源：笔者根据《2020年世界渔业和水产养殖状况：可持续发展在行动》所载资料整理。

从全球海洋捕捞的主要区域来看（如表3所示），可按照洋区划分为大西洋和地中海、印度洋、太平洋、北极和南极区域；按照捕鱼区划分为温带区域、热带区域、涌升区域、北极和南极区域。2018年太平洋的海洋捕捞量为4916万吨（鲜重），占海洋捕捞总量的58.2%，是全球海洋捕捞量最多的洋区，世界知名的北海道渔场、秘鲁渔场等渔场位于太平洋洋区的温带区域。大西洋和地中海洋区的海洋捕捞量仅次于太平洋洋区，2018年海洋捕捞量为2264万吨（鲜重），占海洋捕捞总量的26.8%，北海渔场、纽芬兰渔场位于大西洋东西两侧的温带区域。渔业资源在全球海洋的区域分布并不均匀，温带大陆架海区的光照和冷暖洋流交汇等条件有利于浮游植物和动物生存，因此该区域聚集了较为丰富的渔业资源，2018年温带区域海洋捕捞量占全球海洋捕捞总量的44.7%。

表3　2018年全球海洋捕捞的主要区域

单位：万吨（鲜重），%

按洋区划分	产量	占比	按捕鱼区划分	产量	占比
大西洋和地中海	2264	26.8	温带区域	3769	44.7
印度洋	1228	14.5	热带区域	2731	32.4
太平洋	4916	58.2	涌升区域	1907	22.6
北极和南极区域	33	0.4	北极和南极区域	33	0.4

注：由于对数据进行了四舍五入处理，各洋区产量加和与各捕鱼区产量加和不一致，"占比"一列的总数不为100%。

资料来源：笔者根据《2020年世界渔业和水产养殖状况：可持续发展在行动》所载资料整理。

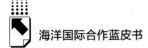

从海洋捕捞的国别和地区来看（如表4和表5所示），20世纪50年代，海洋捕捞国家以发达国家为主，包括日本、美国、挪威、苏联和英国等。随着全球海洋渔业资源的开发，海洋渔业较为丰富的沿海国家陆续进入海洋捕捞大国的行列，智利、印尼、印度、泰国和越南等发展中国家的海洋捕捞量增长较快，成为海洋捕捞排名前十位的国家。从整体变化来看，世界前十位的海洋捕捞国家的变化并不明显，日本、中国、美国等一直是世界海洋捕捞的主要国家，但20世纪80年代后，在世界前十位的海洋捕捞国家中，发展中国家的排序有所上升，如2018年海洋捕捞前四位的国家中国、秘鲁、印尼和俄罗斯都属于发展中国家。从具体产量构成来看，目前中国是海洋捕捞量最大的国家，虽然2015~2018年中国海洋捕捞量从1439万吨（鲜重）下降到1268万吨（鲜重），但仍大幅领先其他国家，2018年秘鲁和印尼的海洋捕捞量分别为715万吨（鲜重）、671万吨（鲜重），都占全球海洋捕捞总量的8%，2018年中国海洋捕捞量占全球海洋捕捞总量的15%。2018年前十位的海洋捕捞国家的海洋捕捞量之和为5062万吨（鲜重），占全球海洋捕捞总量的61%，这说明全球海洋捕捞集中于海洋捕捞大国。

表4　海洋捕捞量排名前十位的国家

排名	20世纪50年代	20世纪60年代	20世纪70年代	20世纪80年代	20世纪90年代	21世纪00年代	21世纪10年代	2018年
1	日本	日本	秘鲁	日本	日本	中国	中国	中国
2	美国	秘鲁	日本	苏联	俄罗斯	秘鲁	印尼	秘鲁
3	挪威	美国	苏联	美国	秘鲁	日本	美国	印尼
4	苏联	苏联	挪威	智利	中国	美国	秘鲁	俄罗斯
5	英国	中国	美国	中国	美国	智利	日本	美国
6	加拿大	挪威	中国	秘鲁	智利	印尼	俄罗斯	印度
7	中国	英国	西班牙	挪威	韩国	俄罗斯	印度	越南
8	西班牙	西班牙	加拿大	丹麦	泰国	挪威	智利	日本
9	德国	印度	南非	韩国	印尼	印度	挪威	挪威
10	印度	南非	泰国	泰国	印度	泰国	菲律宾	智利

资料来源：笔者根据《2020年世界渔业和水产养殖状况：可持续发展在行动》所载资料整理。

表5　2015～2018 年海洋捕捞主要国家（地区）的海洋捕捞量

单位：万吨（鲜重）

国家(地区)	产量				2018 年占比
	2015	2016	2017	2018	
中国	1439	1378	1319	1268	15%
秘鲁	479	377	413	715	8%
印尼	622	611	631	671	8%
俄罗斯	417	447	459	484	6%
美国	502	488	502	472	6%
印度	350	371	394	362	4%
越南	271	293	315	319	4%
日本	337	317	318	310	4%
挪威	229	203	238	249	3%
智利	179	150	192	212	3%
菲律宾	195	187	172	189	2%
泰国	132	134	131	151	2%
墨西哥	132	131	146	147	2%
马来西亚	149	157	147	145	2%
摩洛哥	135	143	136	136	2%
韩国	164	135	135	133	2%
冰岛	132	107	118	126	1%
缅甸	111	119	127	114	1%
毛里塔尼亚	39	59	78	95	1%
西班牙	97	91	94	92	1%
阿根廷	80	74	81	82	1%
中国台湾	99	75	75	81	1%
丹麦	87	67	90	79	1%
加拿大	82	84	81	78	1%
伊朗	54	59	69	72	1%

资料来源：笔者根据联合国粮食及农业组织渔业和水产养殖统计数据库（FishStat Plus）资料整理。

（二）海洋渔业产品国际贸易合作

鱼类产品是世界公认的最健康的食物种类之一，随着健康观念的普及，其消费量逐渐增长，2020 年的《世界渔业和水产养殖状况》报告显示，全球人均鱼类产品消费量为每年 20.5 公斤，创下历史最高纪录。世界各地的鱼类产品产量不均，各地对鱼类产品的消费也存在较大差异，鱼类产品对动物蛋白供应的贡献率可以在一定程度上体现鱼类产品消费的差异。在海洋岛国、东南亚国家及部分非洲国家，鱼类产品对动物蛋白供应的贡献率大于 20%，这可能是因为其他动物蛋白供应相对匮乏，相对容易获取的鱼类产品成为动物蛋白的重要来源之一。在欧洲、北美国家及中国、澳大利亚等国家，鱼类产品的蛋白摄入量为每人每日平均 4~6 克。非洲、中东、南亚和南美地区国家的鱼类蛋白摄入量偏低，这可能是因为鱼类产品消费与经济发展水平相关。从产量和消费水平的对比来看，日本、印尼、俄罗斯、中国、越南和挪威等国家的海洋捕捞和鱼类产品消费水平较高，秘鲁和印度虽是海洋捕捞量前十位的国家，但其鱼类产品消费水平偏低。

海洋渔业产品国际贸易合作有助于解决海洋鱼类产品产量、种类分布与消费需求不相匹配的问题。如表 6 所示，2018 年鱼类产品出口较多的国家是中国、挪威、越南、印度和智利等国家，其中中国占全球鱼类产品出口贸易额的 14%，是全球最大的鱼类产品出口国，挪威、越南、印度、智利、美国等鱼类产品出口大国也都属于海洋捕捞大国。鱼类产品进口较多的国家是美国、日本、中国、西班牙和意大利等国家，其中美国鱼类产品进口最多，占全球鱼类产品进口贸易额的 14%，这些国家经济发展水平较高，以发达国家为主。日本是海洋捕捞大国，同时也是全球第二大鱼类产品进口国家，但其较少出口鱼类产品。在日本居民的饮食中鱼类产品占据了重要地位，人均鱼类产品消费量为每年 70 千克左右，是全球平均消费水平的 3 倍多。美国和中国既是海洋捕捞大国，也是鱼类产品出口和进口贸易的主要国家，除中美两国外，荷兰也是鱼类产品出口和进口贸易同时位列前十位的国家。

表6 2018 年全球鱼类产品国际贸易主要国家及占比

出口贸易			进口贸易		
排名	国家	占比	排名	国家	占比
1	中国	14%	1	美国	14%
2	挪威	7%	2	日本	9%
3	越南	5%	3	中国	9%
4	印度	4%	4	西班牙	5%
5	智利	4%	5	意大利	4%
6	美国	4%	6	德国	4%
7	荷兰	4%	7	韩国	4%
8	泰国	4%	8	法国	4%
9	加拿大	3%	9	瑞典	3%
10	俄罗斯	3%	10	荷兰	3%

资料来源：笔者根据《2020 年世界渔业和水产养殖状况：可持续发展在行动》所载资料整理。

从鱼类产品国际贸易的物种来看，在 2018 年渔业产品的国际贸易中鲑鱼、鳟鱼、胡瓜鱼占比最高，达到了 19%；虾、对虾所占比例为 15%；鳕鱼、无须鳕、黑线鳕所占比例为 10%；金枪鱼、狐鲣、旗鱼所占比例为 9%；鱿鱼、墨鱼、章鱼所占比例为 7%。将各物种占比加总后，有鳍鱼类占比为 66%，甲壳类占比为 22%，软体动物和其他水生无脊椎动物占比为 12%，渔业产品国际贸易结构与海洋捕捞结构基本相似。

表7 2018 年主要物种在渔业产品国际贸易中的占比

类别	物种	占比
有鳍鱼类	鲑鱼、鳟鱼、胡瓜鱼	19%
	鳕鱼、无须鳕、黑线鳕	10%
	金枪鱼、狐鲣、旗鱼	9%
	其他中上层鱼类	7%
	其他有鳍鱼类	21%
甲壳类	虾、对虾	15%
	其他甲壳类	7%
软体动物和其他水生无脊椎动物	鱿鱼、墨鱼、章鱼	7%
	其他	5%

资料来源：笔者根据《2020 年世界渔业和水产养殖状况：可持续发展在行动》所载资料整理。

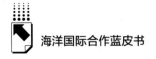

（三）海洋渔业资源可持续性开发国际合作

海洋渔业资源属于可再生资源，适度的捕捞不会影响海洋生物种群的数量，但由于海洋是全人类的公共资源，海洋渔业捕捞存在"公地悲剧"的隐患，各国应在维护海洋渔业资源开发可持续性上不断加强合作。如在捕鲸方面，16世纪人类开始开发利用鲸鱼资源，捕鲸技术发展导致全球鲸鱼资源大幅度减少，为了维护鲸鱼资源开发可持续性，1931年26个国家签署了《日内瓦捕鲸管制公约》，1946年15个国家通过了《国际捕鲸管制公约》，1986年国际捕鲸委员会成员国通过了《全球禁止捕鲸公约》。通过一系列的国际合作协议建立的国际捕鲸管制制度，对各国捕鲸的数量、种类进行监督和评估，限制商业捕鲸，全球捕鲸数量一度从2万头下降至2000头左右；但一些捕鲸大国利用国际公约中的漏洞，以科研捕鲸之名行商业捕鲸之实，某些捕鲸大国甚至直接退出国际捕鲸公约，重新从事商业活动。

公海捕鱼自由是海洋自由的重要原则之一，领海以外的渔业资源不属于任何国家，任何国家不得宣示对领海以外渔业资源的专属权利。在专属经济区制度确立前，各国在公海捕鱼领域冲突频发，如英格兰与荷兰的鲱鱼渔业之争、英吉利海峡渔业冲突、北海渔业纠纷、北太平洋海豹渔业争端等。为了解决公海捕鱼冲突，各国加强了公海捕鱼合作，陆续签订了一些区域性合作协议，如1839年英国和法国签署了《确定和控制大不列颠和法国沿岸的牡蛎渔业和其他渔业专属权利范围公约》，1882年英国、德国、法国、比利时、荷兰、丹麦签署了《北海渔业公约》，这一时期公海捕鱼合作协议的重点是划分各国海洋渔业专属权利的海域范围，没有重视保护公海渔业资源的合作，导致公海捕鱼处于掠夺式的无序开发状态，海洋生物资源过度开发愈演愈烈。1958年第一次联合国海洋法会议通过了《捕鱼及养护公海生物资源公约》，这是第一个关于公海捕鱼的全球性公约，该公约确定了各国在公海的捕鱼权利，同时也明确了各国合作养护公海生物资源的责任。

1982年第三次联合国海洋法会议通过的《联合国海洋法公约》确立了专属经济区制度，规定沿海国家有利用和管理其专属经济区内渔业资源的权利和义务，这些国家在获得捕捞权的同时也增强了维护海洋渔业资源开发的可持续性的积极性。目前海洋渔业捕捞按照权利属性可分为专属经济区捕鱼和公海捕鱼，在公海捕鱼方面，《联合国海洋法公约》规定所有国家都在公海上享有捕鱼自由，但要受到"公海生物资源的养护和管理"的限制，公约第63条第2款、第117~120条规定了各国合作养护和管理公海生物资源的义务和必要措施。1994年《联合国海洋法公约》正式实施后，各国在执行过程中发现该公约存在某些不足和缺陷，如渔船可通过悬挂方便旗或任意改挂船旗来规避该公约中有关养护和管理公海生物资源的措施、不执行对跨界鱼类种群和高度洄游鱼类种群的养护和管理，因此，为完善和补充该公约，联合国在1993年和1995年相继通过了《促进公海渔船遵守国际养护和管理措施的协定》《执行1982年12月10日〈联合国海洋法公约〉有关养护和管理跨界鱼类种群和高度洄游鱼类种群的规定的协定》等，要求船旗国加强对其在公海上作业的渔船的管理，对公海捕鱼进行更严格的监督管理，采取更为具体的养护方法和措施，这标志着公海海洋渔业资源开发完全自由时代的结束。

随着海洋渔业资源不断减少，维护海洋渔业资源再生性的观念和意识逐步加强，为维护海洋渔业资源开发的可持续性，联合国粮食及农业组织分别在1995年、2001年通过了《负责任渔业行为准则》《预防、阻止和消除非法、不报告和不受管制捕鱼的国际行动计划》，这两个文件呼吁各国、区域渔业组织和非政府组织共同努力维护海洋渔业资源开发的可持续性，虽然不具有法律约束力，但对渔业管理具有普遍的指导意义。对于尚未划定专属经济区海域的捕鱼活动、专属经济区重叠区域的捕鱼活动及进入对方专属经济区捕鱼等相关问题，相关国家签订了合作开发保护渔业资源的协定，如《中日渔业协定》《中韩渔业协定》《中越北部湾渔业合作协定》等，在相关海域捕鱼活动的管理监督和渔业资源养护与管理等方面展开合作。欧盟、中国、美国、俄罗斯、加拿大、日本、韩国、挪威等签署了《预防中北冰洋不管制公海渔业协定》，规定在科学家确保鱼类种群能维持可持续发展、建立所有缔约国都认可的可持续发展机制前，禁止北冰洋中部区域的公海商

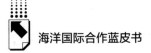

业捕捞。自 2021 年起，中国宣布在西南大西洋、东太平洋部分公海海域正式实施公海自主休渔措施，这是中国遵守《联合国海洋法公约》、保护公海生物资源的重要举措。

二 海洋交通运输业国际合作

自大航海时代以来，海洋交通运输就是各大陆相互往来的主要方式之一，极大促进了不同文明之间的交流。20 世纪 90 年代以来，经济全球化加速发展，国际贸易对全球经济增长的带动作用不断增强，这离不开海洋交通运输技术的进步和成本的大幅度下降。海洋交通运输业是指以船舶为主要工具的海洋运输及为海洋运输提供服务的活动，包括远洋旅客运输、沿海旅客运输、远洋货物运输、沿海货物运输、水上运输辅助活动、管道运输业、装卸搬运及其他运输服务活动。

（一）世界海洋交通运输业发展状况

海洋交通运输是国际货物贸易的主要运输方式，占全球国际贸易运输量的 80% 以上，因此，世界海洋交通运输的发展与国际贸易的增长息息相关。如图 2 所示，2000~2006 年世界商船载重量呈现加速增长，2006 年增长率达到 8%，2007 年因全球金融危机略有下滑，2010 年达到最高的 11.1%，此后出现急剧下滑，2013~2020 年维持在 3% 左右。2020 年新冠疫情导致许多国家和地区封锁和关闭边境，国际贸易下降使海洋交通运输业受到影响，根据联合国数据，2020 年船舶交付量下降 12%，新船订单下降 16%。2021 年随着疫情变化和疫苗接种普及程度提高，国际贸易逐步复苏反弹，船舶新订单激增，世界海洋交通运输商船载重量达到 21.35 亿载重吨，与 2020 年相比增长 3.04%。

从主要船型划分来看，如表 8 所示，2021 年散货船的载重量达到 9.1 亿载重吨，占所有类型船舶载重量的比重为 42.8%，散货船是最主要的海洋交通运输船型，也是增长最快的船型，其占比从 2009 年的 35.1% 增加到 2021 年的 42.8%。2021 年，油轮和集装箱船的载重量分别为 6.2 亿载重吨

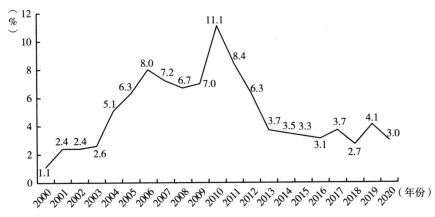

图 2　2000~2020 年世界商船载重量增长率

资料来源：笔者根据《2021 年世界海运发展评述报告》所载资料整理。

和 2.8 亿载重吨，占所有类型船舶载重量的比重分别为 29.0%、13.2%；杂货船的载重量为 7675 万载重吨，占所有类型船舶载重量的比重为 3.6%；油轮和杂货船在所有类型船舶载重量中的占比下降较快，分别从 2009 年的 35.1% 和 9.1% 下降到 2021 年的 29.0% 和 3.6%。近海船舶、天然气船、化学品液货船、渡船和客轮、其他/不详船型的载重量为 2.4 亿载重吨，占所有类型船舶载重量的比重为 11.4%。从各类船型的载重量增长率来看，除杂货船、其他/不详船型外，其他船型载重量都为正增长，尤其是天然气船和散货船增速较快，随着欧洲天然气采购来源逐步从俄罗斯向美国和中东地区转变，天然气船的载重量可能将会快速增长。

表 8　2020 年、2021 年按主要船型划分的世界商船载重量情况

单位：万载重吨，%

主要船型	2020 年		2021 年		载重量增长率
	载重量	占比	载重量	占比	
散货船	87973	42.5	91303	42.8	3.8
油轮	60134	29.0	61915	29.0	3.0
集装箱船	27497	13.3	28178	13.2	2.5
杂货船	7689	3.7	7675	3.6	−0.2

续表

主要船型	2020 年		2021 年		载重量增长率
	载重量	占比	载重量	占比	
近海船舶	8405	4.1	8409	3.9	0.05
天然气船	7369	3.5	7746	3.6	5.1
化学品液货船	4748	2.3	4886	2.3	2.9
渡船和客轮	799	0.4	811	0.4	1.5
其他/不详船型	2550	1.2	2541	1.2	-0.4
全世界合计	207164	100	213464	100	3.0

资料来源：笔者根据《2021 年世界海运发展评述报告》所载资料整理。

在所有船型的运营中，邮轮一般具有游览性质，是国际旅游的一种重要交通方式，新冠疫情使许多国家对国际旅客采取严格措施，这对邮轮运营企业产生较大影响。联合国贸易和发展会议的数据显示，新冠疫情导致全球最主要的邮轮企业陷入亏损状态，如全球超级豪华邮轮企业嘉年华集团、皇家加勒比集团和诺唯真集团净利润亏损分别达到 102.4 亿美元、57.8 亿美元和 40.1 亿美元，净利润同比分别下降 442.3%、402.7%、531.4%。与此同时，世界主要邮轮港口受新冠疫情的影响也较大。

从世界商船所属国家（地区）来看，如表 9 所示，希腊商船的总载重量最大，2021 年总载重量达到了 3.7 亿载重吨，占世界商船总载重量的比重为 17.6%，船舶数量为 4705 艘，单艘船舶平均载重量为 7.9 万载重吨。中国和日本商船总载重量基本相同，2021 年总载重量为 2.4 亿载重吨，占世界商船总载重量的比重为 11.5% 左右，分别位列第二名和第三名，船舶数量分别为 7318 艘、4029 艘。另外，新加坡和中国香港商船总载重量也超过 1 亿载重吨，分别为 1.4 亿载重吨和 1.04 亿载重吨，占世界商船总载重量的比重分别为 6.6%、4.9%，船舶数量分别为 2843 艘、1764 艘。德国、韩国、挪威、百慕大和美国也是商船载重量位列世界前十位的国家或地区，它们的商船总载重量都超过 5000 万载重吨。此外，英国、中国台湾、摩纳哥、丹麦、比利时、土耳其、印尼、瑞士、印度和阿联酋也是主要的商船国家或地区，它们的商船总载重量都超过 2000 万载重吨。商船载重量位列世界前十位的国家或地区的总载重量占世界商船总载重量的 68.9%，位列前二十位的国家或地区的商船总载重量占比为 85.9%，所以世界商船所属国家或地区较为集中，以发达国家或地区为主，发展中国家或地区的商船相对较少。

从各国家或地区拥有船舶数量来看，中国、希腊、日本、新加坡、德国、印尼和挪威的商船船舶数量超过 2000 艘，而单艘船舶平均载重量较大的国家或地区是百慕大、摩纳哥、比利时、希腊、瑞士和日本等，单艘船舶平均载重量都超过 6 万载重吨。从船舶悬挂国旗来看，商船悬挂外国国旗的现象较为普遍，如希腊悬挂外国国旗的船舶数量为 4063 艘，挂外国国旗船舶载重量占其总载重量的 84.4%，摩纳哥、丹麦、百慕大、阿联酋、挪威、瑞士和德国悬挂外国国旗船舶的载重量占比超过 90%，而印尼、中国香港、印度和新加坡等国家或地区悬挂外国国旗船舶的载重量占比不超过 50%，这与各国管理商船的政策和规定有关，国际相关组织允许船舶注册国籍和船东的国籍不一致，而在国外登记注册船舶可以规避本国在税收、最低工资制度等方面的相关管理规定、降低船舶运营成本，采用这种方式的船舶一般称为"方便旗船"，根据商船载重量计算，世界上有超过 70% 的船舶选择登记注册外国国籍。

表 9　2021 年世界商船所属主要国家（地区）排名（按载重量排名）

单位：艘，万载重吨，%

排名	国家（地区）	数量			载重量				
		挂本国国旗船舶	挂外国国旗船舶	总数	挂本国国旗船舶	挂外国国旗船舶	总载重量	挂外国国旗船舶占比	总载重量占比
1	希腊	642	4063	4705	5807	31535	37342	84.4	17.6
2	中国	4887	2431	7318	10566	13890	24456	56.8	11.6
3	日本	914	3115	4029	3511	20674	24185	85.5	11.4
4	新加坡	1459	1384	2843	7326	6581	13906	47.3	6.6
5	中国香港	886	878	1764	7237	3185	10422	30.6	4.9
6	德国	198	2197	2395	744	7876	8620	91.4	4.1
7	韩国	787	854	1641	1510	7100	8609	82.5	4.1
8	挪威	387	1655	2042	190	6214	6404	97.0	3.0

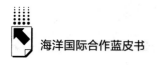

续表

排名	国家（地区）	数量			载重量				
		挂本国国旗船舶	挂外国国旗船舶	总数	挂本国国旗船舶	挂外国国旗船舶	总载重量	挂外国国旗船舶占比	总载重量占比
9	百慕大	13	540	553	30	6373	6403	99.5	3.0
10	美国	790	1020	1810	1040	4458	5497	81.1	2.6
11	英国	309	1014	1323	716	4652	5368	86.7	2.5
12	中国台湾	147	867	1014	700	4628	5328	86.9	2.5
13	摩纳哥	0	478	478	0	4343	4343	100.0	2.1
14	丹麦	26	902	928	5	4219	4223	99.9	2.0
15	比利时	108	249	357	897	2197	3094	71.0	1.5
16	土耳其	429	1112	1541	599	2197	2797	78.6	1.3
17	印尼	2232	89	2321	2414	270	2684	10.1	1.3
18	瑞士	18	396	414	93	2579	2672	96.5	1.3
19	印度	875	195	1070	1640	1001	2641	37.9	1.3
20	阿联酋	119	941	1060	53	2443	2496	97.9	1.2
	其他	8599	5768	14367	13016	17133	30149	56.8	14.2

资料来源：笔者根据《2021年世界海运发展评述报告》所载资料整理。

从船舶登记注册地来看，如表10所示，2021年世界商船登记注册最多的国家是巴拿马，登记注册船舶数量为7980艘，占世界商船数量的比重为8%，总载重量达到了3.4亿载重吨，占世界商船总载重量的比重为16.1%。第二次世界大战初期美国法律规定本国武器装备禁止运往欧洲战场，军火商为规避相关约束，将船籍迁移到巴拿马，第二次世界大战结束后，巴拿马由于船籍注册手续简便、各类税收政策宽松、相关管理制度较为完善和灵活，且拥有海洋交通运输线的重要枢纽——巴拿马运河，成为各国船东登记注册船舶的优良选择，巴拿马也得以获取丰厚的经济利益。随后，利比里亚、马绍尔群岛、马耳他、巴哈马和塞浦路斯等国也出于相似原因成为船舶登记注册的主要国家。2021年利比里亚和马绍尔群岛的登记注册船舶数量分别是3942艘、3817艘，占世界商船数量比重分别为3.9%、3.8%，总载重量分别为3.0亿载重吨、2.7亿载重吨，占世界商船总载重量的比重分别为

14.1%、12.8%。在中国香港、新加坡、马耳他和中国登记注册的商船总载重量超过1亿载重吨，巴哈马、瑞典和日本也位列商船登记注册国家或地区的前十位，与表9对比发现，中国、日本、新加坡、中国香港既是商船所属前十位国家或地区，也是商船登记注册前十位的国家或地区。商船登记注册位列前十位的国家或地区的商船总载重量为16.6亿载重吨，占世界商船总载重量的77.8%。此外，塞浦路斯、印尼、丹麦、马德拉群岛、挪威、马恩岛、伊朗、印度、韩国和沙特也是世界商船登记注册的主要国家或地区。

表10　2021年世界商船登记注册主要国家（地区）（按载重量排名）

单位：艘，万载重吨，%

排名	国家（地区）	数量	数量占比	载重量	载重量占比
1	巴拿马	7980	8.0	34420	16.1
2	利比里亚	3942	3.9	30009	14.1
3	马绍尔群岛	3817	3.8	27404	12.8
4	中国香港	2718	2.7	20509	9.6
5	新加坡	3321	3.3	13640	6.4
6	马耳他	2137	2.1	11641	5.5
7	中国	6653	6.7	10758	5.0
8	巴哈马	1323	1.3	7429	3.5
9	瑞典	1236	1.2	6485	3.0
10	日本	5201	5.2	3909	1.8
11	塞浦路斯	1051	1.1	3398	1.6
12	印尼	10427	10.4	2875	1.3
13	丹麦	602	0.6	2474	1.2
14	马德拉群岛	578	0.6	2273	1.1
15	挪威	671	0.7	2209	1.0
16	马恩岛	319	0.3	2201	1.0
17	伊朗	893	0.9	2042	1.0
18	印度	1801	1.8	1705	0.8
19	韩国	1904	1.9	1572	0.7
20	沙特	392	0.4	1366	0.6

资料来源：笔者根据《2021年世界海运发展评述报告》所载资料整理。

根据国际航运公会和波罗的海国际航运公会发布的数据，目前世界商船约有190万名海员。新冠疫情以来，各国政府实施边境关闭、封锁和防控措施，其中包括暂停海员换班和禁止海员在港口码头下船，海员无法正常换班导致其违反海事劳动公约中最长服务期限为 11 个月的规定。从世界商船的海员来源来看，如表 11 所示，菲律宾是世界上最大的海员来源地，约有 70 万名海员来自菲律宾，占世界商船海员的 1/3 左右。2019 年菲律宾海员赚取了 65 亿美元海外汇款，2020 年由于疫情，他们赚取的海外汇款下降至 63 亿美元。此外，俄罗斯、印尼、中国和印度也是重要的海员供应国家。由于新冠疫情的冲击，2021 年世界海洋交通运输船舶的海员人数急剧减少，海员刚性缺口达 3 万名左右，尤其是具有技术经验的高级海员，根据菲律宾海事工业管理局的数据，2019 年菲律宾海外高级海员数量为 9.7 万人，2020 年下降至 5.0 万人。

表 11　2021 年海员供应主要国家

排名	所有海员	普通海员	高级海员
1	菲律宾	菲律宾	菲律宾
2	俄罗斯	俄罗斯	俄罗斯
3	印尼	印尼	中国
4	中国	中国	印度
5	印度	印度	印尼

资料来源：笔者根据《2021 年海员劳动力报告》所载资料整理。

　　从全球港口发展情况来看，如表 12 所示，世界吞吐量最大的港口是宁波舟山港，2021 年吞吐量达到 12.2 亿吨，较 2020 年增长 4.4%。除宁波舟山港外，上海港、唐山港、青岛港、广州港、新加坡港、苏州港、黑德兰港、日照港和天津港也位列 2021 年世界前十大港口，这些港口的年吞吐量都超过了 5 亿吨。鹿特丹港、釜山港、烟台港、泰州港、江阴港、大连港、黄骅港、南通港、光阳港、深圳港也位列 2021 年世界前二十大港口。从增长速度来看，除大连港和南通港外，2021 年世界前二十大港口的吞吐量较 2020 年都呈正增长，其中江阴港、泰州港增长速度较快，增速分别为 36.6%、17.2%。从更广范围来看，2021 年世界前五十大港口的吞吐量总和同比增长 4.1%，其中有 10 个港口增速超过 10%。港口吞吐量与港口所在国家或地区的进出口货物贸易量及其地理位置存在较大关联，例如中国作为世界制造业大国，货物进出口量较大，在世界前二十大港口中中国占据 15 席，而新加坡港地处太平洋和印度洋之间的重要航道，施行自由贸易政策，且港口条件优良，凭借中转业务成为世界最大集装箱港口之一。

表 12　2021 年世界主要港口货物吞吐量排名

单位：万吨，%

排名	港口	所在国家	2020 年吞吐量	2021 年吞吐量	2021 年增速
1	宁波舟山	中国	117240	122405	4.4
2	上海	中国	71104	76970	8.2
3	唐山	中国	70260	72240	2.8
4	青岛	中国	60459	63029	4.3
5	广州	中国	61239	62367	1.8
6	新加坡	新加坡	59074	59964	1.5
7	苏州	中国	55408	56590	2.1
8	黑德兰	澳大利亚	54705	55327	1.1
9	日照	中国	49615	54117	9.1
10	天津	中国	50290	52954	5.3
11	鹿特丹	荷兰	43681	46871	7.3
12	釜山	韩国	41120	44252	7.6
13	烟台	中国	39935	42337	6.0
14	泰州	中国	30111	35291	17.2
15	江阴	中国	24705	33757	36.6
16	大连	中国	33401	31553	−5.5
17	黄骅	中国	30125	31134	3.3
18	南通	中国	31014	30851	−0.5
19	光阳	韩国	27332	29206	6.9
20	深圳	中国	26506	27838	5.0

资料来源：笔者根据《全球港口发展报告（2021）》所载资料整理。

从全球海洋运输龙头企业来看，如表 13 所示，世界最大的海洋运输企业为丹麦的马士基航运有限公司，2021 年马士基航运运营船舶为 731

艘，运力达到 425 万标准箱，占全球总运力的比重为 16.9%。排名第二位的是瑞士的地中海航运公司，2021 年运营船舶为 627 艘，运力为 420 万标准箱，占全球总运力的比重为 16.7%，马士基航运和地中海航运两家企业的运力基本相同。此外，法国的达飞海运集团、中国远洋海运集团有限公司、德国的赫伯罗特船舶公司、日本的海洋网联船务、中国台湾的长荣海运股份有限公司、韩国的现代商船株式会社、中国台湾的阳明海运股份有限公司和万海航运股份有限公司位列 2021 年世界十大海洋运输企业。

表 13　2021 年世界十大海洋运输企业

单位：艘，万标准箱，%

排名	企业名称	所在国家/地区	运营船舶	运力	运力占比
1	马士基航运有限公司	丹麦	731	425	16.9
2	地中海航运公司	瑞士	627	420	16.7
3	达飞海运集团	法国	550	311	12.3
4	中国远洋海运集团有限公司	中国	485	295	11.7
5	赫伯罗特船舶公司	德国	257	177	7.1
6	海洋网联船务	日本	214	146	6.3
7	长荣海运股份有限公司	中国台湾	207	83	5.8
8	现代商船株式会社	韩国	79	64	3.3
9	阳明海运股份有限公司	中国台湾	88	42	2.5
10	万海航运股份有限公司	中国台湾	151	39	1.7

资料来源：笔者根据法国航运咨询公司字母线（Alphaliner）2021 年 11 月公布的数据整理。

（二）国际海洋运输货物贸易合作

从国际海洋运输货物贸易来看，如表 14 所示，1970～2020 年国际海运货物贸易总量从 26.1 亿吨增长到 106.5 亿吨，年均增长率为 2.8%，尤其是 1990～2008 年增长速度较快，这可能是因为国际外包的兴起和快速发展。油轮贸易包括原油、精炼石油产品、气体和化学品，主要散货贸易包括铁矿石、粮食、煤炭、铝土矿（氧化铝）和磷酸盐，其他干货贸易包括其他大宗商品、集装箱贸易和其他普通货物。1970～2020 年油轮贸易、主要散货贸易和其他干货贸易的年均增长率分别为 1.4%、3.9% 和 3.7%。国际海运货物贸易在 2000 年之前以油轮贸易为主，但其所占比例一直处于下降趋势，从 1970 年的 55.2% 下降至 2020 年的 27.4%，主要散货贸易和其他干货贸易的增速较快，它们所占比例分别从 1970 年的 17.2%、27.6% 变为 2020 年的 29.9% 和 42.7%。2000 年后其他干货贸易成为最主要的国际海运货物贸易类型，但其所占比例维持在 40% 左右，并没有明显变化。

表 14 1970～2020 年国际海运货物贸易状况

单位：亿吨

年份	油轮贸易	主要散货贸易	其他干货贸易	总计
1970	14.4	4.5	7.2	26.1
1980	18.7	6.1	12.3	37.0
1990	17.6	9.9	12.7	40.1
2000	21.6	11.9	26.4	59.8
2005	24.2	15.8	31.1	71.1
2006	27.0	16.8	33.3	77.0
2007	27.5	18.1	34.8	80.4
2008	27.4	19.1	35.8	82.3
2009	26.4	20.0	32.2	78.6
2010	27.5	22.3	34.2	84.1
2011	27.9	23.6	36.3	87.8
2012	28.4	25.6	37.9	92.0
2013	28.3	27.3	39.5	95.1
2014	28.3	29.6	40.5	98.4
2015	29.3	29.3	41.6	100.2
2016	30.6	30.1	42.3	103.0
2017	31.5	31.5	44.2	107.2
2018	32.0	32.2	46.0	110.2
2019	31.6	32.2	46.9	110.7
2020	29.2	31.8	45.5	106.5

注：2006 年后将铝土矿（氧化铝）和磷酸盐从主要散货贸易转到其他干货贸易统计。

资料来源：笔者根据《2021 年世界海运发展评述报告》所载资料整理。

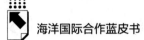

在 2008 年全球金融危机和新冠疫情后，国际海运货物贸易量都出现下降，2008 年全球金融危机对国际海运货物贸易的影响具有滞后效应，国际海运货物贸易量从 2008 年的 82.3 亿吨下降至 2009 年的 78.6 亿吨，但在 2010 年就实现了反弹。新冠疫情发生后，由于许多国家立即采取严格措施应对，疫情对国际海运货物贸易产生的影响不大，国际海运货物贸易量从 2019 年的 110.7 亿吨下降至 2020 年的 106.5 亿吨。

从国际海运航线分布来看，主要国际海运航线连接西欧、北美和东南亚三个区域，这与全球贸易网络分布基本一致。在大西洋航线中，西北欧—北美东海岸航线是连接西欧和北美这两个世界最发达地区的货物贸易运输线，西北欧、北美东海岸—地中海、苏伊士运河—亚太航线连接了西北欧、北美与亚太海湾地区，为世界最繁忙航线，而西北欧、北美东海岸—好望角、远东航线是巨型油轮的重要航线。在印度洋航线中，波斯湾—东南亚—日本航线，波斯湾—苏伊士运河—地中海—西欧、北美航线，以及波斯湾—好望角—西欧、北美航线是世界石油和大宗商品最主要的海洋运输线。在太平洋航线中，远东—北美西海岸航线，远东—加勒比、北美东海岸航线，远东—南美西海岸航线，远东—澳大利亚、新西兰航线，澳大利亚、新西兰—北美东西海岸航线连接了北美、东亚和大洋洲地区。

从世界各地海洋运输的连通性来看，如图 3 所示，中国与世界各地班轮运输连通性指数最高，远超其他地区，且 2006～2021 年增长速度最快。新加坡、韩国、中国香港、美国、马来西亚、荷兰、比利时、英国和西班牙的班轮运输连通性指数也处于世界前列，说明北美、西欧和东南亚地区的海洋交通运输便利性较高。

从国际海洋运输的服务贸易来看，根据成员国海洋运输服务的影响力，国际海事组织（IMO）设立 A、B、C 三类理事会成员国（共 40 个），在 2022～2023 两年期理事会成员国名单中，A 类理事会成员国为中国、希腊、意大利、日本、挪威、巴拿马、韩国、俄罗斯、英国和美国，这 10 个国家是提供国际海洋运输服务最多的国家；B 类理事会成员国为澳大利亚、巴西、加拿大、法国、德国、印度、荷兰、西班牙、瑞典和阿联酋，这 10 个国家是

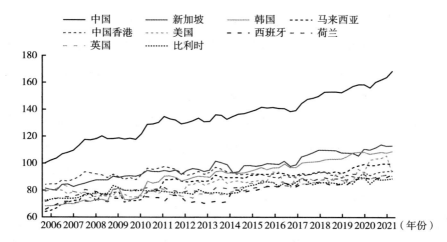

图3 2006~2021年世界主要海运国家（地区）的班轮运输连通性指数变化情况

资料来源：笔者根据《2021年世界海运发展评述报告》所载资料整理。

海运贸易的重要参与国家；C类理事会成员国为巴哈马、比利时、智利、塞浦路斯、丹麦、埃及、印尼、牙买加、肯尼亚、马来西亚、马耳他、墨西哥、摩洛哥、菲律宾、卡塔尔、沙特阿拉伯、新加坡、泰国、土耳其和瓦努阿图，这20个国家在海洋运输或国际海运航线中具有特殊利益，选举这些国家为理事会成员国可代表世界主要地理区域。2012年国际海洋运输服务贸易出口额和进口额分别为2990亿美元、2319亿美元，位列国际海洋运输服务贸易进口额前十位的国家为中国、日本、美国、丹麦、德国、法国、英国、荷兰、意大利和希腊，位列国际海洋运输服务贸易出口额前十位的国家为日本、丹麦、德国、希腊、中国、英国、法国、印度、荷兰和意大利。[①]

国际海运运输服务的价格与全球海洋运输供给能力和对海洋运输的需求密切相关。2020年上半年新冠疫情降低了集装箱的租船费率，尤其是大型船舶租船费用，甚至催生船舶闲置和空运的现象，为了在海洋运输服务需求下降期间维持运费价格，承运人会限制和缩减运力。如图4所示，2020年6月，

---

① 王璐：《海运服务贸易自由化的经济增长效应研究》，硕士学位论文，中国海洋大学，2015，第28页。

新版集装箱船定期租赁指数（New ConTex Index）下降至 308 点。2020 年下半年国际贸易逐步恢复，国际集装箱船运输服务费率产生反转，2020 年 12 月，新版集装箱船定期租赁指数上升到 687 点，美国集装箱船运输不畅导致的港口拥堵、船舶延误和停滞于锚地时间增加、2021 年海洋运力供求失衡使得海洋运输费率持续上升，2021 年 7 月，新版集装箱船定期租赁指数达到了 2348 点。从具体价格来看，2020 年，在越南对美国的出口货物运输中，每个 12 米集装箱的成本是 2000~3000 美元，但在 2021 年的前六个月里，这个价格猛涨到了 13500 美元左右，越南对欧盟的出口货物海洋运输费率也相应增加，从 800~1200 美元上升到 11000 美元。2020~2021 年上半年干散货国际海洋运输费率与集装箱船运输费率基本类似，达到了历史高点，而油轮运输费率在这一时期呈现下降趋势，海洋运输服务价格在短期和中期可能会持续高位运行。

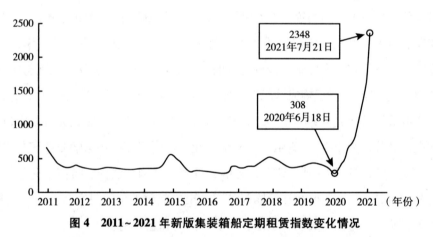

图 4　2011~2021 年新版集装箱船定期租赁指数变化情况

注：新版集装箱船定期租赁指数是基于六种选定集装箱船型的当前日租船费率进行的评估，这些船型的尺寸类别和相应的租期是：1100 标准箱和 1700 标准箱，租期为一年；2500、2700、3500、4250 标准箱，租期为两年。以 2007 年 10 月作为基期，指数设为 1000。

资料来源：笔者根据《2021 年世界海运发展评述报告》所载资料整理。

（三）公海航运安全与港口通关检疫国际合作

工业革命以来，国际海洋运输大量增加导致航运安全的问题凸显，1924

年各缔约国通过了《统一提单的若干法律规则的国际公约》，规定了海洋运输服务过程中相关方的责任和义务，1968 年在此基础上进行了修正，此后无论是缔约国还是非缔约国，一般都执行该规则。为了适应国际经济环境的变化，联合国国际贸易法委员会审议和通过了《1978 年联合国海上货物运输公约》。

国际海事组织是 1948 年联合国成立的负责海上航行安全和防止船舶造成海洋污染的专门机构，目前拥有 175 个成员国，达成了一系列海洋运输的国际合作协议。《1966 年国际船舶载重线公约》规定了国际航行船舶载重量限额的统一规则以保障船舶运输安全，为了进一步保障船舶航行安全，《1972 年国际海上避碰规则》确立了海上交通规则。《1978 年海员培训、发证和值班标准国际公约》的主要目的是提高海员职业技术素质、规范值班行为，促进各缔约国提高海员素质，在全世界范围内保障海上人命和财产安全，防止海难事故的发生，于 1995 年和 2010 年进行了修正。

为防止和限制船舶排放油类和其他有害物质污染海洋，国际海事组织制定和通过了《1973 年国际防止船舶造成污染公约》。为控制海上船舶因例行作业产生的故意性油类物质污染行为、设法减少船舶因意外事故或操作疏失产生的偶发性污染行为，各成员国进一步达成了《〈1973 年国际防止船舶造成污染公约〉1978 年议定书》。各成员国还达成了《1974 年国际海上人命安全公约》以保障海上人命安全，并于 2006 年达成了《经修正的〈1974 年国际海上人命安全公约〉》。此外，国际海洋运输的相关公约和协定还包括《1971 年特种业务客船协定》《1972 年国际集装箱安全公约》《1988 年制止危及海上航行安全非法行为公约》等。

海盗和武装抢劫对海洋运输船舶构成的安全威胁一直存在，在 20 世纪 90 年代末至 21 世纪初，海盗活动的重点区域是南海及马六甲海峡和新加坡海峡；2005 年以来，索马里沿海、亚丁湾和印度洋的海盗活动成为影响国际航运安全的重要威胁。为应对索马里沿海海盗、武装抢劫船只和其他非法海上活动的威胁，2012 年联合国安理会通过了第 2077 号决议，提出铭记《关于打击西印度洋和亚丁湾海盗和武装抢劫船舶的吉布提行为守则》。西印度洋周边国家在西非几内亚湾地区合作打击西非和中非的海盗、武装抢劫船只和非法海上活动的行动取得了显著效果。根据国际海事组织的数据，2020年各类船舶报告的海盗和武装抢劫船只事件为229起，较2011年高峰时期的544起有明显下降。2020年海盗和武装抢劫船只事件数量为西非海域90起、马六甲海峡和新加坡海域48起、南海海域37起、南美洲太平洋海域13起、印度洋海域12起和南美洲加勒比海海域10起。2020年西非几内亚湾海域的海盗事件较2019年增加了34%，绑架和海员失踪事件也从2019年的2起增加到了2020年的22起，共有121名海员被报告为遭绑架或失踪。

1923年国际联盟通过了《国际海港制度公约》，对港口的进出和使用规则及卫生检疫作出规定。为了简化国际航行船舶抵达、逗留和离开港口的手续、文书要求及程序，提升海洋运输的便利性，1965年各缔约国通过了《1965年便利国际海上运输公约》，2002年针对偷渡和港口巡逻等问题进行了修正，通过了《经修正的〈1965年便利国际海上运输公约〉2002年修正案》。由于各国海关制度比较复杂，不利于国际贸易和国际交流的畅通，国际社会认为有必要制定一项国际性文件来简化和协调各国海关业务制度，1973年海关合作理事会通过了《关于简化和协调海关业务制度的国际公约》，这为各国海关业务制度的简化和统一提供了规范。双边政府间合作协定也是国际海洋运输服务合作的重要形式，中国已经与110多个国家签订了海关互助与合作协定。

2018年4月，国际海事组织通过了减少船舶温室气体排放的初步战略，目标是到2050年，使船舶温室气体排放至少比2008年的水平降低50%，海洋运输船舶温室气体排放的国际合作将进一步加强。另外，在航运、港口运营、离岸基础设施和数字商业交易中，相关部门越来越多地围绕在线和自动化系统构建。信息系统有很多优点，但也会面临新的不可预见的风险，尤其是网络攻击的风险，海上网络安全合作是未来海洋交通运输业合作关注的重点方向之一，如加强航运公司、船舶和港口等的重要网络系统的安全合作。

为了应对新冠疫情对海洋运输从业人员的影响，2021年1月，300多家企业和组织签署了《关于海员福利和海员换班的海王星宣言》，宣言承诺共同承担解决海员换班危机的责任并呼吁实施行业协议。该宣言包括四个主要行动：一是承认海员是关键工人，并让他们优先获得新冠疫苗；二是根据现有的最佳实践实施黄金标准的健康协议；三是加强船舶经营人和租船人之间的合作，以方便更换海员；四是加强航空业和海运业的合作，确保国际海运枢纽城市有足够航班实现海员换班。

三 其他海洋产业经济国际合作

海洋渔业和海洋交通运输业属于传统海洋产业经济，此外，海洋产业经济还包括海洋装备制造业、海洋油气业、滨海旅游业和海洋化工业等新兴产业。随着海洋科技水平不断进步，新兴海洋产业经济发展活力日益增强。

（一）海洋装备制造业国际合作

海洋装备制造业包括海洋船舶制造、集装箱制造及海洋工程装备制造等。海洋船舶包括渔船、海洋运输船舶和游艇等；海洋工程装备是指人类在开发、利用和保护海洋的活动中所使用的各类装备，包括海洋钻井平台、海洋风力发电设备、海底油气管线、港口机械设备及储油船、卸油船、起重船、铺管船、海底挖沟埋管船、潜水作业船等辅助船舶，其中海洋油气资源开发装备是最主要的海洋工程装备。

根据联合国粮食及农业组织的估算数据，2018年全球渔船总保有量为456万艘，与2016年相比下降2.8%。其中，中国渔船由2013年的107万艘减少至2018年的86万艘，下降幅度近20%。但亚洲仍然拥有310万艘渔船，其渔船规模占全球总数的68%，非洲渔船规模占全球总数的20%，美国渔船规模占全球总数的10%左右。按照动力可将渔船划分为机动渔船和非机动渔船，机动渔船占全球渔船总数的60%左右，2018年不超过12米的机动渔船占机动渔船总数的比重为82%，而超过24米的机动渔船占机动渔船总数的比重仅为3%。因此，世界渔船制造以小型近海渔船为主，大型远

洋渔船的数量不超过 10 万艘。

　　随着全球制造业的转移，船舶制造业在全球经历了两次转移，先从西欧向日本转移，再从日本向韩国、中国逐步转移。船舶制造有较长的历史，从时间跨度来看具有明显的周期性，大致可以划分为六个长周期。随着 20 世纪初钢结构蒸汽轮船制造技术的逐步成熟，船舶制造业达到了历史高点，1919 年船舶制造总吨位达到了 714 万。由于 20 世纪 20 年代至 40 年代的经济萧条，船舶制造业出现了 20 年的低迷期，1933 年船舶制造总吨位仅为 49 万。1940~1973 年由于第二次世界大战及战后经济发展对船舶的需求，船舶制造业逐步回暖，1973 年船舶制造新订单量达到历史高位。受两次石油危机的影响，1973~1986 年船舶制造供给过剩，新船价格大幅下降，1979 年船舶制造总吨位迅速降低至 1200 万。随着发展中国家参与全球国际分工，大宗商品贸易增加拉动船舶制造需求，1987~2007 年船舶制造业出现了 20 年的繁荣发展，2007 年船舶制造总吨位达到了历史最高的 6300 万，2006 年中国船舶新订单首次超过韩国而位居世界第一。2008~2020 年因受金融危机的影响，船舶制造业处于低谷期，整体产能持续过剩。

　　2020 年后，船舶制造业进入新一轮繁荣周期，2021 年全球船舶新订单创 2014 年以来的最高水平。根据克拉克森研究报告的数据，2021 年全球新船订单量及金额达到 4800 万修正总吨和 1100 亿美元，新造船的价格比上年同期上涨了约1/3。其中，集装箱船舶订单量及金额达到 430 万标准箱和 430 亿美元，大型集装箱船的价格上涨了 50%；常规液化天然气船新订单达到 84 艘，金额达到 220 亿美元，全球造船厂全年交付 53 艘常规液化天然气船和 4 艘液化天然气浮式储存及再气化装置（FSRU）船，较 2020 年增加 21 艘。由于全球造船厂的建造能力稳定在 3200 万修正总吨的水平，而 2021 年全球新船订单量达到 4800 万修正总吨，大型造船厂的产能被订购一空。目前船舶制造业主要分布在中国和韩国，其中中国造船厂的市场份额为 42%，韩国造船厂占据 32% 的市场份额。根据中国船舶工业行业协会的数据，2022 年 1~4 月中国造船完工量、新接订单量、手持订单量分别占世界市场份额的 43.8%、54.1% 和 48.5%。

海洋工程装备可以分为三类，一是海洋油气资源开发装备，包括深水半潜式平台和钻井船、浮式生产储卸油装置、钻井系统、录井/测井/固井系统、水下采油系统、生产平台及水面支持装备、铺管装备、动力定位系统等油气工程关键系统和辅助设备；二是深远海洋资源利用装备，包括深水远海大型养殖装备和配套设备、深水养殖工船、远海网箱养殖装备等海洋工程衍生产品，重型破冰、深海运维保障、深远海多功能救援等船舶工程的系列装备，深海采矿船、深海采矿机与输送系统等装备；三是海洋工程建筑，包括海港建筑、滨海电站建筑、海岸堤坝建筑、海洋隧道桥梁建筑、海上油气田陆地终端及处理设施、海底线路管道和设备等。海洋工程装备领域的国际分工合作集中于少数国家，随着全球制造业的转移，欧美国家逐步退出海洋工程装备的制造坏节，但仍然垄断着海洋工程装备的研发、设计及绝大部分的关键配套设备技术，拥有一批世界领先的研发和设计企业，欧美国家在海洋工程装备领域处于世界领先地位。韩国、日本和新加坡拥有强大的海洋工程装备制造能力，主要从事高附加值海洋工程装备的建造与总装。中国和阿联酋以近海开发装备制造及海洋工程辅助船舶的建造、改装和修理为主，逐步向深海工程装备建造领域转型。2014 年开始，世界石油价格大幅下降，全球海洋工程装备市场陷入低迷，根据前瞻产业研究院的数据，2016 年全球海洋工程装备成交额仅为 52 亿美元，2017 年在大型海上浮式生产平台订单的带动下，全球海洋工程装备成交额回涨至 94.5 亿美元，2019 年全球海洋工程装备新订单量为 71.2 万载重吨。

（二）海洋油气业国际合作

海洋油气业是指在海洋中勘探、开采、输送、加工原油和天然气的生产活动。海洋能源是全球石油和天然气供应的主要组成部分，可以提供越来越重要的可再生电力。1947 年美国在墨西哥湾钻出了世界第一口商业性海洋油井，开启了人类利用海洋油气的时代，各国周边相对较浅的海域（如东南亚和北海近海海域）吸引运营商前来勘探和生产，随着技术的不断进步，油气开发逐步从浅海向深海地区拓展。目前海洋石油和天然气供应占全球供应总量的比重超过1/4, 主要来自中东、北海、巴西、墨西哥湾和里海等区域, 自2000年以来海洋石油产量一直维持在2600万~2700万桶/天的水平, 但海洋天然气产量增加幅度超过50%。浅水海域石油开发较为成熟, 浅水海域的石油产量占海洋石油产量的74%, 集中在欧洲、北美和亚太地区。欧洲的海洋石油开发集中在挪威和英国, 它们的产量分别为200万桶/天、100万桶/天, 其中浅水海域占比超过90%。深水海域的石油开发集中在安哥拉、巴西、尼日利亚和美国, 这四个国家的产量合计为640万桶/天, 占深水海域石油产量的近90%。

此外, 在政策支持、技术进步和供应链逐步成熟的背景下, 近年来海洋风电发展迅速, 从2010年的3.2吉瓦增长到2017年的18.7吉瓦, 占全球发电量的0.3%。从区域分布来看, 全球80%的海洋风电装机容量位于欧洲, 其中英国装机容量为6.8吉瓦, 德国为5.4吉瓦, 在欧洲之外只有中国拥有2.7吉瓦的装机容量。虽然目前海洋风电仍处于相对边缘的地位, 但根据国际能源署的预估, 在欧洲、中国的政策支持下, 2040年海洋风电发电量增长将超过10倍。海洋风电涡轮机的尺寸和功率不断增加, 由2010年的100多米 (3兆瓦) 增加到2016年的200多米 (8兆瓦), 目前正在开发260米 (12兆瓦) 的商用海洋风电涡轮机。

2040年, 对海洋石油的需求将大幅增加, 巴西的深水海域石油开发预计会增长较快, 其产能将是现在的220万桶/天的两倍多。2040年, 对海洋天然气的需求将增长50%, 海洋天然气产量预计将达到1700亿立方米, 占全球天然气产量的比重将超过30%, 其中浅水海域的天然气产量将从2016年的950亿立方米增加到1250亿立方米, 深水海域的天然气产量将从2016年的100亿立方米增加到450亿立方米。海洋天然气的产量增长主要来自中东和非洲两个地区, 北方-南帕尔斯气田的产量在2040年预计将会达到550亿立方米, 在非洲的坦桑尼亚海域和莫桑比克海域已发现储量巨大的天然气。在全球对可持续发展的要求越来越强烈的现实情况下, 2040年所有类型的海洋能源的投资总额将达到5.9万亿美元。

海洋能源储量非常巨大, 但在能源开发利用和走向市场的过程中面临各种挑战，深水（水深大于 300 米）和超深水（水深大于 1500 米）海域的海洋油气开发项目需要高额的前期资本投资，从勘探阶段到生产阶段通常需要 5~7 年的时间，且有较长的投资回收期。许多开发项目仍面临市场需求、政策及技术的不确定性，页岩气革命使海洋能源项目面临的竞争更加激烈，高标准的安全和环境绩效也给这些项目带来了挑战，如 2010 年墨西哥湾漏油事故使海洋油气行业受到重大挫折。在 2014 年全球石油价格下跌后，海洋油气开发项目普遍被推迟或取消，至 2016 年，海洋油气投资减少了一半以上。随着石油价格的回升，海洋油气开发项目正在重新启动，2018 年美国政府允许在几乎所有美国沿海水域进行新的海洋石油和天然气钻探和开发。海洋油气开发项目的成本大幅下降也给海洋油气开发带来利好，2014~2017 年海洋深水钻井平台的成本下降了 60%，根据挪威国家石油公司的数据，约翰·卡斯特伯格大油田运营商的盈亏平衡价格从过去的超过 80 美元/桶降低到不足 35 美元/桶，约翰·斯维德鲁普大油田运营商的盈亏平衡价格将低于 25 美元/桶，美国、巴西的海洋油气投资的盈亏平衡价格也降到 35~40 美元/桶。

2021 年全球海洋油气勘探投资约为 211 亿美元，同比下降 0.8%。全球海上钻井量显著增加，初探井、评价井总量为 481 口，同比增长 17.8%，海上钻井半数以上在亚洲地区，近 1/4 分布在美洲地区，集中分布在中国、墨西哥、英国、挪威及圭亚那海域。从水深来看，0~300 米水深的井数占总数的 70%，海洋油气初探井成功率约为 34%，同比下降约 5 个百分点。2021 年全球海洋油气勘探共有 41 个新发现，新增探明可采储量约为 65 亿桶油当量，同比下降 28%，其中石油新增探明可采储量为 42 亿桶油当量，天然气新增探明可采储量为 23 亿桶油当量，美洲、亚洲、非洲地区新增探明可采储量分别约为 25 亿桶油当量、15 亿桶油当量、11 亿桶油当量，巴西、圭亚那和中国是海洋油气新增探明可采储量中排名前三位的国家。

2021 年全球海洋油气新建投产项目开发投资为 575.93 亿美元，同比增长 95.3%，占油气新建投产项目开发投资的 61.8%。海洋油气新建投产项目为 86 个，同比增长 43.3%，占油气新建投产项目的 52.8%，全球海洋油气新建投产项目以水深小于 500 米的项目为主。海洋油气新建投产项目主要分布在亚太地区、欧洲、北美洲和南美洲，挪威、英国、印度、中国、美国、巴西、澳大利亚、印尼、马来西亚和埃及是海洋油气新建投产项目数量居于前十名的国家。海洋油气新建投产项目的主要投资者为亚洲国家石油公司及国际石油公司，按照新建投产项目数量排序，分别为中国海油、印度石油天然气公司、墨西哥国家石油公司、壳牌、英国石油公司、马来西亚国家石油公司、印尼国家石油公司、雪佛龙、埃尼、道达尔、卡塔尔国家石油公司、挪威国家石油公司、泰国国家石油公司。

（三）滨海旅游业国际合作

滨海旅游业是指以海岸带、海岛及海洋的各种自然景观、人文景观为依托的旅游经营、服务活动，主要包括海洋观光游览、休闲娱乐、度假住宿、体育运动等活动。世界著名的滨海旅游胜地有位于印度洋的马尔代夫、毛里求斯及塞舌尔，位于加勒比海的巴哈马与巴巴多斯，位于太平洋的夏威夷、澳大利亚黄金海岸、中国海南等。除发展成熟的旅游胜地外，相关国际组织和不发达地区积极展开合作，开发滨海旅游资源，利用它们的海洋自然禀赋带动经济发展，如联合国世界旅游组织和国际贸易中心（ITC）合作加强利比里亚大西洋海岸线旅游发展，尤其是被认定为具有巨大增长潜力的冲浪旅游。作为合作伙伴，联合国世界旅游组织正在提供技术援助、旅游治理、营销和推广，帮助评估和指导利比里亚旅游业的可持续发展，建立沿海地区旅游业可持续发展机制。世界旅游道德委员会将"沿海旅游安全"作为全球沿海地区发展旅游业的优先考虑事项，强调安全预防措施的重要性，要求全球海滩和码头向游客提供准确的信息以防止发生致命事故。

滨海旅游业是推进蓝色经济的支柱产业之一，通过财政激励措施和保护生态系统机制，滨海旅游业将在沿海地区和海洋生态系统的复原再生中发挥关键作用。根据联合国贸易和发展会议的数据，滨海旅游业占蓝色经济的40%左右，全球旅游业的重新启动可以支持沿海地区和海洋国家向更可持续和更有弹性的模式转型，这些模式以海洋保护和负责任地使用海洋旅游资源为基础。在滨海旅游业的可持续发展方面，联合国世界旅游组织与非洲九个国家（喀麦隆、冈比亚、加纳、肯尼亚、莫桑比克、尼日利亚、塞内加尔、塞舌尔和坦桑尼亚）进行国际合作，开展了非洲可持续旅游合作行动（COAST）项目，通过基于生物多样性的旅游产品（如加纳的独木舟之旅）增加收入，同时进行珊瑚礁修复和海洋旅游管理（如在冈比亚开展海滩清理活动），实现非洲滨海旅游业的可持续发展。气候变化对滨海旅游业产生着越来越大的影响。从长远来看，海岸侵蚀和海平面上升可能会影响沿海旅游，需要进行长期规划，提出解决方案。

新冠疫情对全球旅游业产生了破坏性影响，根据联合国世界旅游组织的数据，2020年全球国际游客比上一年减少了10亿人次，人数下降了74%，旅游出口收入估计损失1.3万亿美元。2020年是全球旅游业有记录以来表现最差的一年。需求空前下降，各国为应对疫情强化了旅行限制措施，如进行强制性检测、隔离，以及在某些情况下完全关闭边境，这些都阻碍了全球旅游业的恢复，2021年1月国际游客人数同比下降了87%。根据《世界旅游经济趋势报告（2022）》的数据，2021年全球旅游总人次达到66亿，全球旅游总收入达到3.3万亿美元，分别恢复至2019年的53.7%和55.9%。全球旅游总收入占GDP的比重回升至3.8%，与2019年相比，同比下降约3.1个百分点。根据《世界旅游经济趋势报告（2023）》的数据，2023年全球旅游总人次将达到107.8亿，全球旅游总收入将达到5万亿美元。

海洋岛国通常被视为具有吸引力的滨海旅游目的地，海洋自然资源对其经济贡献极大，旅游业也被视为实现经济可持续增长的机会。但它们很容易受到自然灾害、气候变化和各种社会文化的影响，需要应对这些挑战和问题，确保旅游业的长期可持续发展。对于许多太平洋岛国而言，滨海旅游业是最重要的社会经济支柱，根据联合国最新数据，在38个小岛屿发展中国家中，旅游业出口收入占出口总额的30%以上，在某些国家，这一比例高达90%，这使得它们特别容易受到国际游客人数下降的影响。2019年小岛屿发展中国家接待了约4400万名国际游客，旅游行业的出口收入为550亿美元。新冠疫情对这些强烈依赖滨海旅游业的岛国造成了前所未有的社会经

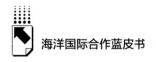
济影响，如此重大的冲击会导致大量工作岗位流失及外汇和税收收入的急剧下降，抑制了公共支出能力及在危机中采取必要措施支持生计的能力。

根据联合国世界旅游组织的数据，2023年全球国际游客约为12.9亿人次，其中欧洲、非洲、美洲和中东地区实现强劲复苏，但日本等国家和地区仍有很大的复苏空间。预计2024年国际旅游业将完全恢复到疫情前水平，并将比2019年增长2%，但地缘政治风险对旅游业的持续复苏构成重大挑战。伴随签证便利化和航空运力提高，2024年中国出入境旅游将迎来快速发展。

（四）海洋化工业国际合作

海洋化工业指以海盐、溴素、钾、镁及海洋藻类等直接从海水中提取的物质作为原料的加工产品的生产活动，包括烧碱、纯碱及其他碱类的生产，以制盐副产物为原料进行的氯化钾和硫酸钾的生产，溴素的加工产品及碘等其他元素的加工产品的生产。海洋化工业包括海盐化工、海水化工、海藻化工及海洋石油化工等方面的生产活动。

海盐通过咸水体的蒸发过程产生，与精制盐相比，它的颜色更深，因为它会从水体的粘土衬里吸收必需的矿物质。精制盐通常涉及大量加工程序，包括采矿、碘化、漂白，以及用抗结块剂稀释盐。在精制盐的加工过程中添加了更多的化学物质，这通常会去除钠和氯化物之外的所有有益矿物质和微量元素。与精制盐不同，海盐的制备通常只包括很少的加工环节，因此保留了它的水分和矿物质，这些矿物质以易于被人体利用和吸收的形式存在，海盐的获取方法也有助于保持其自然状态和品质。地区的气候和地理位置也可能对海盐提供的矿物质的质量和组合产生重要影响，地中海、大西洋和北海是收获海盐最多的海域。海盐能从海水中提取82种人体必需的微量营养素，其中可能包括重要的矿物质，如钠、钾、钙、镁、溴化物、氯化物、铁、铜和锌，以及其他有益元素，这些天然矿物质对身体的健康运作很有益处。在古代，海盐对医治渔民的伤口很有益处，因为海盐包含与皮肤细胞中的矿物质和天然愈合元素相似的成分。因此，它经常被用于治疗和制作美容产品。

　　淡水是可持续发展的重中之重，世界许多地方的饮用水供应短缺，根据国际原子能机构的研究，全球约有 23 亿人生活在缺水地区，其中 17 亿人每年获得的饮用水量不到 1000 立方米，随着人口的增长，无法获得安全饮用水的人口将大幅增加。联合国教科文组织的报告称，2025 年全球淡水短缺量将上升到 20000 亿立方米。如果不能从溪流和含水层中获取淡水，则需要对海水、矿化水或城市废水进行脱盐。随着海洋化工技术的不断改进，海水淡化成为解决水供应问题的重要方式之一。目前使用的两种脱盐技术为热浓缩和膜浓缩，热浓缩使水沸腾并将蒸汽冷凝为纯水，主要的工艺是多级闪蒸、多效蒸发和机械式蒸汽再压缩等；膜浓缩使水通过半渗透膜，滤除溶解的固体，主要的工艺是反渗透。国际海水淡化协会称，海水淡化超过 3/4 的产能利用的是热浓缩，但使用膜浓缩的产能正在迅速增加。

　　根据《世界能源展望 2016》，2015 年全球约有 19000 座海水淡化厂为市政和工业用户提供用水，总产能为 8860 万立方米/天。全球近一半的海水淡化装机容量在中东，其次是欧盟（13%）、美国（9%）和北非（8%）。从海水淡化的能源消耗来看，阿联酋为 556 太焦耳/年，其次是沙特阿拉伯（168 太焦耳/年）、卡塔尔（118 太焦耳/年）、科威特（76 太焦耳/年）。大多数海水淡化厂都使用化石燃料，因此会使温室气体排放增加。核能已经被用于海水淡化，并具有更大的利用潜力，与化石燃料相比，核能海水淡化通常具有很高的成本竞争力。以色列沙漠地区长期缺水，约 3/4 的水是由海水淡化供应的，以色列拥有世界上最大的反渗透海水淡化装置，海水淡化对以色列农业发展起到关键作用。此外，以色列和约旦合作在亚喀巴建立了一座海水淡化厂，并得到了世界银行的支持。新加坡希望将海水淡化和废水再利用的用水比重从目前的 45% 提高到 2060 年的 85%，届时工业用水预计将占用水需求的 70%，沙特阿拉伯、阿联酋、阿尔及利亚对海水淡化的依赖度比较高。

　　海藻化工是指以海藻为原料制作化工产品的活动，其产品主要有红藻胶质制品与褐藻化工产品两类。1670 年日本发明了用红藻生产琼胶的方

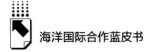

法，并开始进行海藻胶的生产，红藻胶质制品主要有琼胶、卡拉胶、叉红藻胶、海萝胶等，主要用作甜食冻胶制品和罐头食品的凝固剂、乳制品与冷饮食品的稳定剂和乳化剂，也可用于医学病理鉴定和制作溃疡治疗剂等。20世纪50年代末，中国进行了从海带中提取褐藻胶、碘、甘露醇的综合利用研究，60年代末将其投入工业性生产，主要在医学、食品和工业领域使用。目前，海藻生物活性物质在抗病毒、抗肿瘤、心血管疾病治疗，以及提取抗氧化剂用于化妆品生产方面具有广阔应用前景。

海洋石油化工是指依靠海洋石油资源进行的石油化工活动，目前全球超过1/4的石油产能来源于海洋石油开发。石油化工是指以石油为原材料生产化学用品的活动，在国民经济发展中具有重要作用，汽油、柴油、煤油等石油炼制产品是主要的能源供应来源，纺织、塑料、润滑油、农药及有机化工等行业都与石油化工息息相关。根据《世界能源展望2021》的预测，全球石油需求在2025年之后将很快达到9700万桶/天的峰值，并在2050年降至7700万桶/天，对于作为能源的石油的需求将下降，而对于作为石化原料的石油的需求将增加，2050年全球用于石化产品生产的石油的消费占比将达55%。

结　语

本报告主要介绍了世界海洋产业经济的发展与合作，包括海洋渔业、海洋交通运输业、海洋装备制造业、海洋油气业、滨海旅游业和海洋化工业等产业。2018年，海洋渔业是全球渔业的主要部分，占全球渔业总产量的比重为65%。从类别来看，有鳍鱼类是海洋捕捞最主要的类别；从区域来看，太平洋是全球海洋捕捞最多的洋区，世界知名的北海道渔场、秘鲁渔场等渔场位于太平洋洋区的温带区域；从国别来看，发展中国家的排序有所上升。随着海洋渔业资源不断减少，保护海洋渔业资源的观念和意识逐步加强。

海洋交通运输是国际货物贸易的主要运输方式，占全球国际贸易运输量的比重超过80%。随着疫情变化和疫苗接种普及程度提高，国际贸易逐步复苏反弹,船舶新订单激增。目前,商船悬挂外国国旗的现象较为普遍,如商船总载重量最大的希腊,其悬挂外国国旗的船舶数量为4063艘,挂外国国旗船舶载重量占其总载重量的84.4%,巴拿马、利比里亚、马绍尔群岛等国是主要的商船登记注册地。全球海洋运输龙头企业是丹麦的马士基航运、瑞士的地中海航运、法国的达飞海运、中国远洋海运等公司。最大的海员来源地是菲律宾,约有70万名海员来自菲律宾,占世界商船海员的1/3左右。

在其他海洋产业经济中,中国和韩国是船舶制造的主要国家,它们的市场份额分别达到42%和32%。海洋石油产量长期稳定在2600万~2700万桶/天的水平,挪威、英国、安哥拉、巴西、尼日利亚、美国是主要的海洋石油开发国家。新冠疫情对依赖滨海旅游业的岛国造成较大的社会经济影响,目前它们的滨海旅游业正处于恢复阶段。海洋化工业在治疗、制作美容产品、解决淡水供应问题等方面具有广阔应用前景。

B.4
海上安全国际合作报告

吴艳 熊静茹*

摘 要: 全球化的深入推进和海洋资源的分布不均带来了大量资源开发、
航道通行、海洋生物资源可持续利用等方面的安全问题,海上安
全等地区性问题日趋成为全球共同面临的挑战。面对多重挑战,
国际社会通过海上安全信息合作、海上联合执法、海上联合演习
等方式不断加强海上安全国际合作。在此过程中,主权国家和国
际组织作为海上安全国际合作的主体,发挥着愈加重要的作用。

关键词: 海上安全 国际合作 海洋治理

一 海上安全国际合作概述

(一)海上安全概念

早在冷战期间,"海上安全"的概念就曾被广泛地应用于地缘政治领域,
21世纪初,"海上安全"被理解为"防止海上非法活动"。在各种传统与非传
统安全问题尚未得到妥善解决的同时,国家管辖范围以外区域海洋生物多样
性的养护和可持续利用、国际海底区域资源的开发、北极航道通行等新问题
日益突出,同时,各国也将海上安全涉及的"经济"与"环境"方面的利益

---

* 吴艳,广东外语外贸大学太平洋岛国战略研究中心助理研究员,主要研究领域为美国问题、
太平洋岛国地区政治;熊静茹,广东外语外贸大学国际关系学院硕士研究生,主要研究领域
为国际发展合作。

纳入考量。① 全球性海上安全问题的频发催生了对"海上安全"的重新解读。

"海上安全"是一个宽泛的概念，不同国家和个人对其有不同解读，具体取决于统治阶级的利益和意识形态。② "海上安全"源于"海洋安全"，在此基础上，其目的是协调合作并提出安全倡议，维护国家在领海上的安全，具体又包括"国家主权""政治稳定""航行自由""经济发展""海洋环境和资源""人员安全"等方面。冷战期间，"海上安全"被用于超级大国在海上的博弈。现今，危害"海上安全"指代一系列对海洋及相关事务的破坏活动，如海上恐怖主义、掠夺及海盗行为、走私毒品及武器、人口贩运、非法及过度捕捞、污染海洋环境。

虽然"海上安全"是个宽泛而复杂的概念，但以上对其交叉因素的讨论有助于推定"海上安全"的定义及基本特征。可以得知，海上安全包括各国在面对海上威胁时采取适当措施以避免风险、消除威胁的行动。在此基础上，海上安全还包括"海上安全治理"的要求，即在区域和全球层面共同商议、安排海上安全事务。③ 海上安全治理基于 1994 年生效的《联合国海洋法公约》。该文件于 1982 年 12 月 10 日的第三次联合国海洋法会议上签署通过。在此之后，联合国围绕国际海事安全设立了若干相关组织，如国际海事组织（IMO）、国际海洋法法庭、海洋事务和海洋法司等。不同理论对此也进行了多个角度的解读。

现实主义对海上安全的研究侧重"海权"。在和平时期，海权体现为维护海上通道及经济安全的能力；在战争时期，海权则体现为海军交战时的军事能力及海上运载力。④ 新现实主义对海上安全的解释集中于海上力量的平

---

① Basil Germond, "The Geopolitical Dimension of Maritime Security," *Marine Policy*, 2015, pp. 137-142.

② Chris Rahman, *Concepts of Maritime Security: A Strategic Perspective on Alternative Visions for Good Order and Security at Sea, with Policy Implications for New Zealand*, Wellington: Centre for Strategic Studies: New Zealand, 2009, pp. 29-42.

③ Alexander L. Vuving, *Hindsight, Insight, Foresight: Thinking about Security in the Indo-Pacific*, Honolulu: Daniel K. Inouye Asia-Pacific Center for Security Studies, 2020, p. 209.

④ Robert S. Ross, "Nationalism, Geopolitics, and Naval Expansionism: From the Nineteenth Century to the Rise of China," *Naval War College Review*, vol. 71, no. 4, 2018, pp. 10-44.

衡与竞争上，认为海洋将成为各大国进行权力斗争的场所，海上力量将日益影响海洋领域的国际秩序。[①] 此外，自由主义主张"合作"，认为国际法是使各国海上力量走向合作、实现共同海上安全的途径。[②] 此外，建构主义者通过利益及规范分析方法研究"海上安全"的要素是如何相互作用及影响并由此塑造出"海上安全"这个复杂概念的，而非简单列举海上安全的种种威胁。[③]

现实中，国际社会普遍认同"海上安全是一项全球事务"。2008 年，联合国秘书长关于海洋和海洋法的报告明确指出：国际合作与国家协调应对十分重要，"海上安全"是一项共同的责任，需要一个新的集体安全观和相应匹配机制，以应对各种各样的威胁。[④] 该报告总结了海上安全合作将面临的主要威胁：①海盗行为和武装抢劫；②恐怖主义行为；③非法贩运武器和大规模毁灭性武器；④非法贩运麻醉药品；⑤海上走私和贩运人口；⑥非法、不报告和不受管制的捕捞活动；⑦故意和非法破坏海洋环境。部分国家在联合国列出的海上安全主要威胁的基础上进行了补充。如英国将"针对航运或海事基础设施的网络攻击"列为海上安全的主要威胁；欧盟将"海洋领土争端、侵略行为和国家之间的武装冲突""网络安全""自然灾害、极端事件和气候变化对航运系统的潜在影响"等列入主要威胁中。[⑤]

由于国家利益不同，海上安全的内涵颇具复杂性。加之海洋领土边界的流动性以及全球化趋势下国际航运和贸易也趋向丰富，海上安全面临更多样和棘手的局面，早先关于"海上安全"的定义已不再适用于当下。在国际社会未界定明确、形成普遍共识的情况下，任何关于海上安全的行为都可能

① David Scott, "China's Indo-Pacific Strategy: The Problems of Success," *The Journal of Territorial and Maritime Studies*, vol. 6, no. 2, 2019, pp. 94-113.

② Christian Bueger, "What is Maritime Security?" *Marine Policy*, 2015, pp. 159-164.

③ Theo Farrell, "Constructivist Security Studies: Portrait of a Research Program," *International Studies Review*, vol. 4, no. 1, 2002, pp. 49-72.

④ United Nations Secretary-General, *Oceans and the Law of the Sea: Report of the Secretary-General*, 2008, p. 63.

⑤ European Union, *European Union Maritime Security Strategy*, 2014, pp. 1-16.

会涉及利益的分歧与冲突，引起对海上管辖权的激烈讨论，导致僵局甚至引发危机。因此，基于对海上安全威胁的共同认知，国家之间需要尽可能在共同利益的基础上进行合作，解决海上安全问题。

（二）海上安全机构及其职能

当前，海上安全机构的发展呈现多样化，根据海事行为主体可分为政府间组织和非政府间组织。政府间组织又可根据主体数量分为双边合作组织与多边合作组织，根据规模大小和影响力辐射范围可分为区域性合作组织与全球性合作组织，这些组织在增进各国战略互信、推动海上合作、构建海上安全等方面起着重要作用。

在政府间组织中，东盟地区论坛、上海合作组织、亚太安全合作理事会等下设的多边对话机制中存在海事工作组，就海事问题进行讨论，其中多为外交、战略及学术层面的对话。[①] 在多边合作组织中较为典型的是西太平洋海军论坛（WPNS），西太平洋海军论坛是亚太地区以推进海上军事力量合作为主旨的海上多边机制。非政府间组织关注海上的人员安全及海洋环境的保护，其中包括较多海洋资源及环境保护组织，如蓝丝带海洋保护协会、海洋守护者协会、绿色和平组织、国际海洋科学组织（IMSO）；一些国家还设有民间海洋安保机构以帮助政府机构开展工作，如日本海难防止协会、德意志联邦共和国海难救助协会、英国皇家救生艇协会和北方协会等。

在全球性组织中，国际海事组织是负责航运安全和防止船舶造成海洋和大气污染的联合国专门机构。作为制定海洋法规则和条例的核心国际机构，其主要职责为：保障海上航行、海洋环境和海事人员安全；监管与建造航行船舶和海洋基础设施；对海上安保程序进行定期排查；对专业海事人员进行定期培训。具体而言，IMO 的职责涵盖国际航运的所有方面，包括船舶设计与建造，设备和人员的配备、运营和处置，以及确保海运行业

---

① 陈寒溪：《建构地区制度：亚太安全合作理事会的作用》，世界知识出版社，2008，第150页。

保持安全、环保和节能。推动航运和海洋可持续发展是 IMO 未来几年的优先事项之一。

IMO 还关注海洋安全问题。该议题最早集中于搜索和救援，旨在最大限度地保护海员和乘客的生命。如今，海洋安全的范围已逐渐扩大至环境问题和预防碰撞、事故及潜在的海洋环境灾难等。在过去十年中，IMO 根据国际形势变化，对一些综合技术合作方案进行调整，促进千年发展目标中与自身相关的内容，如关注全球航运活动对环境的影响等。此外，IMO 还下设伙伴关系和项目部（DPP），该部门致力于帮助成员国实现 2030 年可持续发展议程及其 17 个可持续发展目标，以及实施该组织的监管框架。目前该部门已与各国政府部门、私营部门等开展了"绿色远航 2050""全球垃圾伙伴关系""创新论坛"等项目。

国际海底管理局（ISA）负责审批、监督执行海底勘探计划以保护海洋环境。同时，国际海底管理局还鼓励并促进国家之间展开海底采矿方面的海洋科学研究合作，促进发展中国家有效参与海底活动，实现经济的可持续发展。截至 2020 年 12 月，国际海底管理局共有 168 个成员国。

海洋事务和海洋法司主要负责保障海上数据安全，处理、存储和加工地理信息，建立地理信息系统。海洋法司建立的地理信息系统（GIS）为检索某一地理特征的相关信息提供了极大便利，各国在航行时可掌握准确的地理数据，从而保障航行安全。海洋法司和国际海洋法法庭一起推动《联合国海洋法公约》的制定，共同建立关于海洋的完整的法律框架。此外，海洋法司还定期发布《海洋法信息通报》等刊物；向联合国大会设立的有关海洋的附属机构提供实质性服务，如技术援助和改进基础设施等；监测和审查海洋事务及海洋法的发展，以年度报告的形式汇报相关议题。

国际海洋法法庭是依据《联合国海洋法公约》设立的特别法庭，旨在制定海上基本适用法，制定并完善《联合国海洋法公约》，解决在海洋利用、海洋资源等方面存在的争端。除国际海洋法法庭外，《公约》另设国际法院、仲裁庭及特别仲裁庭作为解决国际海洋争端的补充机制。

联合国粮食及农业组织渔业委员会负责保护海洋生物多样性，实现渔业资源可持续发展，定期向政府、区域渔业机构、民间社会组织及私营部门和国际社会行为体提供全球性建议和政策咨询。

大陆架界限委员会负责界定大陆架并监督国家活动、明确大陆架界限、为国际社会因航行海域而产生的问题提供法理依据，这有助于避免国家间因界限不明而产生的冲突，在一定程度上维护国家安全。

国际捕鲸委员会（IWC）负责维护鲸鱼等海洋生物的多样性，保护海洋环境及其安全。具体而言，IWC负责调查鲸的数量、划定开放和禁捕水域、确定鲸的保护品种和非保护品种、对捕鲸业进行严格的国际监督等。1983年，国际捕鲸委员会规定全面禁止商业捕鲸行为。

二　海上安全现状

履行与国际组织商定的承诺是国际组织与国家之间合作的最终结果。在统一或一致适用《联合国海洋法公约》的前提下，联合国相关组织协助各国在共同维护海洋安全方面作出贡献。联合国及各国主要从海洋环境、经济发展、海事安全、人文安全和网络安全5个方面推进海上安全国际合作。

（一）海洋环境

海洋环境保护涉及防治海陆活动污染、打击海上非法开采、对海洋生物资源及多样性的保护等。为保护海洋环境，国际海事组织协助各国确定特别敏感海区，并同国际石油工业环境保护协会一起向广大发展中国家提供相关援助：举办区域讲习班和会议、起草海洋污染方面的法律、管理海洋废物等。此外，防治海陆活动污染、保护并提高"海洋复原力"也是实现海洋保护区有效治理的重点。从海洋生态系统的视角出发，提高"海洋复原力"的首要方法应是增加不同营养群中的物种多样性，与此对应的是应用不同类别的多种激励措施，并联合多种主体共同治理。联合国环境规划署倡导的《保护海洋环境免受陆上活动污染全球行动纲领》于1995年通过，构建起直接解决陆地、淡水、沿海地区和海洋生态系统间连通性问题的全球性政府

间机制。[①]

同时，为保护海洋生物多样性和可持续性，联合国环境规划署于 2019 年发布了《建立有效和公平的海洋保护区：综合治理方法指南》，重点关注海洋环境退化，旨在以推动区域海洋环境保护来推动全球海洋治理进程。该文件中提到的海洋保护区治理框架采用多种治理方法，总共包括经济、法律、民众参与、知识及沟通 5 类激励措施，各类措施相互支持和作用，形成一个完整的连通网络。

破坏海洋环境严重影响生态安全，各国协力维护蓝色生态环境，目前已取得一定成效。据国际金融公司（IFC）记载，2022 年共发生 21 起海洋环境破坏行为，其中 9 起为石油污染，发生于印尼、泰国、巴布亚新几内亚和印度；5 起为固体垃圾倾倒污染，发生在中国和马尔代夫附近水域；其余破坏行为包括在印度和马来西亚违反野生动物法、在马尔代夫破坏珊瑚礁、在印尼及马来西亚进行非法海上采矿活动等。与 2021 年同期相比，海洋环境破坏行为发生的频率有下降趋势。[②]

（二）经济发展

海洋对世界经济起着至关重要的作用。包括航运业、渔业、旅游业和可再生能源行业在内的全球海洋经济部门，其市场价值约占全球国内生产总值的 5%，相当于世界第七大经济体。维护海上航道安全、保障各国之间贸易与物流通畅、加强各国之间的交流与合作是保障海上经济安全的必由之路。

作为国际贸易和全球经济的支柱之一，海洋货物贸易维持着数百万人的生计，在全球范围内，超过 1.5 亿个直接就业岗位依赖于海洋商品、服务的健全管理和可持续生产、出口、进口和消费。2022 年，IFC 共记录 592 起海上航行事故，是自 2016 年以来事故发生频率最高的一年。其中最普遍的事

---

① United Nations Environment Programme, *The Global Programme of Action for Protection of the Marine Environment from Land-based Activities*, 1995, pp. 1-20.

② International Finance Corporation, *IFC Annual Report 2022*, 2022, pp. 1-83.

故为船只沉没、倾覆（27%），其次是漂流（9.5%）、搁浅（9.0%）、船只被扣押（7.2%），以及火灾或爆炸。主要原因是恶劣天气使船只航行的海面出现问题。联合国及各国采取了一系列合作措施以减少海上航行事故的发生，包括加强气象监测，联合奥地利、丹麦、芬兰、冰岛、爱尔兰等国运作系统性观测融资机制（Systematic Observations Financing Facility），制定更为严格的安全标准，推动技术创新，等等。

除海上通道安全外，海上经济安全还包括"蓝色经济"的可持续发展。2022年4月，联合国贸易和发展会议第四届海洋论坛召开。会议聚焦海洋经济的发展，重点关注海洋经济、渔业可持续发展、海洋环境保护等议题，促进各国加快实现经济复苏。联合国贸易和发展会议秘书长蕾韦卡·格林斯潘表示，当前正处于通过贸易、投资促进海洋产业转型升级的好时机。海洋论坛为各国保护海洋资源、实现海洋经济可持续发展搭建了贸易交流平台。① 此外，我国与全球环境基金合作的小额赠款计划中国项目（GEF SGP China）也于2022年开启，为非营利性社会组织保护海洋、发展可持续经济提供帮助。

（三）海事安全

跨国犯罪直接威胁国家海事安全。跨国犯罪涵盖有组织的犯罪集团在海上实施的多种罪行，包括海盗和武装抢劫船舶行为、偷渡、贩毒、走私渔业产品及石油等。联合国毒品和犯罪问题办公室（UNODC）主要按照1988年通过的《联合国禁止非法贩运麻醉药品和精神药物公约》和2000年通过的《联合国打击跨国有组织犯罪公约》及其议定书联合开展打击跨国犯罪的行动。

1. 走私违禁品

犯罪集团越来越多地利用商船将大量非法毒品贩运到世界各地，国际航

① UNCTAD, "4th Oceans Forum on Trade-Related Aspects of Sustainable Development Goal 14," April 6, 2022, https：//unctad. org/meeting/4th－oceans－forum－trade－related－aspects－sustainable－development－goal－14, accessed：2022－10－05.

运公会（ICS）发布的《预防船上毒品运输和毒品滥用指南》指出：2017年1月至2020年4月，在全球缉获的毒品中有许多是通过海运贩运的。航运是毒品销售的关键环节，打击非法贩运对毒品禁销十分重要。[①] 统计数据显示，2022年共记载353起走私违禁品事件，多数发生在马来西亚、印尼，与2021年同期相比呈增长趋势。其中，大麻走私集中于斯里兰卡和印度附近水域，2022年平均每月缉获大麻2025千克；海洛因走私多发生于印度和斯里兰卡附近的公海上；可卡因走私多发生于印尼、菲律宾和斯里兰卡。

2. 海盗和武装抢劫船舶行为

海盗和武装抢劫船舶行为主要分为劫持、登船和企图登船行为。海盗行为通常以私人船只为目标，对其造成严重影响。遇袭船只的海员面临长期扣留、人身伤害或死亡等风险。海盗抢劫严重威胁海员的人身安全，推高海运总成本（赎金及保险费）并影响航行自由。同时，海盗行为还伴随着大量相关非法行为，如海上恐怖主义、腐败、洗钱、非法捕鱼、向海洋非法排放废物和有毒物质、贩运人口和贩毒等。国际海事组织和国家之间的区域合作在解决海盗和武装抢劫船舶问题方面发挥着重要作用。自1988年以来，国际海事组织一直在执行长期的反海盗项目。同时，国际海事组织也与其他国际组织展开积极合作，如与海洋事务和海洋法司等合作打击海盗，与非洲联盟、国际刑警组织、阿拉伯国家联盟、欧洲联盟等合作打击犯罪活动。在国家间合作方面，各国正在通过建立区域信息中心网、分享情报，及时有效地打击海盗；通过在执行任务过程中加强海军舰艇之间的通信，有效阻断海盗资金链，加强自身船只防暴能力。

索马里海域海盗肆虐，严重影响和破坏了各国的海外贸易和对外交往，对各国人员和货物的流动及人身财产安全构成了极大威胁，严重阻碍了国际贸易的发展。在2008年联合打击索马里海盗的国际合作行动中，中国同美国、北约和欧盟等30多个国家和国际组织达成合作意向，派出多批海军护

[①] International Chamber of Shipping, *Drug Trafficking and Drug Abuse on Board Ship*, 2022, pp. 1-220.

航舰队，打击索马里海盗。

2022 年上半年共记录 59 起海盗抢劫事件，与 2021 年同期相比增加 17 起。据 IFC 数据统计，海盗抢劫行为多发生于新加坡海峡、孟加拉国吉大港和印尼勿拉湾锚地；在众多船只类型中，油轮是最易受到攻击的，其次是散装货轮、移动速度缓慢的拖船和驳船。

3. 其他跨国犯罪

（1）偷渡及贩卖人口。由于贫困和性别不平等，目前全球人口贩卖情况仍十分严重。国际移民组织（IOM）于 2017 年发布报告，其中指明：在 2014~2016 年，在全球人口贩卖犯罪中有 77% 涉及跨国贩运。联合国毒品和犯罪问题办公室也有相关数据表明人口贩卖与跨国贩运密切相关。西欧和北美地区是人口贩卖的两大目的地，而非洲、东欧、东南亚及中亚等地区则是人口贩运输出地。近年来，人口贩卖活动与武装集团、偷渡集团组成一条严密的产业链，形成颇具组织性和复杂性的运输网络。2010 年联合国大会正式发布《联合国打击贩运人口的全球行动计划》，从防止贩运人口、保护和协助受害者、起诉贩运人口罪行、加强打击贩运人口的运营网络的力度四个方面提出具体应对措施。

据统计数据，2022 年上半年共记录 137 起偷渡及贩卖人口事件，大部分为从印尼至马来西亚的偷渡事件。同时，由于斯里兰卡经济恶化，上半年该国利用海上航线进行移民的人员数量显著增加。一般来说，国家冲突、内战和暴力打斗等情况的增加、极端天气事件、政府服务的恶化、新冠疫情是出现人口偷渡的主要原因。

（2）非法捕捞。2022 年 1~6 月，IFC 共记录 279 件相关事件，比 2021 年同期高 58%。大多数非法捕捞行为发生在马来西亚和印尼水域，其中越南是涉及非法捕捞事件最多的国家。由于越来越多的国家取消新冠疫情限制并重新开放渔业，非法捕捞事件发生频率也随之升高。

（四）人文安全

海上安全合作中的人文安全关注的是在海上活动的人士的基本权益与福

祉，其目标在于营造一个安全且尊重人权的海上环境。具体而言，人文安全不仅涉及海员及海上从业人员的安全，还涉及其他在海上活动的相关人士的权益。人文安全合作的主要工作包括关注海员的工作条件、薪酬、休息时间、培训等，确保海员在海上工作时能够享有基本人权和劳工权益；保护海上逃难者和移民的人权，并为其提供适当的庇护和人道主义援助；提供必要的海上安全培训，使海上从业人员具备应对紧急情况和危险事件的技能，如正确使用救生设备等；关注海员的健康问题，确保在海上有其所需的医疗服务和紧急救援措施；保护海洋文化遗产，防止非法捕捞、破坏海洋环境的活动，维护海上生态系统和传统渔业。

（五）网络安全

随着网络技术的兴起，网络安全逐渐成为各国海上合作的重心。网络安全主要包括海上航行系统、数据信息的保护，与航海业的数字化转型相关。随着航海技术的提升，航运过程数字化，远洋公司、海洋保险公司、海上安全机构自动化，网络在给海上治理带来便利的同时，也招致海上网络隐患。

近年来频发的海上网络安全问题引起人们关注，如船舶和陆上通信设备的故障，海上跨国犯罪的数据被泄漏，关键资料（如船舶停靠、提货和贸易路线）被泄漏及篡改，远程操纵身份识别系统，等等。2021年，网络信息泄漏导致苏伊士运河交通受阻，对全球供应链产生不利影响。2022年，IFC记录了一起网络安全事件。该事件发生于贾瓦哈拉尔·尼赫鲁港集装箱码头，该码头是印度最大的集装箱港口的五个集装箱码头之一，占据印度所有集装箱吞吐量的一半。由于遭受勒索软件的攻击和胁迫，该码头将船舶转移至其他码头，造成巨大损失。

整体看，2022年海上安全合作在海上环境事故预防、海洋经济交流与发展方面发展态势良好，但海上犯罪、海盗、偷渡、贩卖人口等问题均有上升迹象。新兴的海上网络安全合作逐渐引起重视，年度频发问题为网络关键资料泄漏导致的经济受损。

三 海上安全国际合作的内容和方式

目前全球面临的海上威胁在数量、种类上有所增长，在方式、内容上复杂性增强。海上威胁严重影响人的生命安全、社会经济的发展和国家的安全，海上威胁的持续进化，使得国家之间进行海上安全合作十分必要。

目前海上安全国际合作的主要方式有：海上安全信息合作、海上联合执法合作和海上联合演习。第一，随着航行船舶的需求日益增加和航海技术的进步，海上安全信息合作主要以搭建安全信息发布一体化平台的手段进行。由于海上安全的复杂性和全局性，几乎所有海上领域都涉及海上安全信息合作。第二，非传统安全威胁的上升导致跨国犯罪成为影响国际社会安全与稳定的一大因素。各个国家都面临恐怖主义、贩卖毒品、环境与公共卫生问题，这些问题对国家周边安全造成实际威胁。各国在公共水域展开的海上联合执法合作有助于切实解决危及海上安全的突出治安问题，保护过往船舶，保障人员的生命及财产安全。第三，各国的海军部队利用海上联合演习来增强其在反潜战、防空战、后勤补给管理、救灾行动等方面的能力，以达到共同维护海上安全的目的。

以上三种主要的海上安全国际合作方式在不同程度上对海洋环境、经济发展、海事安全、人文安全和网络安全作出了贡献。

（一）海洋环境合作

海洋环境信息合作主要体现在海洋环境监测数据共享、海洋科学考察活动、海洋环境监测及预报上，对评估及调整海洋环境保护政策、促进海洋环境及生物多样性可持续发展具有重要意义。如 2017 年联合国教科文组织政府间海洋学委员会宣布建立一个全球性的蓝碳数据与知识网络中心，该中心围绕全球沿海湿地碳循环开展全球合作。

海洋环境联合执法致力于打击非法捕捞和非法海底采矿行为等，主要通

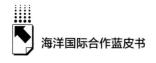

过水面巡查及海底监察进行，旨在检查是否有非法捕捞行为、岸边是否藏有非法捕捞工具。

（二）经济发展合作

航道安全是构成海上经济安全的重要因素。海盗在黄金水道等地的犯罪日益猖獗，严重影响海上贸易运输的安全和全球的经济发展及社会稳定。海上安全信息合作、海上联合演习及海上联合执法以打击海盗和武装抢劫船舶行为为主。以索马里海域航道安全机制为例，国际社会于 2008 年进行联合打击后便开启协作巡防，并不断调整海上巡逻的力量部署。

此外，海上联合执法对于经济发展合作也具有重要意义。各国联手依法打击海域采砂、倾倒废物、破坏海底电缆、非法捕鱼等违法行为，依法打击海上走私、外籍渔船侵渔侵权行为，为海洋经济可持续发展提供保障性服务。

（三）海事安全合作

海事安全合作作为维护海上安全的重要手段，涉及打击违法犯罪、反恐、维护海洋环境安全等诸多方面，对维护海上非传统安全至关重要。海事安全合作以双边合作及区域合作的形式为主，强化安全信息共享、海上联合军事演习、海上联合执法方面的合作，可提升集体应对海事安全威胁的能力。

在国家间合作方面，各国正在建立区域信息中心网、分享情报，及时有效地打击海盗；在执行任务过程中加强海军舰艇之间的通信，达到有效阻断海盗资金链，加强自身船只防暴能力的效果。国家之间的区域合作在解决海盗和武装抢劫船舶问题方面发挥着重要作用。2004 年 11 月，亚洲多个国家缔结《亚洲地区反海盗及武装劫船合作协定》（ReCAAP），并据此设立 ReCAAP 信息共享中心（ISC）以促进共享海盗和武装抢劫船舶相关信息、有关人口贩运及走私的信息，合作主要在国际移民组织的框架下进行。2017年，国际移民组织建立了首个人口贩卖信息数据库。区域组织在此基础上进行多边合作，如西非国家经济共同体成员与北美自由贸易协定成员在共同边境领域加强合作，在边境控制问题上采取了限制措施，加大了打击跨国犯罪和移民偷渡的力度。①

海上联合军事演习作为国家海权力量的体现，可提升战备状态和可互操作性，由此加强海上的多边关系。长期的军事合作可以加强国家之间的战略互信。海军部队利用演习来增强其在反潜战、防空战、后勤补给管理、救灾行动等方面的能力，以达到共同维护海上安全的目的。根据涉及的国家数量，这些演习可分为双边和多边。根据演习目的，又可分为搜救演习、反恐演习、登陆演习等。最初的海上联合军事演习针对的对象是传统安全问题，基于此目的进行的海上联合军事演习带有强烈的军事同盟色彩。随着时代的发展和世界局势的演变，海上联合军事演习的目的性、合法性和可持续性都发生较大转变，有的国家开始在演习中加入维和、海上搜救、打击海盗、开展人道主义救援等科目，将其转变为应对非传统安全问题的海上联合演习。

在海上联合执法和海上联合军事演习实践中，海盗和武装抢劫船舶问题一直是打击跨国犯罪的重点关注领域。联合国毒品和犯罪问题办公室协助各国加入和执行国际反恐公约，区域组织在该领域也展开了相关合作。2011年，中老缅泰联合发布《中老缅泰关于湄公河流域执法安全合作的联合声明》，正式建立湄公河流域执法安全合作机制。四国的执法机构开始启动全线巡逻、随机巡航和护送等多种巡逻方式，设立跨部门的湄公河预防和打击犯罪中心，设置多个固定的执勤点和执法联络点。② 除此之外，马来西亚和印尼海洋事务与渔业部也在 2022 年 2 月进行了打击非法捕鱼的联合巡逻。各国通过构建海上联合执法网络，直接或间接地推动维护海事安全。

（四）人文安全合作

由国际海事组织提出构建、于 1999 年全面实施的全球海上遇险与安

---

① 章雅荻：《全球人口贩卖与移民偷渡挑战仍然严峻》，《世界知识》2019 年第 23 期，第 65~67 页。

② 谢斌：《"21 世纪海上丝绸之路"建设背景下的中国-东盟执法安全合作》，《理论界》2017 年第 5 期，第 118~124 页。

全系统（GMDSS），旨在最大限度地保障海上的人命与财产安全。船舶一旦遇险，GMDSS能够立即向陆上搜救机构及附近航行船舶通报遇险信息，可预防或减少海上事故的发生，对船舶航行安全起着重要作用。国家航道测量部门、气象部门和搜救协调中心为海上安全信息系统（MSI）中信息的主要提供者。相关部门发出航行警告、气象警告、气象预报和其他相关信息，经国内和国际协调、国际海事组织批准后方可播发。此外，国际海事组织会同国际水道测量组织建立全球航行警报系统（WWNWS），发布助航设施失效、有碍航行等警告信息，以此辅助MSI业务。此外，国际海事组织在海事劳工、危险货物运输、港口国管制、海上救援等方面也提供了援助，如带头在非洲沿海区域、东南亚沿海区域建立海上搜救协调中心等。

（五）网络安全合作

网络安全合作以安全信息共享为主。以英国-非洲联盟-东盟联合建立的海上网络安全合作机制为例，成员国在技术、网络安全和海上数字基础设施建设等问题上展开合作。成员国在航运系统中引入数字组件，通过智能船舶和电子港口及装卸载程序自动化保障航运安全；基于海上大数据和人工智能系统规划出最有效、精确和可靠的运输路径，保障后续的对接和卸载流程，合理评估事故发生风险；收集和分析气象、海洋及水文数据，追踪海洋污染。2021年底，在国际海事组织的支持下，新加坡海事及港务管理局组织了涉及两家港口码头运营商和一家航运公司的首次网络安全演习，为应对海上网络安全威胁打下了良好基础，提升了应急能力。

四　大国海上安全国际合作的现状与机制

海上安全的概念受到和平与法治等现代国际法价值观的影响，强调开放与非排他性、经济效率与合作、平等与治理。由于海洋的流动性及海上利益的复杂性，大国开展海上安全国际合作对共同实现海上安全至关重要。

（一）美国

海上安全是美国国家战略的重要组成部分。近年来随着战略竞争态势等因素的发展变化，美国与其盟友通过构筑海上安全网络、签署安全协定、完善对话机制、进行援助援建等方式加强双边海上安全合作。同时，在国际舞台上，美国通过积极参与国际组织活动、在关键议题上发声等手段强化自身角色。

2015 年 3 月 13 日，美国国防部发布了《21 世纪海上力量合作战略》。该战略认为国际地缘政治发生了深刻变化，美国的海上安全国际环境复杂、不稳定，应对美国海军、海军陆战队和海岸警卫队的力量建设与全球活动作出调整。美方视海上安全合作为重点加强方向，并阐明美国海上安全利益包含"保卫国土、遏制冲突、危机反应、击退敌人、保护公海"五个方面。具体而言，在国家海上安全利益的指导下，该战略指明应加强自身的全域进入能力、威慑能力、海上控制能力、海上态势感知（MSA）能力、投送能力及海上安保能力。[①] 美国的海上安全合作机制以军事联盟为主，以自身的海上军事力量为基础，注重推广"全球海军网"。其推广海上联盟的重点地区为印太地区，这在近年来美国对"印太战略"海上安全合作的强调中得以体现。同时，美国内部的海上安全力量为美国海军、海军陆战队和海岸警卫队，以一体化、综合化的海上供应链为主要优势，与海上盟友展开合作。

自奥巴马政府以来，美国开始提出区域海上执法倡议。特朗普和拜登政府在"印太战略"中多次提到海上安全合作，并致力于与各盟友推动海上安全合作落地。在最新公布的"印太战略"中，美国除了仍然重视与盟友的合作外，还将海上执法安全合作的重点地区进一步向东盟及其伙伴关系国拓展。[②] 在印太地区，美国的海上安全合作运行机制不断优化升级。在非传

---

① Joseph F. Dunford, Jr., Jonathan W. Greenert and Paul F. Zukunft, "A Cooperative Strategy for 21st Century Seapower," 2015.

② 吴凡:《美国-东盟海上执法安全合作的动力与困境》,《现代国际关系》2022 年第 8 期,第 20~29 页。

统安全方面，美国主导建立了三个合作机制，它们分别是 2004 年建立的"太平洋伙伴关系"、2013 年提出的"东南亚海上执法倡议"（SEAMLEI）和 2015 年由美国国际开发署建立的"海洋和渔业伙伴关系"（USAID Oceans）。

"太平洋伙伴关系"是美国海军（USN）太平洋舰队协同地方政府及非政府组织共同实施的一项例行任务，旨在提供人道主义援助并加强救灾准备。在 2022 年的五个月任务期内，"太平洋伙伴关系"访问了越南、帕劳、菲律宾和所罗门群岛等国家，救治了 15000 多名患者，完成了 10 个重大项目，参加了 80 多个东道国外展活动，并举办了人道主义救援和救灾研讨会。2022 年 8 月，"太平洋伙伴关系"在巴拉望结束年度人道主义演习。①

"东南亚海上执法倡议"由 2012 年提出的"泰国湾海上执法倡议"（GOTI）升级而成，旨在促进东南亚国家的海事安全合作，重点合作领域为海上执法合作与信息共享合作，以更好地查明和处理贩运人口、武器或非法药物等犯罪活动，使区域安全得到保障。

"海洋和渔业伙伴关系"是一个总时长为 5 年，旨在与东南亚地区的区域组织、政府合作打击非法、不报告和不受管制的捕捞活动，促进可持续渔业管理和保护海洋生物多样性的项目。在 5 年项目期内，"海洋和渔业伙伴关系"与东南亚渔业发展中心（SEAFDEC）、"珊瑚礁、渔业和粮食安全问题珊瑚三角区倡议"（CTI-CFF）、印尼、菲律宾、马来西亚、泰国和越南等组织和国家展开合作，发布了 7 项电子渔获记录和可追溯性应用（eCDT），支持在国际海洋供应链中追踪超过 400 万磅的海洋产品，价值约 2000 万美元；制定了 1 个次区域生态系统渔业管理计划，促进制定了 5 项法律文书，促进了渔业管理中的性别平等和妇女赋权、与私人和公共

---

① "U. S. Partner Militaries Conclude Pacific Partnership 2022 Humanitarian Exercises in Palawan," USINDOPACOM, August 18, 2022, https：//www. pacom. mil/Media/News/News－Article－View/Article/3132651/us－partner－militaries－conclude－pacific－partnership－2022－humanitarian－exercises/, accessed：2022－10－05.

合作伙伴的合作；培训了超过 1800 名的专业人员，使其参与打击非法捕鱼和加强海洋保护的工作。① 其中，美国海岸警卫队作为美国的海上综合执法力量，拥有执法和军事双重属性，在开展海上联合执法行动及配合海军参与海上安全行动方面都发挥了重要作用。2020 年 3 月，美国提出在印太地区永久部署美国海岸警卫队的建议，同时强调"要发挥海岸警卫队的特殊优势，通过参与国际合作，获取国际战略通道的情报信息共享权与联合执法权"。②

在海上安全的军事合作方面，美国的重心偏向于印太地区，合作机制主要包括美日印澳非正式海上联盟、美日韩三边安排、美日印三边安排、美日澳三边安排等。在美国主导下，盟国与其签署谅解备忘录，向其贡献海上军事情报，并进行海上搜索救助联合演习和打击海盗联合演习等。

美日印澳"四方安全对话"的海上合作多体现为海上联合军演，尤以"马拉巴尔"海上联合军演为主。"马拉巴尔"军演最初由印度主导，最开始参演方只有印美两国，随着"四方安全对话"的不断扩充，澳大利亚、日本和新加坡等盟友以非永久成员的身份加入演习，2015 年日本成为永久成员。同时，军演的地点从印度洋逐渐转移，演习内容也从单纯的海上搜救、反恐扩展至接近实战的反潜、防空等科目；参演武器数量、品种不断增加，航母、潜艇、直升机母舰等先进装备频频亮相，折射出印太地缘战略格局的演变。③ 出于历史原因，美日韩同盟关系一直摇摆，但在美国推动下，美日韩海上安全合作不断。早在 2014 年，三国就签署了《三边信息共享协定》（TISA），共享海上战术数据链信息，同时举行海上联合军演；2022 年

---

① USAID, "Key Accomplishments Recognized at the Conclusion of the USAID Oceans and Fisheries Partnership," April 16, 2020, https：//www. seafdec - oceanspartnership. org/news/key - accomplish ments-recognized-at-the-conclusion-of-the-usaid-oceans-and-fisheries-partnership-usaid-oceans/, accessed：2022-10-03.

② The House Committee on Transportation and Infrastructure, "The International Role of The United States Coast Guard," March 10, 2020, https：//www. congress. gov/event/116th - congress/house-event/LC65682/text? s=1&r=7, accessed：2022-09-28.

③ 荣鹰：《从"马拉巴尔"军演看大国印太战略互动新态势》，《和平与发展》2017 年第 5 期，第 48~61 页。

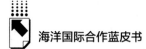

8月，美日韩在夏威夷举行三边演习，三国在维和行动、海上反恐、反毒品、人道主义救援方面也逐步建立合作机制。除此之外，美国领导的"环太"系列军演也十分突出：组织动员"奥库斯"和"四方安全对话"的成员国等，派出大量舰队，在印太地区执行任务并进行密集军演。美国和其盟友的合作也得到了一些国际组织的支持。2021年8月，联合国毒品和犯罪问题办公室、欧盟"关键海上航线"和红十字国际委员会等也加入了"东南亚合作和训练"机制。①

北约也是构成美国海上安全合作机制的重要一环。2011年发布的《联盟海上战略》明确界定了北约的海上活动，包括联盟集体防御、危机防御和管理、合作安全和海上安全。② 合作的具体内容为保护盟国免受海上威胁，并利用海上部队驻扎于海上交通线和咽喉要地的优势，在危机和冲突期间确保大西洋航线的沿线补给和增援。北约的常备海军部队（SNF）是由来自各盟国的船队组成的多国综合海上力量，通过军事演习等形式维护伙伴国的海上安全并进行安全合作。21世纪以来，北约推进了"积极奋进行动"、"海上卫士计划"（OSG）、"海洋盾牌行动"等项目，以便进行海上安全能力建设，支持海上态势感知和海上反恐，协助解决爱琴海的难民和移民危机。2022年11月21日，北约军事委员会召开海上安全专题讨论会，交流海上活动的最新情况，并重申"加强北约海上态势感知能力"的重要性："遏制和防御海上领域的所有威胁，采取具体措施提高联盟整体的海上态势感知能力，维护航行自由，确保海上航线安全并保障其主要线路畅通。"③其下设的北约航运中心（NSC）每年举行一次会议，讨论建设海军合作与航运指导系统（NCAGS）和盟军全球导航信息系统，保持对海上军事行动

---

① Mohammad Issa, "Indo-Pacific Maritime Forces Kick off 21st SEACAT Exercise," August 17, 2022, https：//www.navy.mil/Press-Office/News-Stories/Article/3130458/indo-pacific-maritime-forces-kick-off-21st-seacat-exercise/, accessed：2022-10-06.

② NATO, "Alliance Maritime Strategy," June 17, 2011, https：//www.nato.int/cps/en/natohq/official_texts_75615.htm, accessed：2022-10-03.

③ NATO, "NATO Allies and Partners Discuss Maritime Security," December 06, 2022, https：//www.nato.int/cps/en/natohq/news_209324.htm, accessed：2022-10-17.

的态势感知。除 NCAGS 外，北约还建立了盟军全球导航信息系统（AWNIS），通过向商船和军事当局传达有关航行安全和安保的信息来共建"海域态势感知"。①

综上可知，美国在构建自身海上安全合作机制时，以实施"海域态势感知计划"为着力点，构建"海洋联盟网络"。受"9·11"事件影响，美国逐渐认识到海域态势感知的重要性。为防止可能从海上发生的恐怖主义袭击，美国将实施海域态势感知计划作为维护海上安全的八项实施计划之首。② 海域态势感知的核心即情报共享，建立完善的情报共享机制对掌握海域态势、保障海上航行通信、开展海上执法安全行动至关重要。新加坡海军成立的国家信息融合中心（IFC）在其中发挥了重要作用。包括美国在内的 24 个国家在 IFC 派驻了 155 名联络官，IFC 与 41 个国家建立的 97 个海上情报中心共同合作，向各国海军、海岸警卫队和其他海事机构提供情报信息服务，是东南亚地区重要的海上安全情报信息融合中心。此外，亚太地区还有 3 个情报信息融合中心，分别为印度的印度洋国家信息融合中心（IFC-IOR）、瓦努阿图的太平洋融合中心（PFC）及所罗门群岛的太平洋岛屿论坛渔业局（FFA）。以上 4 个情报信息融合中心共同组成了亚太地区的海上情报网络。在这样的背景下，美国海军官员提议建立国际海事融合中心以获取亚太地区海上情报的主导权。③ 在 2022 年 5 月的美日印澳"四方安全对话"首脑会谈上，四国领导人宣布建立"印太海域态势感知伙伴关系"（IPMDA），"旨在为包括东南亚国家在内的各国提供更好的天基海域态势感知，利用共同的信息中心，构建共同的运营图景，打击非法捕鱼等行动"，该举措是美国进一步介入

---

① Kathleen Barrios, David Palencia, "NATO Shipping Working Group Enhances Maritime Cooperation," May 16, 2022, https：//www. usff. navy. mil/Press－Room/News－Stories/Article/3033179/nato-shipping-working-group-enhances-maritime-cooperation/, accessed：2022-10-06.

② U. S. Department of Homeland Security, "National Strategy for Maritime Security," https：//www. dhs. gov/national-plan-achieve-maritime-domain-awareness, accessed：2022-10-06.

③ Deon Canyon, Wade Turvold and Jim McMullin, "A Network of Maritime Fusion Centers Throughout the Indo-Pacific," *Security Nexus*, 2021, p. 22.

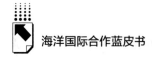

东南亚事务的重要部署。①

美国加强以自身为核心的"双边联盟体系"并逐渐形成海上伙伴国网络，和其盟友间的海上安全合作向多个领域延伸，并且运用国际法维护自身在亚太地区的主导地位，使得亚太地区海上安全局势日益紧张。②

（二）俄罗斯

俄罗斯是世界上海岸线最长的国家，其海岸线长达 38000 千米，俄罗斯濒临 12 个海，面向三大洋，海洋面积为 700 万平方千米。俄罗斯海洋资源丰富多样，其中尤以渔业资源为最。海洋运输业是俄罗斯统一运输系统的重要组成部分。③

此前，俄罗斯的海上安全合作机制以维护国家海事安全为主，重点为恢复国内蓝色经济。俄罗斯海上安全合作机制的具体内容涵盖海上运输、海洋资源开发保护、海洋科研、海上军事活动四大领域，其中以海上军事活动为主。海上军事活动旨在保障海上航运，尤其是确保北极航道、印太地区的海上航道安全；在海洋资源开发保护和海洋科研方面，由于资源勘探涉及俄罗斯海域主权和俄罗斯北极战略，合作由俄罗斯引导，北极地区内的合作则主要在北极理事会和"冰上丝绸之路"的框架下展开。此外，海上经济合作以贸易和海底建设为主，俄罗斯以能源贸易为重点，以石油开采、为天然气传输提供基础设施保障的海底管道建设作为主要合作项目。④

随着力量对比和地缘政治局势的变化，2022 年 7 月，俄罗斯总统普京批准了新版《俄罗斯联邦海洋学说》，强调在保障海上利益的同时，还准备

---

① U. S. Department of Defense, "Remarks at the Shangri-La Dialogue by Secretary of Defense Lloyd J. Austin III (As Delivered)," June 11, 2022, https：//www. defense. gov / News/Speeches/ Speech/Article/3059852/remarks-at-the-shangri-la-dialogue-by-secretary-of-defense-lloyd-j- austin-iii-a/, accessed：2022-12-17.

② 夏立平：《论 21 世纪美国亚太海权联盟体系》，《同济大学学报》（社会科学版）2017 年第 6 期，第 24~35 页。

③ 付雪芹：《俄罗斯海上执法主体设置模式》，《行政管理改革》2012 年第 7 期，第 72~75 页。

④ 韦进深、朱文悦：《俄罗斯"北极地区开发"国际合作政策制定和实施效果评析》，《俄罗斯学刊》2021 年第 3 期，第 29~46 页。

采取更多行动加强打击海盗活动等跨国犯罪的海上国际合作。较 2015 年的《俄罗斯联邦海洋学说》而言，新出版的海洋学说侧重海事活动的国际法支持以及海事活动的国际合作：全面支持促进俄罗斯联邦的国家利益，加强其在国际组织中的地位和影响力，并扩大在海洋活动领域（包括南北极活动）的互惠互利的国际合作；在国际组织的框架内积极参与处理海洋国际安全、海洋航行自由、海洋自然资源开发和与俄罗斯联邦有关的其他重要问题。

如今，俄罗斯的海上安全合作机制倾向于优先维护本国的地缘战略安全，力求在地缘政治博弈中取得相对优势，稳固自身海洋强国的地位。① 因此，俄罗斯主要在代表其海上核心利益的北极区域活动，重点为发展太平洋及大西洋上的海上力量。在北极区域，俄罗斯的合作机制主要在北极理事会和"冰上丝绸之路"的框架下展开。在多边合作平台上，俄罗斯非常重视发挥北极理事会的作用并努力提升北极事务国际合作水平，以应对北极地区日益复杂的环境变化与地缘形势。作为一个讨论解决北极地区环境问题的高级国际论坛，北极理事会的关注点放在北极资源的可持续发展及利用上，如就石油、矿产的开采和渔业及航运资源的保护及开发进行协商合作；此外，北极理事会亦关注全球气候变化对北极的影响。在俄罗斯的积极参与和推动下，北极理事会先后通过了《北极环境保护战略》《北极搜救协定》《加强北极国际科学合作协定》等重要协议，形成了通过对话解决争议的良好氛围。② 2021 年 5 月，第 12 届北极理事会在冰岛举行，俄罗斯作为轮值主席国，与成员国共同发布关于北极的战略发展计划，将本国北极战略的实施与北极理事会的发展计划结合起来：与其他北极国家联合建设北极国际科考站，研究环境保护、气候变化问题；在北极地区建立全球科教和技术中心，培养极地人才；利用北极的海洋潜力，促进经济合作；成立国际北极发展基金会。然而，北极地区的"小环境"也受到国际政治局势"大环境"宏观

---

① 马建光、孙迁杰：《俄罗斯海洋战略嬗变及其对地缘政治的影响探析——基于新旧两版〈俄联邦海洋学说〉的对比》，《太平洋学报》2015 年第 11 期，第 20~30 页。

② 王郦久、徐晓天：《俄罗斯参与全球海洋治理和维护海洋权益的政策及实践》，《俄罗斯学刊》2019 年第 5 期，第 39~54 页。

变化的影响。2022 年 2 月以来，受俄乌冲突影响，北极地区的相关开发与合作面临进一步的挑战和冲击。3 月 3 日，美国、加拿大、芬兰、瑞典、冰岛、挪威、丹麦七国联合发表声明，谴责俄罗斯，并认为俄罗斯的行动严重阻碍了包括北极地区合作在内的国际合作，表示不会派遣代表前往俄罗斯参加北极理事会的会议，同时暂停参加北极理事会及其附属机构的所有会议。该声明的发布意味着北极理事会暂时停摆，国际社会普遍对北极合作的现状和前景表示忧虑。一直以来，北极理事会奉行"协商一致"原则，北极八国也是保持北极理事会正常运作并保证其权威性的关键存在，排除俄罗斯的北极理事会只能是一个丧失权威性且效率低下的区域性论坛。[①]

在海上运输方面，俄将北方海航道及相关设施建设作为当前发展重点。由于北极地区气候变暖、冰川融化，北极航道的开发迎来机遇，北方海航道作为一条海洋新航道在国际上备受关注。但由于北方海航道所处海域基本属俄领海或海洋专属经济区，该地存在激烈的竞争。对俄而言，开通北方海航道不仅可以获取巨额利润，还可以借此提高其地缘政治地位。2019 年 3 月，俄政府批准从事北极液化天然气运输的外国船舶清单。为开发北方海航道，俄罗斯正积极寻求国际合作，以建造游轮、破冰船队及港口铁路等基础设施为主；同时俄罗斯还加强海上军事安全保障，在北极地区加强军事部署，频繁举行军演等。

北极区域涉及地缘政治利益，因此俄罗斯基于北极理事会成员在北极环境保护问题上具有的较高程度的共识，通过以环境保护和可持续发展为核心的治理方案，以良性互动实现北极地区的治理。

在国际合作方面，俄罗斯一直谋求其在国际组织中的地位和影响力，不断扩大海洋活动领域：在国际组织框架内积极参与处理海洋国际安全、海洋航行自由、海洋自然资源开发等问题，同时利用国际法维护和争取自己的利益；与外国海军部队进行联合演习，包括俄罗斯联邦安全局海岸警

---

① Evan T. Bloom, "A New Course for the Arctic Council in Uncertain Times," March 18, 2022, https：//www. arctictoday. com/a－new－course－for－the－arctic－council－in－uncertain－times/, accessed：2022－10－04.

卫队与外国海岸警卫队的演习等；与外国搜救部队一起定期进行海上搜救演习；向船舶提供航行和气象信息；编写和缔结预防海上事件和不安全军事活动、简化船只访问外国港口的流程的政府间协定，发展和改进国际协定的法律框架。

在双边合作方面，俄罗斯同海洋大国及盟友建立海上合作机制，发展海洋事业，建设海洋强国。

俄罗斯和中国不断深化海洋合作。近年来中俄围绕蓝色经济、海洋科学技术、海事安全、海上军事力量四个领域展开深入交流。"冰上丝绸之路"是中俄海上合作的又一大重点。在蓝色经济方面，2017年12月，中俄亚马尔液化天然气（LNG）项目第一条生产线正式投产，至2021年3月，该项目已实现对外船运5000万吨LNG。在海洋科学技术方面，中俄已有一定的合作基础。中俄于2009年、2012年、2017年连续举办三届海洋科学研讨会，该研讨会现已发展为两国科学家开展合作与交流的重要平台。2016年8~9月，中俄双方联合开展首次北极联合科考，实现了两国在北极海域合作的历史性突破。2019年4月，在中俄举办的第五届"北极－对话区域"国际北极论坛上，中俄两国签署成立北极联合研究中心的协议。2022年11月13日，中俄在厦门举办"中俄海洋可持续发展综合多学科合作研究研讨会"，为海洋可持续发展贡献智慧和力量。① 在海事安全方面，中俄合作基础深厚。2013年9月，中俄签署海上航行安全和保护海洋环境合作备忘录。② 在海上军事力量方面，近年来中俄举办多次"海上联合"系列联演，共同应对海上安全威胁，提升联合行动能力，推动建设中俄海上联合执法安全合作机制。中俄在海上联合执法合作上也有着深厚的合作基础：2022年9月，中俄举行"中俄执法安全合作机制第七次会议"，就双边海上安全合

① 《中俄海洋可持续发展综合多学科合作研究研讨会成功举办》，自然资源部第三海洋研究所网站，2022年11月15日，http://www.tio.org.cn/OWUP/html/xshd/20221115/2754.html，最后访问日期：2022年12月17日。

② 《中俄签署海上航行安全和保护海洋环境合作备忘录》，中国政府网，2013年9月9日，http://www.gov.cn/zhuanti/2013-09/09/content_2595903.htm，最后访问日期：2023年1月4日。

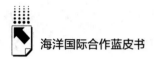
作继续深入沟通，共同维护海上安全。[1]

俄罗斯与韩国在造船和捕鱼业方面开展了合作。为吸引民间投资、扩大水产品加工出口，俄罗斯借助其在远东地区资源丰富的巨大优势，与韩国开展海洋水产合作，提升了俄罗斯的渔业产量和经济效益。双方还在北极地区就开拓资源和扩大北极路线的项目进行合作。韩国关注北极地区的港口等基础设施的建设，韩国企业目前正在参与斯拉维扬卡港口码头和福基诺港口码头的建设；韩国大宇造船与俄亚马尔液化天然气项目签订合同，通过北极航道提供运输服务，此举与韩"新北方政策"相契合。[2] 韩国方面致力于将韩国港口与北极航道、大陆铁路和俄罗斯远东港口连接起来，加强其物流和能源网络。2013年10月，"现代格罗唯视"成功完成韩国首次北极航道商业航运。此外，韩国极地研究所（KOPRI）也和俄罗斯合作进行海上科学和技术的研究。[3]

俄罗斯与印度海上安全合作有深厚的历史根基，合作主要围绕海事安全展开。近年来，俄印海上安全合作进一步深化，以双边合作机制为基础，以深入的军备合作为重点，也涉及海军演习和海上安全协定等多个领域，目前取得了较为明显的成效。在海上安全合作机制上，两国海军高层互访频繁，同时建立起政府间军事技术合作委员会，下设海军分委会，重点讨论海上军队装备的支持等问题；设置专属经济区，允许双方海军船只访问对方港口和专属经济区，加油并补给物资。[4] 俄印海上军备合作素有传统，涉及采购、租借、维护、改造升级、联合生产与联合研发等众多环节，包括水面舰艇的

① 《郭声琨主持中俄执法安全合作机制第七次会议》，新华网，2022年9月19日，http：//www. news. cn/politics/leaders/2022-09/19/c_1129015483. htm，最后访问日期：2023年1月5日。

② Valentin Voloshchak，"A Closer Look at South Korea's Plan for Cooperation With Russia," January 9, 2019, https：//thediplomat. com/2019/01/a - closer - look - at - south - koreas - plan - for - cooperation-with-russia/, accessed：2022-10-06.

③ Bongchul Kim, "A Research on the Establishment of New Korea-Russia Bilateral Cooperation Law for the Sustainable Arctic Development," *Journal of Contemporary Eastern Asia*, vol. 19, no. 1, 2020, pp. 84-96.

④ Valentin Voloshchak, "A Closer Look at South Korea's Plan for Cooperation with Russia," *The Diplomat*, 2019, pp. 1-3.

转让购买，潜艇部队的合作和装备的购售等。俄印海上联合演习是双方海上安全合作的重要一环。以俄印"因陀罗"（Indra）系列演习为例，该演习规模逐年扩大，演习层级逐步提升。"因陀罗"演习自 2003 年举办至今，是俄在印度洋唯一的持续性海军演习，对俄意义重大。

目前，俄罗斯通过海洋战略合作对接构建起东起太平洋、北经北冰洋、西至大西洋的连续的海洋发展合作空间，同时借助联合国安理会常任理事国等机制，就应对气候变化、海洋环境治理和海洋法制建设等全球性议题及时进行沟通与协商，共同维护国际海洋秩序、提升海洋问题话语权。但受日趋紧张的地缘政治形势影响，俄罗斯海上国际合作参与程度有限。

（三）欧盟

欧洲作为拥有世界第二大沿海领土的区域，经济发展主要依靠海上贸易和海洋产业。据统计，欧洲 90% 的出口产品需通过海上航线输送，且欧盟的进出口额巨大，欧洲地区是国际上第二大出口区和第三大进口区。因此，建立海上安全体系对欧盟具有极高的战略重要性。

欧盟对海事安全的官方定义包含在《海上安全战略》（EUMSS）中，该战略是由代表所有成员国的欧盟理事会于 2014 年 6 月一致通过的，其总体目标是预防、遏制和应对影响海洋的多种安全威胁和挑战。[1] 其中写道："海事安全被理解为全球海洋领域的一种状态，在这种状态下，国际法和国内法得到执行，航行自由得到保障，公民、基础设施、运输、环境和海洋资源得到保护。"[2]

多年来，欧盟一直致力于制定维护海事安全、保障海上人员生命安全和保护海洋环境的积极海上安全政策。在《海上安全战略》前，欧盟已有其

---

[1] EU, *European Union Maritime Security Strategy*, 2014, pp. 1-14.

[2] Marianne Péron-Doise and Christlan Wirth, "The European Union's Conceptualization of Maritime Security," March 4, 2022, https：//amti.csis.org/the－european－unions－conceptualization－of－maritime-security/, accessed：2022-10-14.

他政策涉及海上安全合作，如欧盟委员会在 2007 年提出的"综合海事政策"，该政策使欧盟向海上安全机制迈出了一大步。

欧盟的《海上安全战略》建立在欧盟内部、国家及跨区域层面的紧密合作之上。该战略旨在保护欧盟在全球范围内的海上战略利益，例如：总体安全与和平、法治和航行自由、外部边境管制、海事基础设施（港口、水下管道和电缆、风电场等）、自然资源和环境健康、气候变化准备。为确保海事政策与其他政策（如《欧盟外交与安全政策全球战略》和《国际海洋治理：我们海洋的未来议程》）的一致性，欧盟在其全球战略中特别强调，"确保海洋及海上航线的开放及受保护状态，对人类获取自然资源及进行国际贸易至关重要"。欧盟的《海上安全战略》侧重欧洲相关领域问题，意图通过加强内部安全和外部安全之间的联系，将欧盟海事安全战略的目标与蓝色经济主题相结合，并加强国际海洋治理交流。

欧盟的《海上安全战略》通过 5 个关键领域的行动计划实施，分别为：国际合作；海事监视；能力发展、研究和创新；风险管理；教育和培训。通过密切合作与协调，欧盟可以更好地利用资源，建立更有效、更可信的国际伙伴关系。在欧盟《海上安全战略》指导下，欧盟成员国展开"亚特兰大行动"。亚特兰大行动是欧盟于 2008 年发起的第一个海上安全行动，旨在打击索马里沿海和非洲之角的海盗活动。2014 年，欧盟参与几内亚湾安全合作行动。随后，2015 年欧盟为应对难民危机，发起索菲亚行动。之后在红海、东南亚和北极等全球海洋热点地区中，欧盟相继作出对应措施。

在海上安全合作平台的搭建方面，欧盟于 2015 年启动"印度洋关键海上航线Ⅱ"项目（CRIMARIOⅡ），该项目旨在支持该地区国家增强其海上态势感知能力，共享和融合各种来源的数据，促进地区信息共享中心的合作、协调，提升互操作性，以实现对海洋领域的全面了解并维护其安全。自项目启动至今，CRIMARIOⅡ共计有 868 名参与者、进行 2 次危机应对培训、执行 94 次任务、举办 53 次能力建设活动。2015 年以来，CRIMARIOⅡ启动信息共享和事件管理网络（IORIS）及培训活动。2020 年 4 月，CRIMARIOⅡ的第二阶段开启，将囊括范围扩大至印度洋沿岸国家及东南亚，同时额外增加执法机构的沟通和国际法规的培训。

一直以来，欧盟通过制定贸易政策、对外援助及国际多边合作等方式，促进海上国际合作，其合作呈现出"以发展促和平"的特点。但由于缺乏直接实施军事行动打击海盗的能力，欧盟的《海上安全战略》见效缓慢。因此，2016年欧盟推出"欧盟全球战略"（EUGS）以替代此前的欧洲安全战略。EUGS更加强调海上安全的重要性，将其视为核心主题，并称欧盟为"全球海上安全提供者"。在2020年的报告中，EUGS重点介绍了欧盟成员国通过发展海上军事自主能力保卫海上安全的意图。[①] 此后，欧盟开始将海上安全合作重心转向军事合作，与多个国家（如印度、日本）举行大规模演习，以加强对海盗的打击和海上反恐行动。

2018年，中欧正式缔结蓝色伙伴关系，双方主要从海上安全、蓝色经济、海运航道和极地治理四个方面推进合作。为商讨全球海洋治理方案、响应中欧在海洋安全上的一致立场，2019年中欧共同发起并联合举办"中欧海洋安全问题对话"，双方就"海洋基础设施保护""海上执法经验共享""区域海上安全合作"等议题展开深入交流和探讨。[②] 2021年5月，中欧联合召开第二届"中欧海洋安全问题对话"，聚焦双方在海上安全合作方面存在的分歧，通过不断完善双边对话机制推动中欧海上安全合作。

随着全球地缘政治和经济竞争的中心向亚洲转移，加之欧盟80%的进口经过印太地区，印太区域对欧盟的战略重要性凸显。因此，2021年4月欧盟外长理事会发布《欧盟印太合作战略报告》。[③] 欧盟印太合作战略寻求"通过开放和基于规则的区域安全架构促进印太战略区域的海上安全，包括安全的海上交通线，以及加强能力建设、海军存在、《联合国海洋法公约》建立的法律框架"。

---

① EU, *EU Maritime Security Strategy Action Plan 2020 Implementation Report*, 2020.
② 《让海洋安全对话助推中欧关系新发展》，中国海洋发展研究中心网站，2019年11月8日，https://aoc.ouc.edu.cn/2019/1107/c9824a275351/pagem.htm，最后访问日期：2022年10月7日。
③ EU, *EU Strategy for Cooperation in the Indo-Pacific*, 2021, p.2.

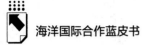

2022 年乌克兰危机全面升级，促使欧盟重新审视其保护海外利益的能力，欧盟认识到海上安全能力的重要性。地缘政治的紧张局势将直接影响海上安全、贸易路线和国际地缘政治秩序。缺乏海上安全可能会扰乱贸易路线和全球供应链，若危机升级，将会使欧盟经济严重受损。为强化自身"全球海上安全提供者"的身份，欧盟在 2022 年与韩国接触，并加强同日本的海上安全合作，如与日本海上自卫队进行联合海军演习、在 2022 年的第 28 届欧日峰会上与其达成加强海上安全合作的一致意见等。

当前海洋领域的安全威胁愈加复杂化和多面化，地缘政治紧张局势加剧、新冠疫情和俄乌冲突导致海上供应链不稳定，欧盟也在理事会会议上多次表明其"强化自身全球海上安全提供者作用"的打算。欧盟多次在公开场合重申对"海上多边主义"的承诺、强调各级海上合作的重要性、强调气候变化和环境退化对国际稳定的影响，并针对具体的海上安全和海上基础设施问题提出集体应对的措施。对于最新的海上网络安全问题，欧盟成员国亦多次强调，需提高应对网络攻击的能力，在《安全与防务战略指南针》的指导下解决海事安全问题。

总体而言，自 21 世纪以来，欧盟建立了一个覆盖海上安全和环境保护各个领域的较为系统和立体的海事安全体系。针对海上安全合作，欧盟在打击海上犯罪活动、灾难紧急处理等方面具备较为成熟的技术能力、资源和政治意愿。

（四）中国

海上安全合作是中国总体外交工作的重要组成部分，中国通过双边、多边合作的方式实现和保障海上安全。21 世纪海上丝绸之路的构建和海洋命运共同体的提出是中国海上安全合作的最佳体现。从合作侧重对象来看，中国以与周边国家的合作为主，如俄罗斯、印度、巴基斯坦等，同时积极参与多边组织发起的有关海上安全合作的活动，如联合国教科文组织政府间海洋学委员会的"全球海平面联测计划"、亚太经合组织的"APEC 海洋可持续发展中心"等。

21世纪海上丝绸之路旨在以蓝色伙伴关系的构建助推海上安全合作，搭建海上合作平台，保护和可持续利用海洋资源。在21世纪海上丝绸之路的建设过程中，中国以2015年发布的《推动共建丝绸之路经济带和21世纪海上丝绸之路的愿景与行动》为指导方针，以海上经济安全合作为基础，构建沿线国家多边海上安全机制，通过磋商和对话的方式建立健全海上安全规则和具体运作程序。就合作重点而言，中国与各国主要围绕联合海洋环保、海事安全、海上联合执法、联合海洋科学研究构建海上安全合作机制。

1. 联合海洋环保

联合海洋环保通过提供高质量的海洋生态服务，在维护中国周边海洋区域的可持续发展和稳定的同时，也巩固了全球海洋生态安全。以"蓝碳国际合作""海洋环境区域保护"等合作机制为中心，中国主要以举办研讨会的形式与各国就海洋生态问题进行合作，目前已与多个国家（俄、日、韩、印尼及南亚地区各国）建立长期稳定的双边海洋合作机制，通过建立联合研究机构和海洋观测站等方式推进联合海洋环保进程。

2018～2019年，中国主办第六届中国-东南亚国家海洋合作论坛，以及一系列中国-东盟海洋科技合作研讨会；同时中国与多个东盟国家签署合作协议，着力推动与东盟国家在红树林、海草床、珊瑚礁等生态系统的保护修复，海洋赤潮、缺氧、酸化研究等防灾减灾研究以及海水养殖、海洋蓝碳等领域的国际合作，保障海洋生态安全。[①] 2022年8月，为响应联合国"海洋十年"计划，中国成立"联合国海洋科学促进可持续发展十年"中国委员会，计划实施一系列具有国际影响力的海洋科研计划和海洋生态合作项目，为构建一个"清洁的、健康且有韧性的海洋"作出贡献；[②] 2022年11月8日，"全球滨海论坛研讨会"举行，就"保护和提高滨海地区生态承载力、生

---

① 《海洋四所科学实施海洋生态保护修复项目》，中国自然资源部网站，2022年6月14日，https://m.mnr.gov.cn/dt/hy/202206/t20220614_2739048.html，最后访问日期：2022年12月16日。

② 《"联合国海洋科学促进可持续发展十年"中国委员会成立会议在京召开》，中国政府网，2022年8月23日，http://www.gov.cn/xinwen/2022-08/23/content_5706488.htm，最后访问日期：2022年12月17日。

态稳定性"进行讨论，各国专家为保护海岛生态系统和滨海湿地建言献策。①

为有效推动区域海洋环境保护，中国侧重加强与沿线国家的海上合作，并积极参与联合国发起的相关倡议。如在联合国环境规划署的倡导下推动"东亚海洋保护与可持续发展行动计划"，推动东亚海协作体（COBSEA）、东亚海环境管理伙伴关系计划（PEMSEA）和东亚海洋合作平台（EAMCP）。东亚海协作体的主要职能是对东亚海洋进行可持续的综合管理。② 2022 年 10 月，东亚海协作体成立沿海和海洋生态系统工作组，对东亚海域上各保护区情事进行分析，更新全球生物多样性框架、全球珊瑚礁检测网络等。③ 东亚海环境管理伙伴关系计划致力于解决超越行政界限的重要海域生态环境问题。"中国-PEMSEA 海岸带可持续管理合作中心"作为 PEMSEA 的重要一员，承接了编制海洋生态安全报告、提供海岸综合管理和技术支持的工作。2022 年 6 月，"东亚海洋合作平台青岛论坛"举行，就治理海洋资源环境等关键议题进行交流与合作。④ 以上机制在东亚海洋环境管理方面发挥着重要作用。

在海洋气候剧烈变化、碳达峰的背景下，中国为沿线小岛屿国家提供技术援助，帮助其应对海洋灾害、海岸侵蚀等极端情况。2022 年 4 月，中国-太平洋岛国应对气候变化合作中心启用；2019 年以来，中国先后举办三期面向太平洋岛国的"应对气候变化与绿色低碳发展"南南合作培训班，还向岛国援助了多批应对气候变化的物资。⑤ 同时，中国帮助小岛屿国家实现

① 《全球滨海论坛研讨会举行》，中国自然资源部网站，2022 年 11 月 15 日，https：//www. mnr. gov. cn/dt/hy/202211/t20221115_ 2765334. html，最后访问日期：2023 年 1 月 4 日。

② 顾湘、李志强：《海洋命运共同体视域下东亚海域污染合作治理策略优化研究》，《东北亚论坛》2021 年第 2 期，第 60~73 页。

③ 《东亚海协作体会议讨论海洋塑料垃圾治理》，中国海洋发展研究中心网站，2022 年 10 月 28 日，https：//aoc. ouc. edu. cn/_ t719/2022/1024/c9829a380271/page. htm，最后访问日期：2022 年 12 月 17 日。

④ "PEMSEA Supports the 2022 East Asia Marine Cooperation Platform Qingdao Forum," August 4, 2022, http：//www. pemsea. org/index. php/resources/news/pemsea-supports-2022-east-asia-marine-cooperation-platform-qingdao-forum, accessed：2022-10-04.

⑤ 《中国-太平洋岛国合作事实清单》，中国外交部网站，2022 年 5 月 24 日，http：//new. fmprc. gov. cn/web/zyxw/202205/t20220524_ 10691894. shtml，最后访问日期：2023 年 1 月 5 日。

蓝色经济产业转型升级。2022 年，中国发布《海岛可持续发展倡议》，推动碳排放大国帮助小岛屿经济体修复蓝碳环境，为稳固海洋生态安全作出自己的贡献。

2. 海事安全

联合护航编队是海上安全机制的重要组成部分，护航编队对保护国家海上商业利益和航运安全都具有重要意义。中国目前有 30 多条海上航线，主要航线和繁忙海域不断面临海盗袭击、武装抢劫船舶、恐怖袭击等威胁。在共建 21 世纪海上丝绸之路的过程中，中国在海事安全上的合作主要通过联合执行任务、海上联合演习、海上安全信息共享、海上联合搜救等方式进行。2008 年开始，中国海军护航编队与多国护航编队进行交流合作，共同履行维护海上运输通道安全的国际义务。中国先后与美国、欧盟、北约的舰队建立信息共享机制和指挥官会面制度，与俄罗斯、韩国等国护航编队执行多次联合护航任务、140 余次联合演习，并共同解救遇袭商船。2022 年 9 月，海军护航编队再赴亚丁湾、索马里执行任务。

海上联合演习是国家间海上安全合作的重要内容。中国开展的海上联合演习以非传统安全相关演习为主。2003 年 10 月 22 日，中国海军首次与外国海军进行非传统安全领域演习；2012 年以来，中国与多个国家和地区组织进行"海上联合"系列联演，增强海上防御作战及共同应对海上安全威胁的能力；2022 年 12 月，中俄海军在舟山至台州以东海域举行代号为"海上联合-2022"的联合军事演习，就联合封控、联合救援和联合反潜等多个科目进行演练，展示双方共同应对海上安全威胁、维护国际和地区和平稳定的决心能力。①

在海洋信息共享机制的建设进程中，中国与其他国家建立紧密合作关系。2004 年，中国与亚洲其他国家签署协议并建立信息共享中心；2007 年，中国加入"西太海洋数据和信息交换网络"（ODINWESTPAC）项目，旨在

---

① 《中俄"海上联合-2022"展示双方维护国际和地区和平稳定能力》，中国国防部网站，2022 年 12 月 29 日，http://www.mod.gov.cn/gfbw/xwfyr/16198319.html，最后访问日期：2023 年 1 月 5 日。

促进西太平洋区域的资料和信息的交换与合作；2017 年，中国政府倡议发起 21 世纪海上丝绸之路海洋公共服务共建共享计划，对牙买加、瓦努阿图、斯里兰卡等国进行海洋技术援助，提升各国海洋观测监测技术，帮助各国提高海洋防灾抗灾能力；2022 年 11 月，中国与欧盟联合召开"中国-欧盟海洋数据网络伙伴关系（CEMDnet）合作"项目总结大会，发布共享数据并绘制海洋数据和信息持续共享合作路线图，中欧跨区域海洋数据网络伙伴关系合作机制全面建成，保障中欧海事安全。维护航运安全不仅需要加强海事、武装护航等领域合作，更需要各国努力营造良好的航运运营环境。中国在联合国环境规划署的主持下参与一系列合作倡议，包括西北太平洋行动计划、扭转南海及泰国湾环境退化趋势计划等。

海上联合搜救是保障海上人命安全的重要举措之一。随着从事各类水上活动的国内外船舶剧增，水上事故和灾情发生的概率有所增加。为保障海上人命安全，中国开始逐步完善国际联合搜救制度，加大多国海上联合搜救合作力度。2014 年 4 月，中国在青岛周边海域进行八国海军联合搜救演习；5 月首次与多国共同主导应急联合搜救行动。近年来中国为推动沿线搜救国际合作，与东盟、俄罗斯、韩国及越南、泰国、印尼等建立海上搜救协调合作机制（如中韩海上搜救事务级会谈、中国国际救捞论坛、国际海上人命救助联盟亚太中心等），进行沙盘推演和多边实船联合搜救演习。在双边及多边合作上，中日韩与东盟就海上非传统安全合作机制，以双边多领域条约和机制、扩大功能性合作等形式共同探索构建东亚地区海上安全环境。[1] 此外，中国还积极提供搜救国际公共产品，扩大中国搜救国际影响力。[2] 在推动国际海事组织主导下的各种搜救工作的同时，中国与国际海上人命救助联盟等相关机构也建立起良好的合作关系。

海洋预报减灾是各国保障海洋经济平稳发展的重要基础工作，因此共同

---

① 葛建华、朴静怡：《试析全球安全倡议视域下东亚海上非传统安全合作》，《东北亚学刊》2023 年第 1 期，第 61~78 页。

② 李耐、李志文：《海洋命运共同体下南海区域搜救合作的制度化构建》，《甘肃社会科学》2022 年第 4 期，第 163~173 页。

提升海洋防灾减灾能力十分重要。中国在联合国引导下积极参与国际多边减灾合作机制，建设运行亚太区域海洋仪器检测评价中心、全球海洋和海洋气候资料中心中国中心，积极推动热带太平洋观测系统2020计划等；2022年12月，中国成功主办金砖国家气候预测与海洋防灾减灾研讨会，就"海洋和气候联合观测、预测与服务"等多个议题作报告并展开讨论。[①]

3.海上联合执法

海上联合执法可以有效应对海上恐怖行动和保障海上人命安全。中国在1982年《联合国海洋法公约》的基础上颁布《中华人民共和国领海及毗连区法》和《中华人民共和国专属经济区和大陆架法》等专门法律，在双边、多边框架下建立并完善联合执法机制，加强与沿线国家海上执法部门的合作。2021年2月1日施行的《中华人民共和国海警法》规定，海警机构可以划定海上临时警戒区、查处非法船舶、监管外国船舶营运和在毗连区行使管制权，旨在提高海事执法效率。[②]

此外，中国与邻国也签订了一系列联合执法协议。2000年，中国与越南缔结了《中华人民共和国和越南社会主义共和国关于两国在北部湾领海、专属经济区和大陆架的划界协定》。中国与菲律宾建立了南海事务磋商机制，双方在该机制下积极探讨海洋合作和共同开发，中菲海警海上合作联合委员会正式成立。2015年，中国与东盟签署了一系列与海洋有关的双边协议或谅解备忘录，在海上禁毒和打击海盗、人口贩运方面已颇有成效。[③]

4.联合海洋科学研究

近年来，中国的海洋人文安全合作以全球海洋治理及综合管理为重点，聚焦海洋科研、海洋生态与环保、防灾减灾、人文交流等领域，通过与其他

---

① 《21世纪中心成功主办金砖国家气候预测与海洋防灾减灾研讨会》，中国科学技术部网站，2022年12月26日，https://www.most.gov.cn/kjbgz/202212/t20221226_184093.html，最后访问日期：2023年1月4日。

② 《中华人民共和国海警法》，人民网，2021年1月23日，http://politics.people.com.cn/n1/2021/0123/c1001-32009344.html，最后访问日期：2022年12月27日。

③ 韦红、卫季：《东盟海上安全合作机制：路径、特征及困境分析》，《战略决策研究》2017年第5期，第32~48页。

国家联合发起海洋科技合作计划、搭建海洋科技合作平台、支持海洋文化与教育交流等行动推进海洋人文安全合作机制。在中国的推动下，中国先后与多个国家的海洋研究机构及国际海洋科研组织建立长期合作关系，如加入国际能源署海洋能系统技术合作计划（IEA OES-TCP）、全球海洋观测系统专家指导委员会（GOOS-SC）、全球海洋观测伙伴关系组织（POGO）、世界海洋站协会（WAMS）等相关国际组织；设立海洋科技合作园，该合作园内已有中国-东盟、中马、中泰等海洋合作中心和联合研究中心；2017年7月，中俄双方在"冰上丝绸之路"框架下开展北极地区的科研合作；中国与芬兰、冰岛等国分别签署基地领域合作的联合声明，与北极国家共建极光观测台，定期开展研讨会等；中国参与联合国"海洋十年"计划，在气候变化、海洋碳汇、国际渔业履约、保护海洋生态系统、极地和深海探索等方面发挥重要作用，助力实现联合国2030年可持续发展议程。

中国以海上安全合作为轴，以21世纪海上丝绸之路和海洋命运共同体为纽带，构建沿线国家多边安全机制，积极响应国际组织有关海上安全的倡议。中国在海洋经济安全、海事安全、海洋生态环境安全等多个领域作出杰出贡献，成为倡导海洋国际合作、参与海洋全球治理的重要力量。

但由于海上利益关系复杂，中国的海上安全合作机制还存在战略互信不足、合作机制建设不完善等问题。为解决海上安全合作存在的种种问题，增强战略互信，中国应继续健全相关法规，巩固已有合作平台，并进一步拓宽海上安全国际合作渠道，不断探索新的合作路径；在联合国倡导下，从共识程度较高的安全议题出发，为应对全球性海上安全问题提供更好方案。

从整体看，美国在2022年继续构建自身海上安全合作机制，以实施"海域态势感知计划"为着力点，加强以自身为核心的"双边联盟体系"，逐渐形成海上伙伴国网络；俄罗斯则致力于通过海洋战略合作构建自身海洋发展合作空间，同时借助联合国安理会常任理事国等国际机制参与海上安全合作，但受日趋紧张的地缘政治形势影响，俄罗斯海上国际合作参与程度有限；欧盟的海上安全合作仍以《海上安全战略》为主导，但受俄乌冲突的影响，欧盟更加认识到海上安全能力的重要性，2022年以强化"全球海上安全提供者"身份为目标进行努力，加强与美日韩的海上安全合作；中国的海上安全合作在 21 世纪海上丝绸之路和海洋命运共同体指导下构建沿线国家多边安全合作机制，积极响应国际组织有关海上安全的倡议。但由于海上利益关系复杂，中国的海上安全合作机制还存在战略互信不足、合作机制建设不完善等问题，未来仍需拓展海上安全国际合作渠道，在联合国倡导下，从共识程度较高的安全议题出发，与其他国家进行合作。

B.5

海洋科技国际合作报告[*]

邹嘉龄 廖阳菊[**]

摘　要： 本报告主要分析海洋科技国际合作的发展现状，分析发现，2017~2021年，欧美发达国家是国际海洋研究的主力；随着中国不断加大对海洋研究领域的投入，中国也已成为新的海洋研究大国和强国。从海洋科技合作来看，合作内容不断深化，合作网络正在扩大，国家之间的联系也在加强和变化。截至2022年，海洋科技合作平台不断完善，全球立体海洋观测系统、全球实时海洋观测网、海洋高频雷达等海洋科技合作平台参与国家越来越多，已经实现了不同程度的数据共享。我国积极参与海洋科技合作，在合作机制、合作平台和联合海洋研究中心建设方面都取得了一定的成效。

关键词： 海洋科技　海洋研究　国际合作　合作平台　中国参与

科技合作是海洋合作的一个重要领域，目前海洋科技探索更加广泛的跨区域、跨国家等合作，海洋科技国际合作对于促进人类对海洋资源的开发和保护具有十分重要的意义。

---

* 本报告系国家自然科学基金青年科学基金项目"交通网络对区域经济发展的影响效应与作用机制研究：以中巴经济走廊为例"（项目编号：42201193）和广东省特支计划创新团队项目"南海U形线断面及其邻近海域环境、资源与权益综合研究"（项目编号：2019BT02H594）的阶段性成果。
** 邹嘉龄，博士，广东国际战略研究院研究员，广东外语外贸大学讲师，主要研究领域为"一带一路"与区域发展、南海地缘经济；廖阳菊，广东外语外贸大学广东国际战略研究院硕士研究生，主要研究领域为海洋产业经济、海洋权益保护。

一 国际海洋科技发展和合作现状

（一）国际海洋科技发展现状

1. 近五年海洋科学论文的国家分布

海洋研究的实力存在着巨大的地区差异，根据 Web of Science 数据库的检索结果分析，可以得到 2017~2021 年海洋科学领域 SCI 论文的国家分布情况（见表 1），从表 1 中可以看出，海洋科学研究的主要力量集中在发达国家，如美国、澳大利亚、英国和加拿大等。此外，从表中也可以看出，新兴国家在海洋科学领域的研究成果也在不断增加，在海洋科学研究中逐渐成为重要的研究力量。2017~2021 年，中国的海洋科学 SCI 论文发表数量位居世界第二，南非和印度位居世界前 20。

表 1 2017~2021 年海洋科学领域 SCI 论文的国家分布情况

国家	SCI 论文发表数量（篇）	国家	SCI 论文发表数量（篇）
美国	5589	巴西	598
中国	3470	葡萄牙	505
澳大利亚	2344	挪威	440
英国	2216	南非	407
加拿大	1381	智利	387
西班牙	1275	韩国	377
法国	1261	瑞典	375
德国	1222	荷兰	373
意大利	1056	新西兰	335
日本	964	印度	305

数据来源：Web of Science 数据库。

2. 科考船的数量分布

海洋研究并非理所当然之事，而是需要多种科研设备和科研器材的辅助。全球共有 1081 艘船为海洋科学研究服务，其中，有 924 艘是完全用于海洋科学的科考船,另外 157 艘船是机动作业。在这支科考船队中,三分之一以上的船是由美国所维持。从已掌握的 920 艘科考船的情况来看,在 35 个国家中,有 24% 的科考船主要用于地方和沿海研究工作,8% 的科考船在地区范围内开展作业,5% 的科考船在国际范围内开展作业,11% 的科考船在全球范围内开展作业。有 23 个国家拥有定期进行环球航行的科考船。根据科考船的分布情况来看(见图 1),欧美拥有了绝大多数的科考船,然而从 2000~2005 年到 2012~2017 年,东亚和东南亚的科考船占比显著提升,从 16% 提高至 26%,这也反映出东亚和东南亚地区海洋科学研究的快速进步。

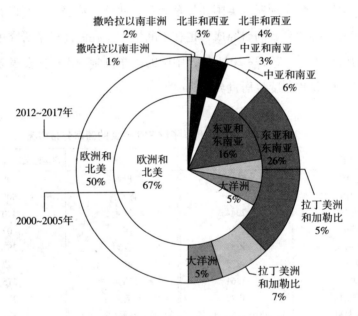

图 1　2000~2005 年和 2012~2017 年科考船数量分布

数据来源:《2020 年全球海洋科学报告》。

3. 海洋科技前沿领域发展现状

随着碳达峰和碳中和、人工智能、高端制造等领域的科技发展,海洋科技前沿领域也在不断革新,涌现出许多重要的前沿研究领域,比如深海钻探技术、海洋可再生能源利用等，下面对其中主要的前沿技术进行简要介绍。

深海钻探技术。海底含有大量对许多应用至关重要的关键矿物质，例如飞机部件和可充电电池。对此类矿物需求的增加推动了深海采矿勘探和开采技术的发展。然而，深海采矿对环境的长期影响尚不清楚。深海采矿是从深海海底勘探和回收矿物的过程。三种类型的矿床含有大部分这些矿物：位于海床上的多金属结核，也称为锰结核；热液喷口周围的硫化物沉积物；排列在山脊和海山两侧的铁锰结壳，它们富含钴和锰。这些资源拥有多种重要矿物，包括钴、锰、钛和稀土元素，以及金、铜和镍。私营公司已为勘探系统开发了多种技术，以将提取的材料输送到船舶或地面采矿平台。例如，深海无人遥控潜水器（ROV）可用于定位主要提取地点并从海床收集样本。私营公司还在开发从海底收集材料的技术。收集多金属结核的技术包括系统地疏浚大片海底的真空系统，以及将提取的材料提升到水面船只或平台的液压泵和软管系统。开采热液喷口或海底山脊斜坡周围的硫化物沉积物可能涉及钻探和切割地壳、分解材料，并在类似的系统中将碎片运送到地表。在海底发现的矿物质，如钴、锰、镍和稀土元素，是智能手机、钢铁和太阳能电池、电动汽车和风力涡轮机等绿色技术的重要组成部分，其中一些矿物在陆地上是稀有的，深海采矿可以提供宝贵的资源。[①]

海洋可再生能源利用。可再生海洋能（或简称为海洋能）是源自海洋运动或其物理和化学状态的能量。海浪、潮汐和洋流以及海洋温差可以产生海洋能。海洋能资源可以通过多种设备加以利用，具体取决于它们利用的能源类型、它们需要提供的电量以及其他因素。捕获流水能量的设备在设计和规模上各不相同，这取决于它们是用来利用波浪、潮汐还是洋流。波浪能转

---

① "Science & Tech Spotlight: Deep-Sea Mining," U. S. Government Accountability Office, December 15, 2021, https://www.gao.gov/products/gao-22-105507, accessed: 2022-10-09.

换器使用表面波来发电。① 例如，一种类型的波浪能转换器通过使用波浪运动作为活塞来驱动空气进出腔室来产生动力，其中移动的空气来驱动涡轮机。潮汐能转换器使用潮汐流的水平运动来发电，通常通过水下涡轮机，其螺旋桨由电流驱动旋转，类似于风力涡轮机。从非潮汐洋流（例如墨西哥湾流）中捕获能量的设备也使用洋流来驱动涡轮机旋转并产生能量。一些技术，例如潮汐风筝，可以通过拴在水下的特殊"风筝"来利用较高速度的潮流和较低速度的近海潮流。海洋热能转换器（OTEC）将温暖的地表海水和冰冷的深海海水之间的热差转化为电力。OTEC 工厂利用这种温差来发电。具体来说就是，温暖的地表水被泵送至蒸发器，蒸发器蒸发工作流体（可以是地表水本身），由此产生的蒸汽膨胀并驱动涡轮发电机发电，产生电力，然后使用从海洋深处抽出的冷水将蒸汽冷凝回流体。

（二）国际海洋科技合作现状

2012~2017 年，全球海洋科学家发表的论文中，有 61% 的论文至少有一名外国合著者，而 2006~2011 年这一比例约为 56%，2000~2005 年约为 52%。可见，科学家跨国合作呈持续加强趋势。亚太、欧洲和美国作为海洋科学研究的引擎，具有较高的产出、较强的联系和较大的网络体系，其中美国占主导地位。随着时间的推移，网络在扩大，国家之间的联系也在加强和变化。例如，2000~2012 年，加拿大和美国的合作数量最多，在 12 年内约有 10000 次。2012~2017 年，美国与中国的合作最多，在短短 6 年内就超过 11000 次。英国是另一个拥有大量出版物和强大合作的国家，其大多数情况都是与其他欧洲国家以及澳大利亚和美国合作。有趣的是，专利创作者的引文中也发现了类似的情况，欧洲和北美洲的引文数量最多，其次是亚洲。美国是拥有广泛网络的国家，它超越了欧洲和英语国家，与网络边缘的国家相

---

① "Science & Tech Spotlight: Renewable Ocean Energy," U. S. Government Accountability Office, June 9, 2021, https://www.gao.gov/products/gao-21-533sp, accessed: 2022-10-09.

连。需要注意的是，这些分析仅包括英语同行评议文献，可能掩盖了非英语国家之间的合作，这种合作可能很强，但此处不会反映出来。

在机构合作方面，强大的联系还是在本国内部机构之间，其次是与外部机构的联系。来自澳大利亚、欧洲和北美的机构之间建立了牢固的联系，这些联系多年来一直存在。随着时间的推移，日本和美国的机构之间以及与世界其他地区的机构之间的联系不断加强，同时一个显著变化是中国的机构与世界其他机构的联系与合作也在不断增强。法国海洋开发研究院是迄今为止产出最大的组织，而美国国家海洋和大气管理局（NOAA）的产出有所下降，中国科学院的产出有所上升。值得注意的是，国家海洋局（SOA）在2018年之前负责中国的海洋科学，之后由自然资源部（MNR）负责。大型研究项目的跨国合作是海洋科学的一个重要组成部分，在这些项目中，复杂的知识生产需要正规的管理结构和资源，还需要高度专业化和昂贵的研究基础设施，而这是单个机构或国家无法满足的。

二 国际海洋科技研究机构与合作平台

（一）国际海洋科技主要研究机构

美国汤姆森科技信息集团（Thomson Scientific）旗下的Web of Science数据库收录了在世界范围内被同行专家评审过的高品质的期刊和国际会议论文，其基本上可以反映出某学科的研究水平和学科前沿。通过这个数据库中的论文来衡量一个研究机构的学术水平和科研能力，可以发现世界上顶尖的海洋学研究机构。在Web of Science数据库中使用"ocean"或者"marine"进行主题检索，并设置检索年代为2017~2021年，将检索库设置为SCI，共得到7459个检索结果，将检索到的结果用Biliometrix工具分析，会得到近五年发文量的机构排名，并以此来进行全球海洋研究机构的排名。表2所示为全球海洋学发文量排名前20的研究机构。

表 2　全球海洋学发文量排名前 20 的研究机构（2017~2021 年）

研究机构	国家	SCI 论文发表数量（篇）
昆士兰大学	澳大利亚	711
英属哥伦比亚大学	加拿大	672
塔斯马尼亚大学	澳大利亚	664
詹姆斯·库克大学	澳大利亚	555
华盛顿大学	美国	525
加州大学圣塔芭芭拉分校	美国	491
加州大学圣地亚哥分校	美国	481
中国海洋大学	中国	467
西澳大利亚大学	澳大利亚	400
佛罗里达大学	美国	368
斯坦福大学	美国	336
中国科学院	中国	325
斯德哥尔摩大学	瑞典	315
牛津大学	英国	314
埃克斯特大学	英国	310
澳大利亚国立大学	澳大利亚	300
开普敦大学	南非	291
东京大学	日本	289
格里菲斯大学	澳大利亚	277
达尔豪斯大学	加拿大	256

资料来源：Web of Science 数据库。

根据表 2 可以发现海洋科技研究机构主要分布在少数几个国家，其中包括澳大利亚、加拿大、美国、中国、瑞典、英国、南非和日本等。这些国家基本上都是传统的科学研究强国，同时也是具有较长海岸线的国家，海洋经济在国家经济社会发展中占据着非常重要的地位。①

除大学外，还有一些国际知名研究所，包括美国伍兹霍尔海洋研究所、

---

① 王淑玲、管泉、王云飞、王春玲、初志勇：《全球著名海洋研究机构分布初探》，《中国科技信息》2012 年第 16 期，第 56~58 页。

法国海洋开发研究院、南安普顿国家海洋中心等，本报告对其分别进行简要介绍。①

1. 美国伍兹霍尔海洋研究所

美国伍兹霍尔海洋研究所（Woods Hole Oceanographic Institution，WHOI）成立于 1930 年，是世界上最负盛名的海洋研究机构之一，总部位于美国马萨诸塞州的伍兹霍尔市。WHOI 是以海洋学为主的跨学科研究机构，涵盖了物理学、海洋化学、生物学、地球科学、工程技术等多个领域。WHOI 的科研工作主要集中在以下几个方面：海洋环境与气候变化、海洋生命科学、海洋技术研究、海洋灾害和资源管理研究等。WHOI 在国际合作方面非常活跃，与来自世界各地的海洋科学机构和组织密切合作，推动全球海洋科学的发展和推广。WHOI 是国际大洋发现计划（International Ocean Discovery Program，IODP）、综合大洋钻探计划（Integrated Ocean Drilling Program，IODP）、政府间海洋学委员会（Intergovernmental Oceanographic Commission，IOC）的成员，与多国科学机构和组织在海洋观测、数据共享和科学研究等方面展开合作，同时 WHOI 也参与《联合国海洋法公约》（UNCLOS）的制定，并积极参与制定有关全球海洋资源管理、保护海洋生态系统等方面的政策和计划。

2. 法国海洋开发研究院

法国海洋开发研究院（Institut Français de Recherche pour l'Exploitation de la Mer，IFREMER）是法国国家科研机构之一，成立于 1984 年。IFREMER 旨在推动海洋探索和利用海洋资源的研究，为保护和管理海洋环境提供科技支持。该机构是欧洲最重要的海洋科研机构之一，其使命是推动海洋数据的探索、保护和开发，以支持人类在海洋上的可持续发展。IFREMER 在法国国内设有 30 多个研究站点，同时还在海外拥有六个分支机构。其研究领域涵盖海洋生态系统、海洋资源开发、海洋生物技术、海洋工程和海洋地球物理等多个方面。IFREMER 的研究范围也十分广泛，包括海洋物理、海洋化

---

① 王旭：《全球知名海洋学机构的分析与研究》，《农业图书情报学刊》2018 年第 9 期，第 46~50 页。

学、海洋生物学、海洋工程、海洋测量和数据分析等。IFREMER 在国际间的合作范围也非常广泛，包括与欧洲、非洲、北美、南美、亚洲和澳大利亚等多个地区和国家的机构、大学、企业等进行合作。IFREMER 与多个国家的科研机构合作开展海洋科技研究，开发新的技术和产品，共同推进海洋资源的可持续利用和环境保护工作。IFREMER 也积极参与国际组织，如联合国粮食及农业组织（FAO）和国际海洋考察理事会（ICES）等。该机构还与欧洲多领域海底观测站（EMSO）等多个国际科研平台合作，共同建设和维护观测网络，为全球海洋监测提供科技支持。

3. 南安普顿国家海洋中心

南安普顿国家海洋中心（National Oceanography Centre, Southampton, NOCS）是英国最古老、最著名的海洋科研机构之一，成立于 1949 年，位于英国南部的南安普顿市。NOCS 是英国自然环境研究委员会（NERC）的一个部门，在海洋和地球科学的科研、教学和技术革新方面是世界一流的研究机构。其研究领域包括海洋物理学、海洋化学、海洋地球物理学、海洋生物学、海洋测绘、海洋技术等多个领域。NOCS 在海洋领域取得了许多重要的研究成果，如对全球海洋生物多样性和生态系统的研究和保护，以及对海洋污染与气候变化等问题的探索和解决方案的提出。NOCS 在国际科技合作方面也开展了多种形式的合作，以促进海洋科技的进步和发展，具体包括以下三方面。

（1）参与国际海洋观测项目。NOCS 与世界各国的海洋观测机构合作，参与全球海洋观测项目，共同收集海洋环境数据和信息，为全球气候变化和海洋环境保护等方面提供重要支持。比如，NOCS 参与了欧洲多学科活动计划、全球海洋观测系统（GOOS）等多个项目，为全球海洋观测和监测工作作出了重要贡献。

（2）共同开发新技术和产品。NOCS 与国际科技企业、海洋工程师、科研机构等合作，共同开发新的海洋科技产品和应用。比如，NOCS 与英国国家物理实验室（NPL）合作开发了世界上最精确的水下传感器系统，可以实现对海洋环境的高精度探测和监测。此外，NOCS 还与国际海洋工程师合作研发新型海洋测量设备和技术，如深海探测器和海底地震勘探技术等。

（3）推动国际联合研究。NOCS 积极参与国际联合研究项目，与世界各地的海洋科研机构和大学联合开展跨学科、跨国界的研究工作，推动海洋科学的进步和发展。比如，NOCS 参与了欧洲联合研究项目，该项目旨在推进欧洲海洋科学的联合研究和合作，共同解决海洋环境和资源利用方面的问题。

（二）国际海洋科技合作平台

海洋科技合作需要大规模的全球海洋监测系统，包括全球立体海洋观测系统、全球实时海洋观测网、海洋高频雷达等，这些全球海洋监测系统需要多国共建，并且数据共享。本报告主要分析全球立体海洋观测系统、全球实时海洋观测网、海洋高频雷达这三种海洋科技合作平台的合作建设情况。

1. 全球立体海洋观测系统

全球立体海洋观测系统是指利用传感器、浮标、卫星遥感、海洋模型等技术手段，在全球海洋中建立立体化、多尺度、多参数的海洋观测系统。其目的是为了深入了解全球海洋的现状和变化，揭示海洋与全球气候变化的相互关系，预测未来气候变化对海洋的影响，支持海洋资源开发和管理，以及提高防灾减灾能力等。全球立体海洋观测系统主要包括四个方面的内容：海洋传感器观测、海洋浮标观测、海洋卫星遥感空天观测体系和海洋模型模拟。下面简要介绍其中两个方面。

海洋传感器观测是全球立体海洋观测系统的重要组成部分，可以实现对海洋物理、化学、生物学等各方面进行实时、连续、多参数观测，并提供基础数据支持和科学依据，它包括：主要用于测量海水的物理参数，如温度、盐度、水位高度、水流速度等的海洋物理传感器；主要用于测量海水的化学成分和物质含量，如溶解氧、二氧化碳、微量金属离子等的海洋化学传感器；主要用于测量海洋生物信息，如浮游植物、浮游动物、浅层底栖生物等的海洋生物传感器。

海洋卫星遥感空天观测体系通过利用卫星遥感技术的优势，可以实现对海洋表面的温度、盐度、表面高度、海冰、海洋生物等参数进行远距离、大范围、高精度和实时的海洋观测与监测。其中包括可以实现远距离对海洋表面的温度与盐度进行测量和监测的微波遥感观测体系、主要用于监测海洋表面风速和波高以估算海洋表面风速的微波辐射测量技术、对海洋表面与底层的特定物质进行测量的光学遥感技术等。

截至 2018 年，全球已在欧洲、亚洲、大洋洲和美洲成功建立了海洋观测系统，世界上最初建立的海洋观测系统的国家为沿海发达国家，主要为美国、加拿大、韩国和日本。其中，20 世纪 80 年代，美国率先建立了海洋观测系统，此海洋观测系统为全球永久性海洋立体观测系统，其主要组成部分为散布各区域的海洋观测站以及大型资料浮标。而日本以及韩国等沿海发达国家的海洋观测系统的主要组成部分则不同，主要为锚系浮标以及岸基观测站，并建立起水上和水下相结合的立体海洋观测系统。同时，美国也首先意识到加强部门间合作以及建立业务化综合性海洋观测系统的重要性，于是 2005 年海洋科学外加资源管理部门委员会合力通过《IOOS 第一阶段发展计划》，并在此基础上打开了全球范围内创建业务化综合海洋观测系统的大门。2016 年，美国大型海底观测计划（OOI）正式投入运行，其收集到的数据免费供大众使用。[①] IOOS 是综合业务化的海洋观测系统，它整合了原有基础上的海洋观测系统，提升了海洋观测数据的服务能力以及管理水平。与之不同的是，OOI 是一个大规模的海洋观测科研计划，其重点为解决科学问题。IOOS 与 OOI 相辅相成但同时又各有各的重点，两者从业务方面和科研方面合力服务美国立体化海洋观测系统。加拿大建立的"加拿大海王星海底观测网"是世界上首个区域性电缆海洋观测网，同时加拿大还建立了维多利亚海底试验网络，两者一起构成了世界上观测技术最先进、建成规模最大的海底综合观测系统。

长期海洋观测可以使我们能够更好地了解气候变化，并加强对气候、天气、海洋状况和环境危害及其影响的预测。要在全球、区域和地方各级实现

---

① 李林阳、柴洪洲、李姗姗、乔书波、邝英才、吕志平：《海洋立体观测网建设与发展综述》，《测绘通报》2021 年第 5 期，第 30~37，95 页。

可持续性，我们就需要全方位了解海洋与海岸在各个科学领域的相互作用，包括物理领域、化学领域以及生物领域现在和未来的发展状态。海洋信息为实时决策、跟踪管理行动的有效性和指导可持续发展道路上的适应性反应提供了证据基础。加强我们提供相关信息的能力，对于满足社会需求、建立复原力和气候适应战略，以及作为可持续和充满活力的海洋生态系统的基础，至关重要。

2. 全球实时海洋观测网（Argo）

2000 年，国际 Argo 计划正式启动。在 30 多个国家和各类国际团体的共同努力下，直至 2007 年，在全球范围内不存在冰覆盖的海洋区域成功建立起"核心 Argo"。此观测网络由 3000 个以上的 Argo 剖面浮标组成，可以监测各类海洋状况，包括海洋上层海水温度、海洋盐度以及海洋海流，为人类监测气候变化提供支持。同时此观测系统中翔实的数据有助于提高人类防灾抗灾能力，并能够为精确测度极端天气和精准发现海洋事件提供坚实的科学依据。"核心 Argo"是人类在历史长河中成功建造的第一个全球海洋立体观测系统。项目自开启以来，各国均取得了极大的进展，其中各国在各自负责的海域成功放置 12000 多个 Argo 浮标，通过浮标收集了约 150 万条海洋温度和海洋盐度的剖面数据，且由此收集到的资料在全球范围内免费共享，因此国际 Argo 计划被称为"海洋观测技术的一场革命"。2016 年，国际 Argo 计划预备向更广泛的领域扩展，将覆盖区域扩展至季节性冰覆盖区、赤道附近海域以及超 2000 米深度的深海区域等。其目的是最终建成超 4000 个 Argo 剖面浮标组成的覆盖全球各个海域的实时海洋观测网。相比传统的观测网，该观测网将会覆盖更深的海域、涉及更多领域、观测海洋时域更长远。

为了达到国际 Argo 计划高效实施的目的，1999 年，在相关国际组织的支持下，国际 Argo 科学组（AST）成立了。此科学组成员是来自各参与国的科学家，Argo 科学组通过定期召开年会与各科学家代表研究与海洋相关的重大学术问题。国际 Argo 计划中的资料管理小组建立了 Argo 资料实时质量自动检测程序，该程序使用了全球统一的标准，将全球 Argo 资料中心的

数据格式统一，并通过全球通信系统（GTS）向全世界输送 Argo 实时海洋观测资料，各国可以运用全球互联网相互交换各自所需的资料。在科学组成员的建议下，美国和法国在各自的实验室和研究院的基础上建立了两个包含全球数据的 Argo 资料中心，并在美国国家海洋数据中心（NODC）的基础上，建立了一个供全球长期使用的 Argo 数据库。除此之外，在印度洋沿岸、南大洋沿岸、太平洋和大西洋四大区域设立了 Argo 资料中心，这四个 Argo 资料中心能够与相邻各国相互合作，构成一个高效且安全的资料管理网络，该网络能够将 Argo 浮标观测到的 90% 的资料在 24 小时内发布至目标用户，其观测到的全部资料也将在 48 小时内发送。同时，全球各地的气候中心也可以快速便捷地通过世界气象组织（WMO）所管理的全球通信系统获取所需要的观测数据。也就是说，在世界范围内，任何一个用户都可以快速便捷地获取所需要的 Argo 资料。

3. 海洋高频雷达（HFRs）

海洋高频雷达的好处之一是，它们可以测量从离岸几公里到大约 200 公里的沿海海洋超大区域的实时状况，并且可以在相对恶劣的天气条件下运行。HFRs 是唯一能够大面积测量某些海洋变量的传感器，其详细程度符合一些重要应用的要求，如沿海海流测量。卫星无法实现这一功能，因为它们缺乏必要的时间和空间分辨率。HFRs 适合于许多应用，如海岸警卫队搜索和救援、海上安全和导航、应对石油和化学泄漏、海啸警报、海岸带生态系统管理、水质评估，以及天气、气候和季节预报。2012 年以来，在拥有 HFRs 网络的地区或国家中，学术组织、政府机构和私营组织组成了全球联盟并建立了伙伴关系，以协调全球 HFRs 网络。这是地球观测组织（GEO）的一部分，可促进高频无线电技术并加强运营商和用户之间的数据共享。2017 年，全球 HFRs 网络被 WMO-IOC 海洋学和海洋气象学联合技术委员会（JCOMM）认定为全球海洋观测系统（GOOS）的观测网络。澳大利亚、加拿大、克罗地亚、德国、意大利、马耳他、墨西哥、西班牙和美国这九个国家向全球高频雷达网络提供数据。该网络覆盖 35 个国家，预计在不久的将来，将会有更多国家建立自己的网络并加入全球网络。

三　国际海洋科技合作规划与合作模式

（一）国际海洋科技合作规划

联合国教科文组织政府间海洋学委员会（Intergovernmental Oceanographic Commission，IOC），由 150 个成员国、一个大会、一个执行委员会和一个秘书处组成，总部设在法国巴黎的联合国教科文组织总部。大会每两年举行一次会议，执行委员会每年举行一次会议。大会的目的是审查委员会的工作，包括成员国和秘书处的工作，并为之后两年制定共同工作计划。执行委员会审查正在进行的工作计划中的问题和项目，并为大会做准备。

国际海洋科学和发展主要的倡议部门是联合国。2017 年底，联合国召开第 72 届联合国大会，会上通过决议，将 2021~2030 年称为"海洋十年"，即联合国制定的"海洋科学促进可持续发展十年"，该决议的具体事项由联合国教科文组织政府间海洋学委员会（UNESCO/IOC）组织实施，并定期向联合国大会报告相关事项的进展。2018 年，UNESCO/IOC 从全球数百名国际知名竞聘专家中遴选出 19 位组成"海洋十年"规划委员会专家组（EPG），历经三年编制了"海洋十年"实施计划。该计划于 2020 年底经第 75 届联合国大会批准，自 2021 年 1 月 1 日正式开始实施。2021 年，UNESCO/IOC 又从全球数百名竞聘者中遴选出 15 位国际知名专家组成咨询委员会专家组（DAB）。按照实施计划，"海洋十年"包括大科学计划（Programme）、项目（Project）、活动（Activity）和捐助（Contribution）四类行动（Action），分别由高到低设置不同的审批权限。[①]

大科学计划是全球性或区域性行动，具有关注全球海洋重大科学问题、

[①] 《联合国海洋科学促进可持续发展国际十年（2021~2030）》，联合国教科文组织网站，2021 年 6 月 8 日，https：//zh. unesco. org/ocean-decade，最后访问日期：2022 年 10 月 9 日。

跨学科、多国参与、实施周期长、投入大等特点，其科学优先级最高，申请、组织和实施的难度也最大。按照申请流程的不同，大科学计划分为注册和申报两类。其中，注册类大科学计划针对的发起方是联合国实体，这些联合国实体通过填写注册表即可完成大科学计划申请，无须评议，联合国实体作为大科学计划的牵头方。申报类大科学计划的申请流程则较为复杂，竞争更激烈，需要盲评和咨询委员会专家组进行多次审议，申报单位作为大科学计划的牵头方。

（二）国际海洋科技合作模式

国际海洋科技合作的目的在于整合全球的海洋科技研发力量，从而实现优势互补，促进研发效率提升，优化整合全球海洋科技创新资源。国际海洋科技的合作模式有如下三种。第一种，政府间协调组织模式。政府是海洋科技合作的核心参与方，各国政府主导海洋科技合作的宏观决策和要素，在国际海洋科技和创新合作过程中，合作方政府间需要达成一致，维护战略合作模式。各国政府应当与海洋相关国际组织一起，协商制定战略合作模式，建立国际海洋科技创新合作联盟，构建海洋资源的共同开发模式。第二种，海洋科技专业机构国际联合组织模式。科研机构是海洋科技的一线研发单位，要实现国际海洋科技合作，离不开各国海洋科研机构发挥的基础支撑作用。要达成更好的海洋科技创新合作及海洋科技产业化应用，各国海洋科研机构需保持坦诚的交流，建立海洋科技创新网络模式，努力实现实时沟通，高度整合各国海洋科技创新力量，以实现更高的海洋科技研究成果。第三种，海洋产业企业国际合作组织模式。对于各海洋相关产业的大型企业而言，彼此是既竞争又合作的关系。在全球化不断深化的今天，企业之间应以合作促竞争，实现产业发展双赢，同时加快产学研的转化合作，建设科技—产业相互推进的模式。各国需综合各影响要素的作用，结合不同层次的合作成效，选择一种或几种应用模式，拓展各方海洋科技合作深度和广度，高效利用海洋资源，为构建海洋人类命运共同体提供有力保障。

四　我国海洋科技合作发展情况

中国海洋科技由于起步较晚、基础薄弱，整体而言同发达国家存在较大差距，但"一带一路"倡议提出以来，我国海洋科技合作快速发展。

（一）海洋科技合作政策

中国重视海洋科技合作政策发展，不断加强与其他国家的合作。韩国在 2017 年提出了推动多边合作的"新北方政策"，其中"九桥"战略发展重点是同周边国家就港口、天然气、水产品、船舶业、北极航道等海洋经济领域的合作，并明确了与我国东三省的对接。2017 年 11 月，中国—葡萄牙双方政府部门签署了关于建立"蓝色伙伴关系"倡议文件以及海洋合作联合行动计划框架，中葡双方将共同规划具体合作内容，成立专门的工作组，从海洋学术研讨交流逐步过渡到开展联合航次、建立联合实验室和海洋科学联合中心等，使中葡"蓝色伙伴关系"进一步落地，产生务实成果。2018 年，中国—东盟建立"蓝色经济伙伴关系"，旨在促进海洋生态系统保护和海洋资源可持续利用，加强海洋科技合作，谋求海洋经济共同发展等。

（二）海洋科技合作平台

党的二十大报告提出"发展海洋经济，保护海洋生态环境，加快建设海洋强国"的战略部署，自 2013 年以来，中国就海洋强国战略部署召开了一系列会议。2013 年 11 月，中国同马来西亚在吉隆坡召开了海洋科技合作研讨会；2018 年 6 月，中国主办"中国—东盟·海洋藻类科技合作会议"，宣布启动"中国—东盟南海热带海藻研究计划"，夯实了中国与东盟国家间海洋合作的基础。中国还与印度开展了一系列海洋科技合作项目，同斐济、斯里兰卡等国建立了联合海洋研究中心，加强海洋观测和技术研究等方面的合作。在海洋科考国际合作方面，中国同有关国

家召开了一系列会议。2014 年 10 月，中国在青岛举办了中俄北极研讨会；2017 年 5 月，在大连召开了中国—北欧北极合作研讨会；2016 年 2 月，中国同澳大利亚一道在霍巴特召开了中澳南极与南大洋合作联委会第一次会议；2017 年 5 月，中国在北京召开了第 40 届南极条约协商会议，与各国就南极条约运行、南极事务管理展开研讨；2019 年 9 月，中国—东盟海洋科技合作研讨会在广西北海召开，中国、缅甸、柬埔寨、新加坡、印度尼西亚、马来西亚、泰国、菲律宾八个国家共计 200 多名嘉宾参会。会议旨在深化中国与东盟国家海洋领域的合作，增强海洋科技和技术交流，促进先进技术及成果的引进、输出和转移转化。中国还开展了相关实践活动。2014 年 7 月，由中国、俄罗斯、美国等国科学家组成科考队对北极开展了第六次联合考察活动。2016 年 2 月，中国通过"雪龙"号科考船为澳大利亚科考人员运送物资，加强与澳方极地科考合作。同年 12 月，中国与多国科研人员组成联合科考队乘坐俄罗斯的"特列什尼科夫院士"号考察船开展了环南极科考项目。2020 年 2 月，中国和缅甸联合科考，深化海洋环境、生态、地质和气候监测等方面合作，促进应对气候变化和可持续发展。

（三）联合海洋研究中心建设

政府间协议包含《南海及其周边海洋国际合作框架计划（2011～2015）》，其中海洋科研机构合作谅解备忘录也有相关的条款，这推进了中国协同其他的发展中国家展开大量成果丰硕的海上合作的进程，其中的成果就包括共同建立联合海洋研究中心。该成果最终成为全球开展海洋领域合作十分重要的平台，此平台支持"21 世纪海上丝绸之路"沿线国家建立海洋科技合作基地，该合作基地满足了沿线国家海洋科技发展的需求，具有海洋资源共享、各国技术优势互补以及国家间互利共赢的优点。联合海洋研究中心通过具体的国家间合作项目，有效地发挥了上层合理规划和积极协调的功效，由此推动了海洋科学技术人才的培养和海洋科学的发展。截至 2023 年，中国分别与巴基斯坦、印度尼西亚、泰国、马来西亚、柬埔寨、桑给巴尔成功建立了六个双边联合海洋研究中心，其中，中国—印度尼西亚、中国—巴基斯坦的联合海洋研究中心成为印度尼西亚和巴基斯坦境内的国家级合作研究中心。[①]

各国之间的联合海洋研究中心自成立以来，创建了多种合作形式以依次扩展海洋合作领域和逐步提高合作层级，包括具体项目实施、海洋科技人才培养、各国高层次海洋人才互访和海洋领域课题研讨等，这促进了双边海洋科技合作相互协调，推动了蓝色海洋经济共同发展。值得一提的是，在《南海及其周边海洋国际合作框架计划（2011～2015）》的支持与引导下，以及"中国—东盟海上合作基金"等专项基金提供的资金支持下，中国与东盟国家共同建立了双边联合海洋研究中心。在此基础上，中国与东盟的合作在极大程度上维护了海洋生物多样性，优化了海洋环境预报，减少了海洋灾难的发生，促进了海洋科技人才间的交流；中国与泰国等国家共同设立了大量海洋观测站，并协同各国开通多条联合调查航次，借此探究建设更宽范围内的地区性乃至全球性的海洋领域观测网的可行性。在上述合作的基础上，中国与东盟各国建立起了深层次的海洋合作伙伴关系，推动了中国与东盟的海洋资源开发，促进了海洋经济发展，为推动海洋人类命运共同体建设做出了杰出的贡献。

五 海洋科技国际合作的限制因素

由于全球经济社会发展水平的不均衡，海洋科技在不同国家之间的分布存在显著差异，进而引发了发达国家与发展中国家在海洋技术转移规则上的矛盾和分歧。在这一背景下，《联合国海洋法公约》及随后的 BBNJ 谈判成为解决这一问题的国际平台，旨在制定和完善国际海洋技术转移规则，促进全球海洋科技的均衡发展。

海洋科技是海上航行安全和海洋资源高效开发利用的重要保障，同时海

---

① 毛洋洋、洪丽莎：《中巴海洋科技合作：特点、重点领域和推进策略》，《海洋技术学报》2021 年第 3 期，第 90～96 页。

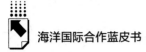

洋科技也是海洋环境保护、海洋全球治理的有力支撑。在海洋时代，各国都十分重视海洋科技的研发与获取，然而由于各国经济社会发展水平的差异，海洋科技在各国之间分布极不均衡，这导致了发达国家与发展中国家之间关于海洋技术转移规则的矛盾与分歧。自20世纪60年代以来，发展中国家一直在为国际海洋技术转移规则的制定和完善而努力，《联合国海洋法公约》（以下简称《公约》）有关海洋技术发展和转让的规定就是他们努力的成果之一。但由于《公约》中海洋技术转移规则的内容较为笼统，没法匹配各国对海洋技术转移的需求，因此南北矛盾并没有因为《公约》的生效而结束。[①] 2018年9月，联合国召开了"为养护和可持续利用国家管辖范围以外区域海洋生物多样性（BBNJ）拟订一份具有法律约束力的国际文书"的政府间谈判（以下简称"BBNJ谈判"）会议。2022年8月，BBNJ第五届会议在美国纽约召开。在谈判中，海洋技术转移是BBNJ谈判的重要议题之一，其核心问题是如何在国家管辖范围以外的海域实现技术的共享和转移。在实际操作中，海洋技术转移可能遇到的瓶颈和挑战有以下几个方面。

1. 海洋领域技术转移的难度较大

与其他领域相比，海洋领域技术转移的实现更为困难，因为该领域的开发和管理具有复杂性和高成本性，在利益分配、资源使用等方面也有一定难度。因此，海洋技术转移可能会面临技术门槛高、技术生命周期长、高质量人才缺乏等问题。

2. 国际合作机制建设需要时间

技术转移需要各国和其他利益相关者之间的合作和支持。但不同国家的政治和文化背景、发展水平和利益差异都会影响技术合作和共享。因此，对于BBNJ领域的技术转移，建立一套可行的国际合作机制和协调平台需要时间和精力。

3. 资金缺乏可能限制技术转移

技术转移需要足够的资金支持，并且其成本结构通常很高。不同国家的

---

① 岳家兴：《BBNJ能力建设与海洋技术转让合作问题研究》，《国际公关》2021年第7期，第62~64页。

投资能力差异很大，缺乏资金支持可能会成为技术转移的限制因素。

4.专利权和智力财产权的保护问题

专利权和智力财产权的保护问题可能会影响技术转移。以往在一些行业内出现过由于专利局限而难以实现技术转移的情况。在 BBNJ 谈判中，如何保护专利权和智力财产权，避免其成为技术转移的障碍也是需要考虑的问题。

5.目的和利益的意见不同可能会导致技术转移困难

在 BBNJ 谈判中，各国代表的利益诉求意见有所不同。因此，不同国家对于技术转移的目的和方法有不一样的看法，如果不能妥善解决目的和利益意见不同的问题，可能会导致技术转移困难。比如一些国家或企业可能会基于保密或者商业竞争的原因而不愿意将其技术或经验与其他国家分享。

B.6

海洋国际合作法律进展报告*

古小东　张文丽**

摘　要： 海洋国际合作涉及海洋安全、海洋经济、海洋科技、海洋生态环境、海洋文化教育等多个领域。海洋安全领域中的反恐、打击海盗、海上航行安全、海上搜救等合作得到强化，低敏感领域的海洋生态环境保护与海洋渔业成为海洋国际合作的重点。海洋国际合作的形式既有全球性也有区域性，既有多边性也有双边性。海洋国际合作文件的性质有的属于"硬法"，有的属于"软法"。

关键词： 海洋国际合作　法律进展　硬法　软法　海洋可持续发展

海洋的连通性、开放性、整体性、共享性特点要求人类加强海洋国际合作。同时，由于受到国家利益、地缘政治、经济发展水平、价值观念等因素的影响，海洋国际合作通常会有一定的阻力，难以一蹴而就。本报告拟对海洋安全、海洋经济、海洋科技、海洋生态环境、海洋文化教育等领域的国际合作法律进展做一分析、评价和展望。

---

* 本报告系国家社科基金"新时代海洋强国建设"重大研究专项项目"陆海统筹背景下我国海洋生态环境协同治理研究"（项目编号：18VHQ014）、国家社科基金一般项目"天然气水合物发展战略的法律保障机制研究"（项目编号：19BFX191）、广东省特支计划创新团队项目"南海U形线断面及其邻近海域环境、资源与权益综合研究"（项目编号：2019BT02H594）和广东外语外贸大学人才项目"海洋可持续发展的法治保障研究"（项目编号：2022RC043）的阶段性成果。
** 古小东，博士，广东外语外贸大学法学院教授，南方海洋科学与工程广东省实验室（广州）U团队研究人员，主要研究领域为海洋法、经济法、环境法；张文丽，硕士，江苏省泰兴市农业农村局干部，主要研究领域为海洋法、经济法、环境法。

一　海洋安全国际合作法律的进展

海洋安全国际合作的形式主要有国际公约、国家间的区域合作协定以及大量的两国与多国之间的海洋安全合作协议或倡议，在内容上涵盖了海上航行安全保障、反海上恐怖主义、打击海盗和武装抢劫船舶行为、海上搜救、联合海上军事演习等。

（一）国际海事组织通过的海事安全合作公约

1.《国际海上人命安全公约》（SOLAS）

国际海事组织（International Maritime Organization，IMO）通过的《国际海上人命安全公约》（*The International Convention for the Safety of Life at Sea*，*SOLAS*）被认为是所有有关商船安全和保障的国际条约中最重要的公约。其第一个版本于 1914 年通过，目前生效的公约是于 1974 年被修正的 SOLAS。

2.《国际船舶和港口设施保安规则》（ISPS Code）

2002 年 12 月，在伦敦召开的国际海事组织海上保安外交大会通过了《国际船舶和港口设施保安规则》（*International Ship and Port Facility Security Code*，*ISPS Code*），于 2004 年 7 月 1 日生效。其包含对政府、港口当局和航运公司与安全相关的具体要求，分为 A 和 B 两部分，A 部分是强制性要求，B 部分是对 A 部分要求的实施提供指导的非强制性要求。

3.《制止危及海上航行安全非法行为公约》（SUA 公约）及其议定书

1988 年 3 月，国际海事组织在罗马召开了制止危及海上航行安全非法行为国际会议，会议通过了《制止危及海上航行安全非法行为公约》（*The Convention for the Suppression of Unlawful Acts against the Safety of Maritime Navigation*，*SUA Convention*）。该公约的主要目的是通过采取适当行动来制止针对船舶实施的非法行为。此外，《公约》规定缔约国政府有义务引渡或起诉被指控的罪犯。与该公约一起通过的 1988 年 SUA《制止危及大陆架固定平台安全非法行为议定书》（*The Protocol for the Suppression of Unlawful Acts against the Safety of Fixed Platforms Located on the Continental Shelf*，*1988 SUA Protocol*），则仅适用于大陆架上的固定平台。2005 年 10 月 10 日至 14 日举行的修订 SUA 条约外交会议通过了 1988 年公约及其相关议定书的重要修正案。修正案以 SUA 公约议定书（2005 年议定书，the 2005 Protocols）的形式通过。①

（二）反恐怖主义合作

联合国安理会反恐怖主义委员会于 2004 年成立了反恐怖主义委员会执行局（Counter-Terrorism Committee Executive Directorate，CTED）。在 CTED 和反恐执行工作组（Counter Terrorism Implementation Task Force，CTITF）的主持下，国际海事组织根据 SUA 条约与其他机构合作，对海上反恐作出了贡献。1988 年和 2005 年的 SUA 公约与议定书规定，在国际法中攻击固定在大陆架上的船舶或平台是非法的，包括与船上恐怖主义行为、携带大规模毁灭性武器和恐怖分子逃犯有关的罪行，并将它们的运输定为刑事犯罪，同时引入相关规定允许根据此类犯罪在公海登船。IMO 的措施并没有明确侧重于反恐本身，而是侧重于预防性安全，即通过 SOLAS 第 XI-2 章和 ISPS 规则中详述的加强安全的特殊措施保护船舶和港口设施。ISPS 规则侧重于通过预防措施来保护港口设施和船舶，以阻止和发现非法行为，主要涉及物理安全、访问控制和安全程序。

2006 年 9 月，联合国大会通过了《联合国全球反恐战略》（*United Nations Global Counter-Terrorism Strategy*，联大决议 A/RES/60/288）。其中，相关行动计划的第三部分规定了重视各国预防和打击恐怖主义的能力建设以及加强联合国系统在这方面的作用的措施。IMO 秘书处参与 CTITF 下与该战略实施相关的工作组，包括边境管理和执法，以及保护关键基础设施。②

---

① "Maritime Security," IMO, https：//www.imo.org/en/OurWork/Security/Pages/GuideMaritime SecurityDefault.aspx，accessed：2022-04-13.

② "IMO's Contribution to United Nations' Efforts to Counter Terrorism," IMO, https：//www. imo.org/en/OurWork/Security/Pages/Counter-Terrorism.aspx，accessed：2022-04-13.

（三）打击海盗和武装抢劫船舶行为

1. 海盗和武装抢劫船舶行为的定义

1982 年，《联合国海洋法公约》（UNCLOS）第 101 条对"海盗（Piracy）"做了明确的定义，其指出下列行为之一属于海盗行为：（1）私人船舶或私人飞机的船员、机组成员或乘客为私人目的，对下列对象所从事的任何非法的暴力或扣留行为，或任何掠夺行为：①在公海上对另一船舶或飞机，或对另一船舶或飞机上的人或财物；②在任何国家管辖范围以外的地方对船舶、飞机、人或财物；（2）明知船舶或飞机成为海盗船舶或飞机的事实，而自愿参加其活动的任何行为；（3）对（1）或（2）项所述行为进行煽动或故意提供便利的任何行为。国际海事组织的《调查海盗和武装抢劫船舶罪行为守则》（*Code of Practice for the Investigation of the Crimes of Piracy and Armed Robbery Against Ships*）A. 1025 (26) 号决议也对"武装抢劫船舶行为"（Armed Robbery Against Ships）做了法律上的界定，其指出"武装抢劫船舶"是指下列任何行为之一：（1）在一国内水、群岛水域和领海内，为私人目的，针对船舶或船上人员或财产实施的任何非法暴力或扣押行为，或任何掠夺或威胁的行为，但"海盗行为"除外；（2）对上述行为进行煽动或故意提供便利的任何行为。

2. 区域反海盗和武装抢劫协议

2004 年 11 月，亚洲 16 个国家缔结了《亚洲打击海盗和武装抢劫船舶区域合作协定》（ReCAAP），并于 2006 年 9 月生效。协定规定设立位于新加坡的亚洲地区打击海盗和武装劫船合作协定信息共享中心，以促进共享海盗和武装抢劫相关信息，这是一个具有凝聚力的成功的区域合作结构模式。近年来，该中心特别关注亚丁湾和更广阔的西印度洋以及西非几内亚湾的海盗和海上武装抢劫。

3. 打击索马里海盗

2009 年 1 月，IMO 在吉布提通过了一项重要的地区协议，即《关于打击西印度洋和亚丁湾海盗与武装抢劫船舶的吉布提行为准则》（*Djibouti Code of Conduct concerning the Repression of Piracy and Armed Robbery against Ships in the Western Indian Ocean and the Gulf of Aden*），简称《吉布提行为准则》（*Djibouti Code of Conduct*，*DCoC*）。《吉布提行为准则》承认了该地区海盗和武装抢劫船舶问题的严重性，签署方声明将以符合国际法的方式，在打击海盗和武装抢劫船只方面尽最大可能进行合作。

2017 年 1 月，《吉布提行为准则》签署方高级别会议在沙特阿拉伯的吉达（Jeddah）举行，并通过了修订后的行为准则，被称为《2017 年吉布提行为准则吉达修正案》（简称《吉达修正案》）。修订后的准则以 2009 年在IMO 主持下通过《吉布提行为准则》为基础。《吉达修正案》呼吁签署国尽最大可能合作，打击海上跨国有组织犯罪、海上恐怖主义以及非法、不受管制与未报告的（IUU）捕鱼行为和其他海上非法活动。[①]

4.打击西非海盗

2008 年 7 月，IMO 与西非和中非国家海洋组织（MOWCA）签署了《关于建立西非和中非次区域海岸警卫队网络的谅解备忘录》（以下简称《谅解备忘录》）（*Memorandum of Understanding on the establishment a sub-regional integrated Coast Guard Function Network in West and Central Africa*，*MoU*），并为该网络的实施提供了合作和指导框架。25 个非洲国家签署的《谅解备忘录》，旨在启动海上活动领域的联合行动，以保护人类生命、改善安全和环境保护。2013 年 6 月 25 日，在喀麦隆首都雅温得（Yaounde）举行的国家元首会议正式通过了《关于在西非和中非打击海盗、武装抢劫船舶和非法海上活动的行为准则》（也称《雅温得行为准则》）。《雅温得行为准则》建立在现有的《关于建立西非和中非次区域海岸警卫队网络的谅解备忘录》的基础上，并收录了东非国家区域反海盗协议《吉布提行为准则》的一些内容。同时，因它包括非法捕鱼、毒品走私和海盗活动等一系列海上非法活动的处理，故其范围更广。[②]

---

① "Djibouti Code of Conduct，" IMO，https：//www. imo. org/en/OurWork/Security/Pages/DCoC. aspx，accessed：2022-04-13.

② "Piracy and Armed Robbery against Ships，" IMO，https：//www. imo. org/en/OurWork/Security/Pages/PiracyArmedRobberydefault. aspx，accessed：2022-04-13.

（四）两国或多国间的海洋安全合作

为了维护国家权益，并保障国民在海上的人身和财产安全，尤其是在地缘战略的影响下，两国间或多国间的海洋安全合作愈加紧密和频繁。典型案例有：（1）2018 年 10 月中国与日本签署了《中华人民共和国政府和日本国政府海上搜寻救助合作协定》；① （2）日本与法国于 2013 年 6 月发表《日法共同声明——促进安全、增长、创新和文化的"特殊伙伴关系"》，2019 年 6 月签订《"特殊伙伴关系"下开启日法两国合作的新路线图（2019～2023年）》，两国海洋安全与防务合作内容包括人道主义救助救灾、海上自卫队和法国海军互用设施、双方情报保护和共享、军事演习、人员培训等；② （3）日本与印度尼西亚、美国—印度—日本、美国与韩国、美国与新加坡、美国与泰国、印度与印度尼西亚等，以高官首脑会晤、外长＋防长定期对话、"海上安全对话"、专门会议、互访等机制，通过防务政策小组、防务贸易和技术倡议、海上安全协议等方式，在打击海盗、反海上恐怖主义、联合海上救灾演习、联合海上军事演习等方面持续开展合作。③

二　海洋经济国际合作法律的进展

基于生态系统的海洋空间规划，在国际上被认为是解决涉海部门权责分

---

① 《中日两国政府签署海上搜寻救助合作协定》，中华人民共和国中央人民政府网站，http：//www. gov. cn/xinwen/2018-10/27/content_5334951. htm，最后访问日期：2022 年 6 月 6 日。

② 高文胜、刘洪宇：《"印太"视域下的日法海洋安全合作及其对华影响》，《太平洋学报》2022 年第 2 期。

③ 王竞超：《印太语境下的日本—印尼海洋安全合作：进展、动因与限度》，《东南亚研究》2021 年第 3 期；许娟：《"印太"语境下的美印日海洋安全合作》，《南亚研究》2017 年第 2 期；王竞超：《"印太战略"与"东向行动政策"的相遇：美日印海洋安全合作刍议》，《太平洋学报》2021 年第 7 期；赵懿黑：《美国"印太战略"下美韩海洋安全合作研究》，《太平洋学报》2022 年第 3 期；李忠林：《美国—新加坡海洋安全合作新态势》，《国际论坛》2018 年第 1 期；翟崑、宋清润：《美泰海洋安全合作的演变及动因》，《太平洋学报》2019 年第 1 期；李次园：《印度—印度尼西亚海洋安全合作：新特征、逻辑动因与未来动向》，《太平洋学报》2020 年第 8 期。

散合力不足、陆海空间发展布局不科学、产业发展与生态环境保护之间存在矛盾的重要手段。此外，海洋渔业是海洋经济的传统产业，海洋可再生能源是海洋经济的新兴产业，两者均为海洋经济合作的重要领域。因此，海洋空间规划、海洋渔业、海洋可再生能源成为海洋经济国际合作的重点。

（一）全面性的海洋经济国际合作

欧盟是在区域内开展全面性海洋经济合作的典型。欧盟委员会认为，蓝色经济是拉动欧盟经济增长的重要引擎，并于 2012 年发布报告《蓝色增长：海洋及关联领域可持续增长的机遇》，提出了"蓝色增长"的战略构想；2014 年发布报告《蓝色经济创新计划》，提出了从联盟层面整合海洋数据并绘制欧洲海底地图、增强国际合作促进科技成果转化、开展技能培训提高从业人员技术水平等计划措施；[①] 2017 年 4 月发布《西地中海地区蓝色经济可持续发展倡议》；[②] 2018 年 6 月发布首份欧盟蓝色经济年度报告，目前最新的《欧盟蓝色经济报告 2022》于 2022 年 6 月发布。

东北亚的中国、朝鲜、日本、韩国、蒙古国、俄罗斯也在积极推进全面性的海洋经济合作，希望打造一个"东北亚海洋经济合作圈"。[③] 双边的全面性海洋经济合作有葡萄牙与佛得角，两国于 2019 年 7 月签署了《葡萄牙与佛得角专项合作备忘录》。[④]

（二）海洋空间规划合作

在海洋空间规划合作领域，中国近年来积极与泰国、孟加拉国、西班牙、柬埔寨、安提瓜和巴布达等国开展双边性的合作。2019 年 9 月，中国与泰国达成共识，同意将海洋空间规划升级为正式合作项目，并进一步加强

---

① 刘堃、刘容子：《欧盟"蓝色经济"创新计划及对我国的启示》，《海洋开发与管理》2015 年第 1 期。

② 何广顺等编著《国外海洋政策研究报告（2018）》，海洋出版社，2019，第 27~35 页。

③ 《东北亚地方政府共谋打造"东北亚海洋经济合作圈"》，中国新闻网，http://www.jl.chinanews.com.cn/zxsjzzl/2021-09-23/171471.html，最后访问日期：2022 年 6 月 5 日。

④ 《葡萄牙和佛得角加强海洋经济合作》，中国海洋发展研究中心网站，http://aoc.ouc.edu.cn/2019/0719/c9829a254034/pagem.htm，最后访问日期：2022 年 4 月 17 日。

海洋数据中心的建设。① 2019 年 11 月，中国与孟加拉国签署了《海洋空间规划合作谅解备忘录》，开展孟加拉国海洋空间规划的编制，推动中孟海洋空间规划联合研究中心的建设。② 2019 年 11 月，中国与西班牙签署了《海洋空间规划合作谅解备忘录》，开展海洋空间规划能力建设合作，推动蓝色经济发展和海洋资源的可持续利用。③ 2020 年 5 月，中国与柬埔寨签署了《"推行空间规划 助力蓝色经济"合作谅解备忘录》。④ 2020 年 9 月，中国海洋发展基金会、安巴蓝色经济部和国家海洋技术中心三方签署了《"推行空间规划 助力蓝色经济"合作项目谅解备忘录》。⑤ 2022 年 12 月 9 日，中国国家海洋技术中心与巴基斯坦拉斯贝拉农业、水资源和海洋科学大学举行了海洋空间规划合作谅解备忘录签署仪式，合作内容包括开发海洋空间规划信息系统、建设海洋空间规划观测站、推动建设中巴海洋空间规划联合研究中心等。2022 年 11 月，欧盟海洋事务与渔业委员会（DG MARE）与联合国教科文组织政府间海洋学委员会（UNESCO/IOC）联合举办了第三届海洋空间规划国际会议，该会议旨在评估海洋空间规划（MSP）的最新实施情况，并讨论实现海洋空间规划路线图优先领域和目标的挑战与机遇。

（三）海洋渔业国际合作

1. 海洋渔业相关的全球性国际公约

海洋渔业相关的全球性国际公约较多，典型的有：（1）1958 年 4 月 29 日通

---

① 《中泰正式开展海洋空间规划合作》，广西壮族自治区海洋局网站，http://hyj. gxzf. gov. cn/gzdt/gjdt_ 66844/t3195220. shtml，最后访问日期：2022 年 6 月 6 日。

② 朱彧、滕欣：《携手推进海洋空间规划》，《中国海洋报》2019 年 11 月 29 日，第 003 版。

③ 赵奇威：《国家海洋技术中心与西班牙加那利群岛拉斯帕尔马斯大学签署海洋空间规划合作谅解备忘录》，国家海洋技术中心网站，http://www. notcsoa. org. cn/cn/index/gnwhz/show/3310，最后访问日期：2022 年 4 月 15 日。

④ 《中国海洋发展基金会与柬埔寨环境部自然保护管理司签署"推行空间规划 助力蓝色经济"合作谅解备忘录》，中国海洋发展基金会网站，http://www. cfocean. org. cn/index. php/index/news/fid/28/id/430. html，最后访问日期：2022 年 4 月 15 日。

⑤ 康琬超：《中心与安巴蓝色经济部召开"推行空间规划 助力蓝色经济"合作研讨会》，国家海洋技术中心网站，http://www. notcsoa. org. cn/cn/index/gnwhz/show/3116，最后访问日期：2022 年 4 月 13 日。

过了《捕鱼与养护公海生物资源公约》(*Convention on Fishing and Conservation of the Living Resources of the High Seas*),该公约要求所有国家均有任其国民在公海上捕鱼的权利,也均有责任采取或与他国合作采取养护公海生物资源的必要措施;(2)1982年4月30日通过了《联合国海洋法公约》第七部分公海的第二节,其对公海生物资源的养护和管理做出了规定,包括公海上捕鱼的权利、各国在养护和管理生物资源方面的合作、公海生物资源的养护等;(3)1995年8月4日联合国大会通过了《执行1982年12月10日〈联合国海洋法公约〉有关养护和管理跨界鱼类种群和高度洄游鱼类种群的规定的协定》;[①](4)1993年11月27日联合国粮食及农业组织第二十七届大会通过了《促进公海渔船遵守国际养护和管理措施的协定》(*Agreement to Promote Compliance with International Conservation and Management Measures by Fishing Vessels on the High Seas*),并于2003年4月24日生效,该协定对签署国具有法律约束力,其主要内容为加强公海渔船船旗国的责任,建立国家级公海渔船档案,规范所有公海渔船的活动;(5)2009年11月25日联合国粮食及农业组织通过了《关于预防、制止和消除非法、不报告、不管制捕捞的港口国措施协定》(*Agreement on Port State Measures to Prevent*, *Deter and Eliminate Illegal*, *Unreported and Unregulated Fishing*),并于2016年6月5日生效,该协定在联合国粮食及农业组织章程框架下具有法律约束力,旨在协调和加强各港口国采取措施打击非法、未报告及不受管制的捕捞。

2. **海洋渔业相关的区域性国际公约**

典型的海洋渔业相关的区域性国际公约有:(1)美国和俄罗斯等国于1992年2月11日签订了《北太平洋溯河性鱼类种群养护公约》(*Convention for the Conservation of Anadromous Stocks in the North Pacific Ocean*),公约于1993年2月16日生效,1993年2月还相继成立了北太平洋溯河性鱼类委员会(North Pacific Anadromous Fish Commission,NPAFC),管理鱼种包括白鲑

---

① 《执行1982年12月10日〈联合国海洋法公约〉有关养护和管理跨界鱼类种群和高度洄游鱼类种群的规定的协定》,中国大百科全书网站,https://www.zgbk.com/ecph/words? SiteID=1&ID=534916,最后访问日期:2022年6月6日。

等 7 种鲑鳟鱼类。该公约管辖水域涵盖北纬 33 度以北的北太平洋公海区域，旨在通过有效的国际机制来加强北太平洋溯河产卵鱼类种群的养护。① (2) 1993 年 5 月 10 日，养护南方蓝鳍金枪鱼委员会通过了《南方蓝鳍金枪鱼养护公约》(*Convention for the Conservation of Southern Bluefin Tuna*)，该公约于 1994 年 5 月 20 日生效。《南方蓝鳍金枪鱼养护公约》是为养护和合理利用南方蓝鳍金枪鱼而形成的区域性国际条约，其目的为通过适当的管理，确保南方蓝鳍金枪鱼的养护与最适利用。(3) 中国、日本、韩国、波兰、美国、俄罗斯于 1994 年 6 月 16 日签署了《中白令海狭鳕资源养护和管理公约》(*Convention on the Conservation and Management of Pollock Resources in the Central Bering Sea*)，并于 1995 年 12 月 8 日生效。该公约的目标为养护、管理并合理利用狭鳕资源，恢复并维持可实现最高持续产量的白令海狭鳕资源水平，收集和分析白令海的有关狭鳕和其他海洋生物资源真实信息。(4) 2000 年 9 月 4 日，中西太平洋高度洄游鱼类种群养护和管理委员会达成了《中西太平洋高度洄游鱼类种群养护和管理公约》(*Convention on the Conservation and Management of High Migratory Fish Stocks in the Western and Central Pacific Ocean*)，该公约的目的是为当代和子孙后代确保中西部太平洋高度洄游鱼类的长期养护和可持续利用。我国是缔约国之一。(5) 2009 年 11 月 14 日，南太平洋区域渔业管理组织在新西兰奥克兰组织签订了《南太平洋公海渔业资源养护与管理公约》(*Convention on the Conservation and Management of High Seas Fishery Resources in the South Pacific Ocean*)，并于 2012 年 8 月 24 日正式生效。该公约的目的是通过实施渔业管理的预防性做法和生态系统做法，从而确保渔业资源的长期养护与可持续利用，并以此来维护其所在的海洋生态系统。我国是该公约的缔约国，也适用于我国澳门地区。(6) 2012 年 2 月 24 日，中国、日本、韩国、俄罗斯、美国等国家和地区协商制定了《北太平洋公海渔业资源养护和管理公约》(*Convention on the Conservation and Management of High Seas Fisheries Resources in the North Pacific Ocean*)，并

---

① 黄硕琳、邵化斌：《全球海洋渔业治理的发展趋势与特点》，《太平洋学报》2018 年第 4 期。

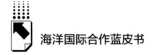

于 2015 年 7 月 19 日正式生效，之后还相继成立了北太平洋渔业委员会。该公约涉及海底山脉、深海热泉及冷水珊瑚等"脆弱海洋生态系"的公海底层渔业管理，旨在确保北太平洋渔业资源长期养护和可持续利用。①

3. 海洋渔业相关的国际性准则

1995 年 10 月 3 日，联合国粮食及农业组织大会通过了《负责任渔业行为守则》（ *Code of Conduct for Responsible Fisheries* ），该守则包含一些有约束力的文件和条款，其目的是要求各国在从事捕捞、养殖、加工等活动的同时应承担相应的责任。

4. 海洋渔业合作双边协议

近年各国开展海洋渔业双边合作并签署双边协议较为频繁。典型的有：（1）2018 年 7 月，欧盟与我国签署海洋合作协议，旨在改善国际海洋管理，尤其是针对 IUU 捕捞业的管理，还包括海洋塑料垃圾和微塑料污染防控等问题。②（2）2020 年 10 月，英国与挪威签署《渔业框架协议》（ *Fisheries Framework Agreement* ），该协议意味着英国和挪威将要每年就水域和配额问题进行协商。这是英国脱欧后签署的第一个渔业协议，退出欧盟意味着英国能够决定其水域的准入名单以及准入条件。③（3）2020 年 11 月，英国与冰岛签署旨在加强渔业合作的谅解备忘录，并于 2021 年 1 月 1 日生效。英国脱欧后，先后与挪威、法罗群岛和格陵兰岛签署了双边渔业协议。这些协议将有助于英国与其他沿海国家地区在渔业资源的长期养护和可持续利用上开展长期合作。④（4）2020 年 7 月，欧盟与毛里塔尼亚签署延长现有《渔业伙伴关系协定》，该协定有助于促进负责任的捕鱼，提高透明度的措施，实现渔业

---

① 唐峰华、岳冬冬、熊敏思、李励年、崔雪森：《〈北太平洋公海渔业资源养护和管理公约〉解读及中国远洋渔业应对策略》，《渔业信息与战略》2016 年第 3 期。

② 《欧盟与中国签署协议携手保护海洋》，上海海洋大学国际渔业经济与管理舆情中心网站 https：//wyxy. shou. edu. cn/yqzx/2019/1024/c13976a258328/page. htm，最后访问日期：2022 年 6 月 6 日。

③ 《英国与挪威签署历史性渔业协议》，中国海洋发展研究中心网站，http：//aoc. ouc. edu. cn/_ t719/2020/1013/c9829a301949/page. htm，最后访问日期：2022 年 4 月 17 日。

④ 《英国与冰岛签署渔业合作协定》，中国海洋发展研究中心网站，http：//aoc. ouc. edu. cn/_ t719/2020/1123/c9829a307594/page. htm，最后访问日期：2022 年 4 月 17 日。

资源的可持续管理。该协定是欧盟在财政和渔业领域最大的一揽子协定，在目前与毛里塔尼亚的框架下，欧盟船队被授权在毛里塔尼亚水域捕捞虾、底栖鱼、金枪鱼和小型中上层鱼类，每年可捕捞约 28.7 万吨。除了欧盟船队支付的费用外，欧盟每年还支付 6162.5 万欧元的财政捐款，其中 400 多万欧元用于支助毛里塔尼亚的渔业政策，特别是改善研究和渔业管理。①

5. 北极渔业治理

北极海域的渔业资源治理机制目前主要遵循《联合国海洋法公约》《执行 1982 年 12 月 10 日〈联合国海洋法公约〉有关养护和管理跨界鱼类种群和高度洄游鱼类种群的规定的协定》《负责任渔业行为守则》等国际公约和规则。《联合国海洋法公约》中一些具体规定为北冰洋公海渔业治理机制提供了重要依据。此外，《负责任渔业行为守则》第七条特别提到了预防性方针在新的探索性渔业中的运用，也能够为北极渔业活动提供行为准则。②

2017 年 11 月 30 日，中国、美国、俄罗斯、加拿大、丹麦、挪威、冰岛、日本、韩国和欧盟共同签署了《预防中北冰洋不管制公海渔业协定》（the Agreement to Prevent Unregulated High Seas Fisheries in the Central Arctic Ocean），该协定涉及渔业养护规范、科研合作计划和会议制度安排，规定16 年内禁止在中北冰洋公海区域进行商业化捕捞。该协定客观上维护了北极五国的特殊渔业利益，限制了域外国家未来一定时期内在该区域的渔业权益。③ 该协定填补了北极渔业治理的空白，是北极国际治理和规则制定的重要进展，对促进北极环境保护和可持续发展具有重要意义。2021 年 5 月，中国已完成《预防中北冰洋不管制公海渔业协定》的国内核准工作。④

---

① 《境外涉农信息快报（第 133 期）》，中国农业农村部网站，http://www.gjs.moa.gov.cn/gzdt/202007/t20200710_6348444.htm，最后访问日期：2022 年 4 月 17 日。
② 杨卫、江昊：《北极渔业治理的研究综述》，《海洋经济》2020 年第 6 期。
③ 付云清：《〈预防中北冰洋不管制公海渔业协定〉的战略审视与深度剖析》，《法制与社会》2021 年第 7 期。
④ 《外交部：中方已完成〈预防中北冰洋不管制公海渔业协定〉国内核准》，新华网，http://www.xinhuanet.com/2021-05/19/c_1127466598.htm，最后访问日期：2022 年 4 月 15 日。

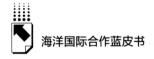
（四）海洋可再生能源国际合作

2019 年 7 月，中国与英国签署了《共同建立中英海洋可再生能源联合中心的谅解合作备忘录》。[①] 2021 年，澳大利亚与新加坡在海事领域氢能合作方面，将建立 3000 万美元的合作伙伴关系，以加快部署低排放燃料和清洁氢等技术，从而减少海运和港口运营中的排放。[②] 2022 年 1 月，中国与葡萄牙签署了《海洋可再生能源领域谅解备忘录》，拟在海洋可再生能源发电装置测试、装置的环境影响评估、海洋可再生资源评价及海洋能技术综合评估方法等相关基础研究性工作领域开展合作。[③]

三　海洋科技国际合作法律的进展

《联合国海洋法公约》第 242 条第 1 款强调"各国应促进为和平目的而进行海洋科学研究的国际合作"。目前海洋科技合作的主要内容是应对海洋灾害保护海洋环境的科技合作、海洋科学调查与海洋观测数据合作等。

（一）应对海洋灾害保护海洋环境的科技合作

2015 年 11 月，在陕西西安举行了第 51 届东亚东南亚地学计划协调委员会（CCOP）年会及海岸带地质与灾害防治技术专题论坛。为提高应对海岸带地质灾害的能力，中国与 CCOP 成员国、东盟成员国积极开展海岸带和海洋地学领域的合作，共同解决区域性重大地质问题。[④] 2021 年 3 月，印度

---

① 《"第二届中英海洋可再生能源合作研讨会"在青岛举行》，国家海洋技术中心网站，http：//www. notcsoa. org. cn/cn/index/gnwhz/show/2562，最后访问日期：2022 年 4 月 15 日。

② 《澳大利亚与新加坡在海事领域氢能合作》，OBQ 澳洲微信公众号，https：//mp. weixin. qq. com/s/iAzQ4b_ uz3_ twtFAbkSR4w，最后访问日期：2022 年 4 月 17 日。

③ 《国家海洋技术中心与葡萄牙离岸能源中心签署海洋可再生能源领域合作谅解备忘录》，国家海洋技术中心网站，http：//www. notcsoa. org. cn/cn/index/gnwhz/show/3460，最后访问日期：2022 年 4 月 17 日。

④ 《中国将与 CCOP 成员国开展海岸带和海洋地学领域合作》，中国地质调查局网站，https：//www. cgs. gov. cn/xwl/ddyw/201603/t20160309_303810. html，最后访问日期：2022 年 6 月 7 日。

尼西亚与德国合作启动了"海啸风险"项目的研发，有助于应对海洋灾害，提升印度尼西亚海啸预警系统的准确率和工作效率。① 2018 年 12 月，由国际有害藻类学会主办的第 18 届全球有害藻华大会在法国召开，有助于治理赤潮和保护海洋环境。②

（二）海洋科学调查与海洋观测数据合作

中国与尼日利亚于 2012 年开展的西部大陆架联合调查，是中国第一次与非洲国家开展的联合科学调查。该调查在尼日利亚西部大陆边缘准确获得了埃文与马欣大峡谷的走向和尼日利亚西部大陆边缘高精度的地形地貌与地球物理场特征，为尼日利亚相关的研究提供了重要数据资料。此外，中国—莫桑比克和中国—塞舌尔大陆边缘海洋地球科学联合调查航次于 2016 年圆满完成。该调查填补了莫桑比克南部部分区域多波束调查数据、塞舌尔北部区域调查数据的空白，初步验证了西南印度洋冷涡的存在。③

2020 年 11 月，北约海洋研究与试验中心（CMRE）宣布与美国国防高级研究计划局（DARPA）合作开展"海洋物联网"项目。④ 2021 年 1 月，中国国家海洋信息中心与欧洲海洋观测与数据网签署了《中国国家海洋信息中心与欧洲海洋观测与数据网关于建立中国-欧盟海洋数据网络伙伴关系的谅解备忘录》，实现了数据之间的互联互通，以及技术与实践经验的交流，以此保护海洋环境，实现可持续管理。⑤

---

① 《印尼与德国启动"海啸风险"项目》，中国海洋发展研究中心网站，http：//aoc. ouc. edu. cn/2021/0401/c9829a317069/pagem. htm，最后访问日期：2022 年 4 月 17 日。

② 《重点实验室与美国伍兹霍尔海洋所签署合作协议共同应对赤潮灾害》，中国科学院海洋生态与环境科学重点实验室网站，http：//klmees. qdio. cas. cn/zhxw_ 26738/201812/t20181213_ 469679. html，最后访问日期：2022 年 4 月 13 日。

③ 徐贺云：《改革开放 40 年中国海洋国际合作的成果和展望》，《边界与海洋研究》2018 年第 6 期。

④ 《北约和美国合作开展"海洋物联网"项目》，中国海洋发展研究中心网站，https：// aoc. ouc. edu. cn/2020/1118/c9829a307019/pagem. htm，最后访问日期：2022 年 6 月 7 日。

⑤ 《中国—欧盟海洋数据网络伙伴关系合作再推进》，i 自然全媒体百家号，https：// baijiahao. baidu. com/s？id=1692724294543266975&wfr=spider&for=pc，最后访问日期：2022 年 4 月 15 日。

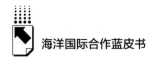

四 海洋生态环境国际合作法律的进展

海洋生物多样性保护、海洋垃圾及海洋塑料防治、区域海洋生态环境保护是海洋生态环境国际合作重点关注的内容。

（一）海洋生物多样性保护合作

1.《生物多样性公约》

《生物多样性公约》（以下简称《公约》）（*Convention on Biological Diversity*）由联合国环境规划署发起，并于 1992 年 6 月 1 日在内罗毕通过。《公约》旨在保护濒临灭绝的植物和动物，最大限度地保护地球上多种多样的生物资源。其适用于缔约国管辖范围之内，包括属地管辖和属人管辖。位于公海或国际海底区域的海洋生物多样性的养护和可持续利用问题，虽然超过了各国的属地管辖范围，但一国可以基于属人管辖权，对其管辖或控制下的行为适用《公约》的有关规定，从而避免或减少对国家管辖范围以外海洋生物多样性的不利影响。[①]

2.国家管辖范围以外区域海洋生物多样性（BBNJ）立法谈判

从 2018 年开始，联合国开启了国家管辖范围以外区域海洋生物多样性机制国际文书的立法谈判工作，以此来弥补《联合国海洋法公约》与《生物多样性公约》中海洋遗传资源相关规定的漏洞，最终目标是就保护国家管辖范围以外地区生物多样性的条约达成一项 BBNJ 国际文书，从而促进国家管辖范围外的海洋生物多样性保护和可持续利用。谈判的四个核心议题为：海洋遗传资源、包括海洋保护区在内的划区管理工具、环境影响评价、能力建设与海洋技术转让。[②]

[①] 郑苗壮、刘岩、徐靖：《〈生物多样性公约〉与国家管辖范围以外海洋生物多样性问题研究》，《中国海洋大学学报》（社会科学版）2015 年第 2 期。

[②] 黄玥、韩立新：《BBNJ 下全球海洋生态环境治理的法律问题》，《哈尔滨工业大学学报》（社会科学版）2021 年第 5 期。

3. 成立地中海生物多样性保护联盟

2021 年 3 月，地中海湿地倡议、地中海保护区网络、地中海小岛屿倡议、国际地中海森林协会等 6 个国际组织签署了合作谅解备忘录，成立了地中海生物多样性保护联盟。该联盟旨在有效保护地中海的生物多样性，推广以自然资源保护为基础的经济发展措施，支持当地政府和社会公众加强自然资源保护和管理。该联盟将通过开展多个合作项目，提升地中海的生物多样性，提高地中海沿岸各国应对气候变化的能力。①

4. 签署《海洋超级年宣言》

2021 年 5 月，来自中国、美国、英国、日本、澳大利亚、挪威和法国等国家的 39 位代表签署了《海洋超级年宣言》（以下简称《宣言》），呼吁全球密切关注海洋健康，并采取紧急行动保护海洋。《宣言》提出：各缔约方在 2021 年 7 月达成取消有害渔业补贴的谈判；支持通过一项有约束力的国际条约，保护和可持续利用国家管辖范围外海域海洋生物多样性；各国政府在联合国粮食系统峰会上支持将海洋食品纳入会议议程、成果和行动计划，在"2020 年后全球生物多样性框架"中纳入"到 2030 年保护至少 30% 海洋"目标；将发展可持续蓝色经济纳入国家自主贡献承诺，并扩大对海上清洁和可再生能源的投资；推动"联合国海洋科学促进可持续发展国际十年"目标的实现。②

（二）海洋垃圾及海洋塑料防治合作

关于海洋污染控制防治的国际公约或多边机制较多，典型的有：（1）1972 年 12 月 29 日签订于伦敦、墨西哥城、莫斯科和华盛顿的《防止倾倒废物和其他物质污染海洋公约》(*Convention on the Prevention of Marine Pollution by Dumping of Wastes and Other Matter*)。《防止倾倒废物和其他物质污

---

① 《多个国际组织成立地中海生物多样性保护联盟》，中国海洋发展研究中心网站，http://aoc.ouc.edu.cn/2021/0407/c9829a318449/pagem.htm，最后访问日期：2022 年 4 月 17 日。
② 《多国代表签署〈海洋超级年宣言〉》，中国海洋发展研究中心网站，http://aoc.ouc.edu.cn/2021/0610/c9829a336005/pagem.htm，最后访问日期：2022 年 4 月 17 日。

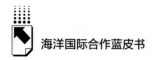

染海洋公约1996年议定书》（the 1996 Protocol）是对该公约的补充和修订。
（2）1973年通过的《国际防止船舶造成污染公约》（*International Convention for the Prevention of Pollution from Ships*），是由国际海事组织制定的旨在保护海洋环境，防止和限制海洋受到船舶排放油类与其他有害物质污染的国际公约。1978年2月通过的《〈1973年国际防止船舶造成污染公约〉1978年议定书》是对1973年公约的修改和补充。1997年，对1973年公约及其1978年议定书提出了23个修正案，国际海事组织大会通过了《经1978年议定书修订的〈1973年国际防止船舶造成污染公约〉》1997年议定书。该议定书还新增附件六：防止船舶造成空气污染。（3）《控制危险废物越境转移及其处置巴塞尔公约》（*Basel Convention on the Control of Transboundary Movements of Hazardous Wastes and Their Disposal*）于1989年3月22日通过，共有29条正文和6个附件。（4）1995年通过的《保护海洋环境免受陆上活动污染全球行动纲领》（*Global Programme of Action for the Protection of the Marine Environment from Land-based Activities*），是一项长期的多边环境机制，旨在通过推动各国履行保持和保护海洋环境的责任，防止陆上活动造成的海洋环境退化。[①]（5）2001年5月22日，在瑞典斯德哥尔摩召开的一次全权代表会议上通过了《关于持久性有机污染物的斯德哥尔摩公约》（*Stockholm Convention on Persistent Organic Pollutants*）。

近年来，海洋垃圾特别是海洋塑料垃圾（包括微塑料）污染成为国际关注的重点，并取得了一定的共识和进展。（1）2018年10月26日，海上环境保护委员会（简称MEPC）第73届会议通过了一项"关于应对海洋塑料垃圾的行动计划"（简称"行动计划"），旨在进一步推动防止船舶活动排放塑料垃圾的全球解决方案的制定与实施。"行动计划"从减少渔船产生的海洋塑料垃圾、减少航运业排放的海洋塑料垃圾、港口接收的有效性、加

---

① 《2012~2018年期间〈保护海洋环境免受陆上活动污染全球行动纲领〉在国家、区域和国际各级执行的进展情况》，联合国环境规划署网站，https：//apps1.unep.org/igr-meeting/sites/default/files/k1802554.pdf，最后访问日期：2022年6月8日。

强国际合作和能力建设等方面提出了具有可操作性的措施。① （2）2019 年，大阪二十国集团峰会通过了《大阪宣言》和《二十国集团海洋塑料垃圾行动实施框架》。《大阪宣言》中的"蓝色海洋愿景"承诺采取综合的生命周期方法，到 2050 年将塑料垃圾造成的海洋污染减少到零。G20 呼吁国际社会共同应对海洋塑料垃圾污染。② （3）2019 年 6 月，东盟十国领导人在泰国曼谷签署了《关于消减海洋垃圾的曼谷宣言》（简称《曼谷宣言》），并发布了《东盟海洋垃圾行动框架》。《曼谷宣言》号召东盟各国开展合作并制订相应的行动计划以减少海洋垃圾，同时还宣布将建立用于收集东盟地区海洋垃圾污染信息、推动垃圾治理新技术研发等的"东盟海洋垃圾知识中心"。③ （4）2019 年 11 月，太平洋岛国论坛秘书处发布《博埃宣言行动计划》。该计划指出南太平洋国家面临海洋物种入侵、海水酸化、海平面上升、海洋塑料垃圾污染等问题，当地居民赖以生存的海洋环境受到严重危害，应当在区域环境组织的带领下，强化域内国家在海洋环境保护方面的合作。④ （5）2021 年 5 月 28 日，东盟启动了《2021～2025 年应对海洋塑料垃圾的行动计划》，为解决海洋塑料垃圾问题出台共同的战略。⑤

（三）区域海洋生态环境合作的国际公约

典型的区域海洋生态环境合作的国际公约有《保护东北大西洋海洋环境公约》（简称 OSPAR 公约），以及保护地中海的《巴塞罗那公约》及其议定书。

1992 年 9 月 22 日，签订于巴黎的《保护东北大西洋海洋环境公约》是

---

① 《IMO 通过关于应对海洋塑料垃圾的行动计划》，大连海事大学国际海事公约研究中心网站，http：//imcrc.dlmu.edu.cn/info/1059/3285.htm，最后访问日期：2022 年 4 月 17 日。

② 《G20 峰会达成"蓝色海洋愿景"》，国家海洋信息中心网站，http：//www.nmdis.org.cn/c/2019-07-05/67729.shtml，最后访问日期：2022 年 6 月 8 日。

③ 李道季、朱礼鑫、常思远：《中国—东盟合作防治海洋塑料垃圾污染的策略建议》，《环境保护》2020 年第 23 期。

④ 《南太平洋岛国发布〈博埃宣言行动计划〉》，中国海洋发展研究中心网站，http：//aoc.ouc.edu.cn/2019/1203/c9829a277746/page.htm，最后访问日期：2022 年 4 月 17 日。

⑤ 《东盟启动〈应对海洋塑料垃圾的行动计划〉》，中国-东盟自由贸易区网站，http：//www.cafta.org.cn/show.php?contentid=93089，最后访问日期：2022 年 4 月 15 日。

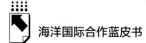

为防止来自陆地和近海设施排放的污染物和对海洋倾倒废物污染海洋，为保护海洋生态系统而制定的一项区域性公约，1998 年 3 月 25 日生效。OSPAR公约适用于东北大西洋、北海和毗邻的北极水域，缔约国为东北大西洋的沿岸国。①

地中海行动计划（Mediterranean Action Plan，MAP）是联合国环境规划署（UNEP）批准和主导下的第一个区域海洋项目。1976 年 2 月 16 日通过的区域公约《保护地中海免受污染公约》（*Convention for the Protection of the Mediterranean Sea against Pollution*），即《巴塞罗那公约》（*Barcelona Convention*），旨在防止并减少来自地中海船舶、飞机和陆基污染源的海洋污染，包括垃圾填埋场、雨水和液体污水排放。该公约于 1995 年 6 月 10 日修订为《保护海洋环境和地中海沿岸地区公约》（*Convention for the Protection of the Marine Environment and the Coastal Region of the Mediterranean*）。《巴塞罗那公约》及其议定书构成了地中海行动计划的法律框架。②

2021 年 12 月，《巴塞罗那公约》及其议定书缔约方第 22 次会议（COP 22）在土耳其安塔利亚举行。2021 年 12 月 10 日，根据《国际防止船舶造成污染公约》附件 VI，COP 22 通过了一项关于将整个地中海指定为硫氧化物排放控制区（Emission Control Area for Sulphur Oxides）（Med SOx ECA）的开创性决定。除了关于指定 Med SOx ECA 的决定外，COP 22 还通过了一项实质性的可持续性一揽子计划，包括《2020 年后地中海区域生物多样性保护和自然资源可持续管理战略行动计划》（Post-2020 SAPBIO）、《地中海预防、准备和应对船舶海洋污染战略（2022~2031 年）》，以及《地中海压载水管理战略（2022~2027 年）》。③

① "OSPAR Commission," OSPAR, https：//www.ospar.org/convention/text, accessed：2022-06-07.

② 郑凡：《地中海的环境保护区域合作：发展与经验》，《中国地质大学学报》（社会科学版）2016 年第 1 期。

③ 《COP 22 就遏制地中海船舶排放硫氧化物达成共识》，联合国环境规划署网站，https：//www.unep.org/unepmap/news/press-release/cop-22-secures-historic-consensus-curbing-emissions-sulphur-oxides-ships，最后访问日期：2022 年 4 月 17 日。

2022 年 4 月 12 日，联合国环境规划署地中海行动计划（UNEP/MAP）与地中海议员促进可持续发展圈（COMPSUD）共同宣布了一项谅解备忘录，旨在加强双边合作，促进健康的海洋和沿海生态系统，支持地中海地区的可持续发展。这两个机构将在之前合作的基础上共同努力，通过协调宣传工作和加强科学与政策的互动，加快执行《保护海洋环境和地中海沿岸地区公约》（即《巴塞罗那公约》）及其议定书。新签署的谅解备忘录已于 2021 年 12 月 7~10 日在土耳其安塔利亚举行的《巴塞罗那公约》缔约方（21 个地中海国家和欧盟）第 22 次会议上获得批准。①

五 海洋文化教育国际合作法律的进展

海洋文化教育国际合作主要为水下文化遗产保护和海洋教育合作。

（一）水下文化遗产保护

《保护水下文化遗产公约》（*Convention on the Protection of Underwater Cultural Heritage*）于 2001 年 11 月 2 日在联合国教科文组织第 31 届大会上正式通过。2021 年 4 月，联合国教科文组织在纳米比亚召开了《保护水下文化遗产公约》区域会议，重申了保护水下文化遗产尤其是非洲区域水下遗产的重要性。会后发布的相关建议文件包括：将水下文化遗产保护纳入"联合国海洋科学促进可持续发展国际十年（2021~2030）"全球议程；鼓励更多非洲国家批准和执行 2001 年《保护水下文化遗产公约》；制定旨在提高区域海洋考古学和有关学科专业知识的培训方案；加强利益攸关方和成员国之间的部门间合作；建立地区数据库或海上专业人员网；开展合作研究，发布和传播有关水下文化遗产的数据；加强保护水下文化遗产的地方立

---

① 《UNEP/MAP 和 COMPSUD 加强合作，促进地中海地区的可持续发展》，联合国环境规划署网站，https://www.unep.org/unepmap/news/press-release/unepmap-and-compsud-step-cooperation-sustainable-development-mediterranean，最后访问日期：2022 年 4 月 17 日。

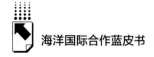

法；将水下遗产保护纳入非洲区域发展计划；通过建立国家委员会推进国家一级水下文化遗产保护体制框架的建立等。①

（二）海洋教育合作

2004年，国际涉海大学联盟由中国海洋大学发起成立，是一个国际海洋领域合作联盟，秘书处设在中国海洋大学。国际涉海大学联盟是海洋科学领域内的国际高等教育研究联盟，由来自不同国家的9所大学或机构组成，其主要目标是激活和加强海洋相关机构在高等教育与研究方面的国际合作。

2021年10月，中国-挪威海洋大学联盟成立。该联盟成员由中国、挪威两国23所涉海院校组成，聚焦海洋、渔业等领域，拓展在人才培养、科学研究、成果转化、文化交流等方面的双边合作。中挪双方签署《中国-挪威海洋大学联盟合作备忘录》，共建"中国-挪威海洋大学联盟"，聚焦海洋、渔业等领域，搭建科教协同创新平台，对推动两国海洋教育务实合作、构建海洋命运共同体具有重要意义。②

六　海洋国际合作法律的特点评价、制约因素与完善构建

（一）海洋国际合作法律的特点评价

全球海洋国际合作形成了较多的文件，现就国际合作领域、国际合作形式、合作文件性质三方面的特点进行分析评价。

1.国际合作领域：多领域全方位合作

海洋国际合作的领域包括海洋安全、海洋经济、海洋生态环境、海洋科

---

① 《联合国教科文组织召开〈保护水下文化遗产公约〉》，中国海洋发展研究中心网站，http://aoc.ouc.edu.cn/2021/0421/c9829a319833/page.htm，最后访问日期：2022年4月17日。
② 《重磅！中国—挪威海洋大学联盟成立！》，中国海洋大学百家号，https://baijiahao.baidu.com/sid=1714558908511858947&wfr=spider&for=pc，最后访问日期：2022年4月17日。

技、海洋文化教育等，形成了全方位合作的态势。

基于维护国家安全、国家海洋利益、海上国民的人身与财产安全需要，海上航行安全保障、反海上恐怖主义、打击海盗和武装抢劫船舶行为、海上搜救、联合海上军事演习等海洋安全合作得到强化，包括全球性与区域性的安全合作，以及多边性和双边性的安全合作。典型的区域性海洋安全合作如《亚洲打击海盗和武装抢劫船舶区域合作协定》，双边性的例如美国与韩国之间的海洋安全合作。

全球海洋经济对经济产出和就业的贡献显著。根据经济合作与发展组织（OECD）的海洋经济数据库计算，到2030年，全球海洋经济产出总增加值预计将超过3万亿美元，维持其占世界经济增加值总份额的2.5%；预计海洋产业将雇佣4000多万人；预计50%的海洋产业的产值增速将超过全球经济增速，几乎所有海洋产业就业增速将超过世界经济整体水平。[1] 需要注意的是，全球主要海洋国家对海洋经济的定义、分类和统计存在很大差异。[2] 海洋经济合作中，海洋渔业是海洋国际合作关注的重点，目前已经通过了多个全球性国际公约、区域性国际公约，也有部分国家通过双边协议的方式开展合作。此外，北极渔业治理是一个相对新的问题。

低敏感领域的海洋生态环境保护是海洋国际合作的重点，具体合作内容包括海洋污染防治、海洋生物多样性保护、区域海洋环境保护等。海洋垃圾及海洋塑料（包括微塑料）、海洋生物多样性、海洋应对气候变化成为关注的热点问题。海洋生态环境保护的目标已经由以海洋污染防治为主转变为以实现海洋可持续发展为主。

尽管海洋科技合作与海洋文化教育合作具有重要意义，但它们多为通过国与国的双边合作方式进行，合作内容多为应对海洋灾害的科技合作、加强

---

① 经济合作与发展组织（OECD）：《海洋经济2030》，林香红等译，海洋出版社，2020，第16~17、215页；林香红：《面向2030：全球海洋经济发展的影响因素、趋势及对策建议》，《太平洋学报》2020年第1期。

② 傅梦孜、刘兰芬：《全球海洋经济：认知差异、比较研究与中国的机遇》，《太平洋学报》2022年第1期。

海洋环境保护的科技合作、水下文化遗产保护合作、海洋教育合作等。除了已通过且生效的联合国《保护水下文化遗产公约》外，海洋科技与海洋文化教育领域的合作较少涉及复杂的法律问题，所以该领域的合作很少以国际公约的形式出现。

2. 国际合作形式：全球性与区域性以及多边性与双边性兼有

海洋国际合作的形式既有全球性也有区域性，前者如《捕鱼与养护公海生物资源公约》《保护水下文化遗产公约》，后者如《巴塞罗那公约》及其议定书；既有多边性也有双边性，前者如《南太平洋公海渔业资源养护与管理公约》以及大阪二十国集团峰会通过的《大阪宣言》，后者如《中华人民共和国政府和日本国政府海上搜寻救助合作协定》以及英国与挪威签署的渔业协议。

由于海洋国际合作涉及复杂的利益关系等因素，开展全球性海洋国际合作的难度高于区域性海洋国际合作，开展多边性海洋国际合作的难度高于双边性海洋国际合作。

3. 合作文件性质：硬法与软法结合

海洋国际合作文件中，已签署的大量的公约、议定书、协定属于"硬法"性质，具有法律约束力。典型的有海洋安全合作领域的《国际海上人命安全公约》、《制止危及海上航行安全非法行为公约》及其议定书，海洋渔业合作领域的《捕鱼与养护公海生物资源公约》《关于预防、制止和消除非法、不报告、不管制捕捞的港口国措施协定》，海洋生态环境合作领域的《伦敦公约》、《巴塞罗那公约》及其议定书等。

"软法"（soft law）是相对于"硬法"（hard law）而言，是指具有一定的引导规范或对相关主体进行内部约束的功能，但不能运用国家强制力保证实施的政策或规范性文件，具体包括宣言、准则、合作框架、合作备忘录等。就法律效力而言，"软法"并不具有强制执行力，操作性不强，所以被认为"软法不是法"，但这不能完全否认"软法"的价值。由于海洋国际合作通常会涉及复杂的国家利益，通过协商谈判形成相关的公约或议定书通常需要较长的时间，尤其是在涉及多个国家的全球性公约或区域性公约时。在短时间内难以达成具有法律约束力的国际公约的情形下，先行达成合作备忘录、宣言、准则等"软法"性质的国际合作文件，对相关领域的海洋国际事务进行引导、规范和治理，也是促进海洋国际合作的一种举措。

具有"软法"性质的海洋国际合作文件较多，尤其是在一些论坛、非顶层会议中形成并签署的文件。典型的有海洋安全合作领域的《日法共同声明—促进安全、增长、创新和文化的"特殊伙伴关系"》，海洋经济合作领域的《葡萄牙与佛得角专项合作备忘录》，海洋科技合作领域的《中国国家海洋信息中心与欧洲海洋观测与数据网关于建立中国-欧盟海洋数据网络伙伴关系的谅解备忘录》，海洋生态环境合作领域的《海洋超级年宣言》《关于消减海洋垃圾的曼谷宣言》《东盟海洋垃圾行动框架》等。此外，联合国粮食及农业组织大会通过的《负责任渔业行为守则》也属于非法律性文件，但其包括了一些有约束力的文件和条款。

（二）海洋国际合作法律的制约因素

海洋国际合作法律制度的制定实施受海洋自身特点、地缘政治、国家利益、历史纷争、经济发展水平和海洋法治现状多重因素的影响。

1. 海洋自身特点的因素

海洋与海岸带系统具有多样性、多尺度和多层次之间的相互作用、动态性、不确定性、复杂性、弹性但有限和脆弱等特征。对海洋的了解不足以及"拓荒心态"，导致对海洋资源开发的热情较高却制约不足。[1] 海洋系统与陆地系统存在显著不同，任何通过适用陆地理论、范式和概念来管理海洋环境的尝试都可能会失败。[2] 换言之，海洋环境与生态系统的特殊性对传统的治理方式造成挑战，也对海洋国际合作带来一定的难度。

---

[1] B. Glavovic, "Ocean and Coastal Governance for Sustainability: Imperatives for Integrating Ecology and Economics," *Ecological Economics of the Oceans and Coasts*, Edward Elgar, Cheltenham, UK. 2008, pp. 313-342.

[2] 〔加〕马克·撒迦利亚：《海洋政策：海洋治理与国际海洋法导论》，邓云成、司慧译，海洋出版社，2019，第3~8页。

2. 地缘政治、国家利益、历史纷争、经济发展水平的因素

地缘政治、国家利益、历史纷争、经济发展水平也会在一定程度上影响海洋国际合作。以地中海为例，地中海沿岸共有 22 个国家，包括欧洲 12 个（西班牙、法国、摩纳哥、意大利、马耳他、斯洛文尼亚、克罗地亚、波斯尼亚和黑塞哥维那、塞浦路斯、黑山、阿尔巴尼亚、希腊）、亚洲 5 个（土耳其、叙利亚、黎巴嫩、以色列、巴勒斯坦）、非洲 5 个（埃及、利比亚、突尼斯、阿尔及利亚、摩洛哥）。除巴勒斯坦外，其余 21 个国家与欧盟成为《巴塞罗那公约》的 22 个缔约方，其中既有发达国家也有发展中国家，各国之间经济发展不平衡，有的还存在一些历史纷争，如英国在"地中海咽喉"直布罗陀的军事基地、塞浦路斯的南北分治分裂、土耳其与希腊在爱琴海岛屿主权问题的争议以及以色列与阿拉伯国家之间的冲突等。这些因素在一定程度上影响了海洋国际合作。在地中海的实践中，沿岸国以"权利保留"条款的方式搁置海洋权利划界问题，并通过达成公约和议定书的方式开展海洋环境保护合作，① 成为搁置争议在海洋低敏感领域开展合作的成功案例。

3. 海洋法治现状的因素

当前，海洋国际法治建设要远远落后于陆地，一些海洋公约和协议远不能满足海洋发展的需求。例如《联合国海洋法公约》关于岛屿和岩块的区分定义用语模糊、直线基线的长度缺乏规范、海洋生物资源养护管理法律规范中"最高持续产量""最适度利用"等用语的意思含混不清等。②

（三）海洋国际合作法律的完善构建

海洋国际合作法律的完善构建需以"海洋命运共同体"为理念，以全球海洋可持续发展为目标导向，求同存异、协调立法、协同治理，并促进公

---

① 郑凡：《地中海的环境保护区域合作：发展与经验》，《中国地质大学学报》（社会科学版）2016 年第 1 期。

② 傅崐成：《全球海洋法治面对的挑战与对策》，《太平洋学报》2021 年第 1 期。

约协议的遵守与执行。

在海上搜救、海洋防灾减灾、打击海上犯罪等海洋安全领域，应进一步完善建立海洋安全信息平台，通过缔结刑事司法协助条约提高合作效率，完善建立"就近响应"制度加强执法。

尽管部分研究表明，海洋空间规划并没有解决冲突，而是在获取和管理海洋与海岸资源方面制造了新的冲突或是加剧了原有冲突，且这种冲突尤其影响到沿海社区和拥有合法权利的渔民。[1] 但大多数的研究认为，海洋空间规划是解决陆海统筹不足、管理部门职责冲突、海洋开发与保护矛盾的重要手段。国际社会应完善构建国际海洋空间规划的智库平台和信息数据平台，组建国际海洋空间规划专家小组，积极开展海洋空间规划的论坛研讨、高层对话与国际合作。[2] 在海洋渔业领域，合作开展渔业资源的调查、统计、监测和预警，实施渔业资源共同养护的控制措施，合作开展执法与监管，严厉打击 IUU 捕捞现象。以科技创新为引领合作发展海洋经济，提高海洋资源的利用率，减少海洋污染，实施绿色可持续金融，支持发展海洋能源、海洋经济的绿色化发展。

当前，全球海洋生态系统服务面临开采性威胁（例如渔业不可持续捕捞、采矿、近海油气勘探开采、近海和海洋可再生能源装置以及红树林开采）和非开采性威胁（例如海洋污染、生态环境破坏、海洋酸化、海洋变暖、海平面上升、海洋缺氧）的挑战，且相互影响或叠加影响。[3] 全球海洋合作治理既要解决传统问题，也面临着新问题，尤其要重点解决国际海底矿

---

① 《荷兰跨国研究所发布〈海洋空间规划〉报告》，中国海洋发展研究中心网站，http：//aoc. ouc. edu. cn/2019/1014/c9829a271591/pagem. htm，最后访问日期：2022 年 4 月 17 日。

② 李学峰、岳奇：《全球海洋空间规划国际合作的基本原则与实现路径》，《环渤海经济瞭望》2021 年第 5 期。

③ McCauley et al. , "Marine Defaunation：Animal Loss in the Global Ocean," *Science*, Vol. 347, 2015, p. 1255641; Simas, T. , et al. , "Review of Consenting Processes for Ocean Energy in Selected European Union member States," *International Journal for Marine Energy*, vol. 9, 2014, pp. 41 - 59; Sumaila et al. , "Fishing for the Future：an Overview of Challenges and Opportunities," *Marine Policy*, Vol. 69, 2016, pp. 173-180; Greaves, D. et al. , "Environmental Impact Assessment：Gathering Experience at Wave Energy Test Centres in Europe," *International Journal for Marine Energy*, Vol. 14, 2016, pp. 68-79.

产资源开发、北极治理、国家管辖范围以外区域海洋生物多样性养护与可持续利用、公海保护区设立、海洋垃圾与微塑料治理、[①] 海洋酸化治理、蓝碳项目合作、[②] 海洋应对气候变化等问题的国际谈判、规则制定和遵约守法，实施基于自然的解决方案（Nature-based Solutions），推进全球海洋国际合作，保障全球海洋可持续发展。

---

① 王金鹏：《构建海洋命运共同体理念下海洋塑料污染国际法律规制的完善》，《环境保护》2021 年第 7 期。

② 《〈欧洲和地中海蓝碳项目创建手册〉发布》，中国海洋发展研究中心网站，http：//aoc. ouc. edu. cn/2021/0526/c9829a324607/pagem. htm，最后访问日期：2022 年 4 月 17 日；《欧盟委员会将制定"蓝碳倡议"》，中国海洋发展研究中心网站，http：//aoc. ouc. edu. cn/2021/1227/c9829a360512/pagem. htm，最后访问日期：2022 年 4 月 17 日。

区 域 报 告
Regional Reports

B.7
地中海国际合作报告

陈 星*

摘　要：　地中海是连接欧洲、亚洲和非洲的交通枢纽，是联结大西洋、印度洋和太平洋的捷径。在人类发展史上，其在经济、政治和军事上都具有重要地位。地中海沿岸国家和人民的合作是解决海洋空间使用、海洋资源开采、海洋安全威胁、环境退化和气候变化、生物多样性治理、移民治理等地区问题的关键。1995年，欧盟、12个北非和中东地中海沿岸国家提出了环地中海战略合作计划，被称为"巴塞罗那进程"；2008年，"巴塞罗那进程：地中海联盟"峰会在法国巴黎举办，宣告地中海联盟成立。2021年12月召开的《巴塞罗那公约》第22届缔约方大会承诺，到2030年保护30%的地中海地区，解决塑料污染问题并减少空气污染，使该地区踏上可持续发展十年之路。2023年6月，欧盟公布了"西地中海和大西洋航线计划"，旨在加

* 陈星，博士，广东外语外贸大学西方语言文化学院副教授，主要研究领域为西班牙语国家研究。

177

强欧盟与非洲国家的海洋国际合作。

关键词: 地中海　海洋国际合作　地中海联盟　欧盟

　　地中海超过 250 万平方千米的巨大水域将南欧、北非和亚洲西端分开，它见证了也正持续见证着无数的文化、经济和政治交流，一直是全球最重要的地缘政治中心之一。一些文明的崛起甚至要归功于对这片海域的控制，最明显的是罗马帝国，其持续了几个世纪的霸权正是基于地中海的海上航线和对其周边领土的统治。直到近 21 世纪，一些大国还在继续争夺对地中海的控制权。

　　如今，地中海的战略地位优势慢慢减弱，但它从未从全球利益中消失，它对区域间和全球关系仍有着决定性的影响。比如，能源产品和集装箱的海上运输、非正常移民潮、生物和非生物资源的开发、污染及其对沿海旅游业的影响等，都关乎沿海居民的福祉和国家、地区，甚至全球的安全和经济发展。

　　地中海地区面临着一些严峻的挑战。比如，叙利亚和利比亚的战争加剧，恐怖分子的威胁在该地区依然存在；巴尔干半岛、埃及和北非都有热点地区；再往南，萨赫勒地区的大多数国家长期处于不稳定状态，恐怖组织和犯罪集团伺机扩张，建立了物资、武器和人员的非法贩运路线；沿海国家特别是南岸的人口增长，海洋使用过度以及城市、工业和农业的发展，导致其水域、海床和资源的恶化；污染、生物多样性下降、富营养化、渔业资源过度开发、威胁流域生态的状况频发。海洋空间的竞争、海洋安全遭受威胁、环境退化和气候变化等不利因素表明，地中海地区需要在一个共同意识指引下通过包括非欧盟成员国和地区在内的合作采取更加协调的跨国海洋治理对策。

　　因此，虽然政治上的分歧使该地区无法被视为一个统一的整体，但拥有封闭或半封闭海域的地中海国家需要真诚地进行合作，以解决共同面对的问题。而合作意味着为实现某一目标采取统一行动，同时兼顾其他相关国家的利益与诉求。

一　地中海国际合作概述

（一）地中海国际合作的区域特征

地中海是三大洲的交汇点，是全球范围内最重要的过境地区之一。该地区是宗教和文化的交汇点，地区内有经济高度一体化和政治、安全及国防相对一体化的子区域（如区域内的欧盟成员国），也有存在公开或潜在冲突的子区域（如中东和北非）。因此，该地区的国际合作具有复杂性和多样性。再者，地中海作为全球战略利益的十字路口，地区内外的国家、国际组织间合作与竞争并存。因此，共识原则显得格外重要，是国际合作不可动摇的基石。

地中海国际合作的目标历经重大演变，从改善贸易交流到实现经济、政治和社会稳定，成为保障安全、改善环境和传播科技进步的基本支柱。这种广泛的目标需要异质群体的参与，以期涵盖不同的合作领域，在不同的层面上采取行动。近几十年来，地中海国际合作逐渐形成了地区、国际组织、地区国家间和与地区外大国间等多层级合作关系。从主体来看，合作通过国家、超国家机构、多边机构和组织之间的协议展开：政府、国际组织制定不同针对性的合作方案；大企业、中小企业、非政府组织、非营利组织等私营性质的主体广泛参与；个人和协会加强民间交往和合作。从领域来看，地中海国际合作涵盖了政治、经济、文化、移民等多个领域。比如，在政治领域，定期召开不同级别的会议，实现政府间的政策对话；在经济领域，开展贸易、工业、能源、农业、环境治理、信息技术、基础设施建设、投资等方面的经济对话和交往；在社会、文化、人员流动等领域，就健康、社会融合等议题展开对话。

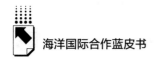

（二）地中海国际合作的主要内容和方式

地中海国际合作的目的是在地中海建立一个和平、稳定和繁荣的地区。为实现这一目标，需要三个维度的合作：第一，经济维度的合作旨在建立一个长期稳定的自由市场区；第二，政治维度的合作旨在推进地中海地区，尤其是北非和中东地中海沿岸国家的民主化进程；第三，文化维度的合作旨在促进该地区在社会文化层面的一体化。尽管国际合作机制在历史上遇到过障碍，但实现以上目标的路径在不断扩大、补充和修正。

欧盟主导的地中海合作是该地区最重要和最广泛的合作形式，很多促进地中海北岸和南岸合作的具体政策是在欧盟的推动下达成的。欧盟既通过支持次区域倡议间接鼓励经济领域的合作，也通过欧盟-地中海伙伴关系（EMP）直接鼓励合作，该机制后来被地中海联盟（UfM）和欧洲睦邻政策（ENP）取代。此外，北大西洋公约组织、阿拉伯国家联盟等政府间国际组织和由国家创建但具有非正式性质的多边框架（如地中海对话论坛、5+5对话机制等）也是该地区合作的积极推动者。地中海区域内外多元主体的广泛参与要求学者在研究该地区问题时不光要关注其地理范围内区域，而且要将其与包括欧洲在内的邻近地区联系起来，甚至从广义上讲，要将其与萨赫勒地区、红海-非洲东北部地区和中东地区联系起来。

（三）地中海国际合作的现状

1995年，欧盟、12个北非和中东地中海沿岸国家在巴塞罗那召开会议，提出环地中海战略合作计划，该计划被称为"巴塞罗那进程"。该进程在双边协议和多边项目的基础上，致力于建立平等的伙伴关系，解决政治、经济和社会问题。2008年，"巴塞罗那进程：地中海联盟"峰会在法国巴黎举办，"巴塞罗那进程"中的成功经验被地中海联盟继承和发展。虽然"巴塞罗那进程"和地中海联盟制定的行为准则和行动计划仍然存在，但要实现当时设定的目标仍然任重道远，为重启合作所做的各种尝试亦未能达到预期。因此，地中海联盟开始梳理尚待完成的工作，反思全球、欧洲、地中海和地区等各个层面形势的变化在多大程度上制约了地中海的合作和对话,评估它们是否会成为继续合作的障碍。

事实上,越来越多的人支持以欧洲-非洲(而不是欧洲-地中海)为重点的南方愿景。与此同时,还有一些人提议将与马格里布国家的关系(通常是合作关系)和与地中海东岸国家的关系(冲突更显著)分开。也就是说,现在的地中海是一个有争议、有边界的空间。在全球层面,国际体系正在发生变化,今天的世界不仅是一个更加多极化的世界,而且是一个多边主义作为国际体系的最佳机制遭受挑战的世界。这两种趋势都可能对欧洲-地中海关系构成威胁,因为该关系构成了一个突出多边合作和以欧洲联盟为中心的框架。

新的国际体系迫使欧盟和地中海南部及东部国家更新它们的合作议程。它们计划利用地中海联盟等现有的机制,在必要时强化联盟力量或采取额外的措施。然而,它们采取的任何举措都必须考虑到地中海地区的竞争和冲突。新的合作议程必须思考如何在尊重和促进多样性的前提下推动建立信任、促进和解进程和采取有效行动。尽管新冠疫情和欧洲公众舆论的演变不利于大规模的人员跨境流动,但流动性必须成为合作议程的一部分。如果没有最低限度的人员流动和更友好的边界,对话和合作空间的概念将显得过于抽象。此外,必须在确保欧盟内部和外部优先事项一致性的基础上,寻求保障社会公正、保护环境和适应技术革命的措施。

联合国大会于2015年通过2030年可持续发展议程,该议程从经济、社会和环境三方面规划了一条消除贫困、建构更平等世界的可持续发展路径。包括地中海海洋国际合作相关国家在内的所有联合国成员国都签署了该议程,为该区域的国际合作提供了一个很好的切入点。2021年3月,地中海湿地倡议、地中海保护区网络、地中海小岛屿倡议、国际地中海森林协会等6个国际组织签署合作谅解备忘录,成立地中海生物多样性保护联盟,推广以自然资源保护为基础的经济发展措施,支持当地政府和社会公众加强自然资源保护和管理。该联盟将通过开展多个合作项目,提升地中海的生物多样

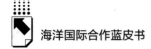

性，提高地中海沿岸各国应对气候变化的能力。① 2021 年底在土耳其安塔利亚召开《巴塞罗那公约》第 22 届缔约方大会，地中海国家共同承诺，到 2030 年保护 30%的地中海地区，解决塑料污染问题并减少空气污染，使该地区踏上可持续发展十年之路。

二 地中海的大国合作

（一）区域内的大国合作

联合国环境规划署（UNEP）提出的联合国区域海洋方案的第一项行动是确定一个地中海行动计划，其于 1975 年在西班牙巴塞罗那通过。该行动计划在 1995 年通过的《保护地中海海洋环境和沿海区域公约》（简称"《巴塞罗那公约》"）中规定了保护海洋环境的一般原则和体制框架。② 所有地中海国家都批准了此公约，承诺在以下方面采取具体措施并展开合作。

①防止船舶和飞机倾倒物造成的污染，防止海上焚烧。

②防止因勘探和开发大陆架、海床及其底土而产生的污染。

③防止来自陆地的污染。

④在造成紧急情况的污染事件中开展合作。

⑤保护生物多样性。

⑥防止危险废物越境转移及其处置造成的污染。

⑦污染监测。

⑧科学和技术合作。

⑨执行环境立法。

① 《多个国际组织成立地中海生物多样性保护联盟》，中国海洋发展研究中心网站，2021 年 4 月 6 日，http://aoc.ouc.edu.cn/2021/0407/c9829a318449/pagem.htm，最后访问日期：2023 年 7 月 19 日。

② Juan Luis Suárez de Vivero, "Gobernanza marítima. Situación actual y perspectivas," Ministerio de Defensa, Instituto Español de Estudios Estratégicos, *El Mediterráneo: cruce de intereses estratégicos*, 2011, págs. 35-72.

⑩促进公众获取信息和公众参与。①

地中海国家也试图建立政治合作。最早的尝试之一是 1995 年的"巴塞罗那进程",该进程试图建立欧盟-地中海伙伴关系,其由当时的 15 个欧盟成员国、12 个地中海国家组成,首次为明确处理该地区的经济、安全、社会、文化等问题提供了多边框架。然而,巴以冲突的再次爆发阻碍了地区合作的进展。

1995 年,巴塞罗那会议制定了指导方针,商定了对整个地中海地区最有效的"地中海模式",筹备组建面向不同形式合作的专门小组以加强地区在以下方面的紧急合作机制。

①防止和打击整个地中海盆地的海洋污染。

②提供后勤支持和基本的人道主义援助,以便在该地区发生自然灾害、重大事故和民事紧急情况时进行应对和协助民众。

③处理南欧海上移民带来的社会政治问题。

④确保地中海水域的航行自由,包括海峡地区的反恐保护和排雷活动。

⑤组织进行渔业资源的合理开发,包括水产养殖。

⑥与海洋学、海军和海事研究中心进行学术交流。

⑦海上货物和乘客运输的合理化。

⑧建立海洋空间机构,管理和规范主权边界以及国际水域和自由通行区域。

⑨开采海底石油矿藏和寻找各种矿物、植物或生物资源。

⑩组建合资企业,对地中海港口进行改革和现代化改造,实现各种船舶的互操作性和货物的处理。②

总体来看,地中海地区的海洋国际合作效果不佳,主要是因为个别国家将其他联盟或利益放在首位。北岸国家的外交方向显然是以欧盟为中心,南

---

① Ministerio de Defensa, Instituto Español de Estudios Estratégicos, *El Mediterráneo: cruce de intereses estratégicos*, 2011, págs. 35–72.

② Gonzalo Parente Rodríguez, "La cooperación marítima en el Mediterráneo como factor de estabilidad," *Cuadernos de pensamiento naval: Suplemento de la revista general de marina*, N°11, 2010, págs. 5–14.

岸和东岸国家则受到区域紧张局势、政治不稳定和战争的影响，无法进行合作，同时也更加重视阿拉伯国家联盟等组织。已经很清楚的是，因为没有其他类似的政治组织可以充当众多地中海国家间的调和力量，欧盟享有在地中海地区海洋问题中的主导地位。

在"巴塞罗那进程"的基础上，欧盟建立了一个包括两大区域的全球邻国政策，具体的合作方案包括与中东和北非国家的南方合作和与乌克兰、摩尔多瓦、白俄罗斯和高加索国家的东部合作。

2007 年，法国推出了一个"巴塞罗那进程"的替代方案，即地中海联盟，该联盟汇集了 43 个国家：欧盟的 27 个成员国和 16 个地中海沿岸国家。此外，阿拉伯国家联盟也参加了其会议。① 这个新组织的目标与其前身相似，即确保该地区的稳定与和平。该联盟是一个定期的外交聚会平台和社会项目的启动平台。

另一项外交倡议是同样由法国领导的"5+5 对话机制"，该机制将五个欧洲国家（马耳他、意大利、法国、葡萄牙和西班牙）和阿拉伯国家联盟的五个西地中海地区的非洲国家（摩洛哥、阿尔及利亚、利比亚、毛里塔尼亚和突尼斯）聚集在一起。② 2022 年 3 月，上述国家在西班牙瓦伦西亚签署了旨在保障水资源安全和合作应对气候变化的《瓦伦西亚宣言》。

欧盟的扩大和巩固使得地中海北岸弧形地区建立了跨国政治结构，如地中海地区委员会，它与其他各级政府的互动和对话使得治理体系更加明确；与此相反，地中海南岸（北非）的跨国政治结构较少。这扩大了地中海两岸在海洋治理能力方面的差距。

欧盟和地中海国家之间的另一个重要伙伴关系倡议是欧洲睦邻政策，它是在 2004 年欧盟扩大的背景下制定的，旨在加强以安全稳定和改善民生为

① Clara R. Venzalá, "Geopolítica del Mediterráneo, un mar entre tres continentes", El orden mundial, 17 de mayo de 2020, https://elordenmundial.com/geopolitica-del-mediterraneo/，最后访问日期：2023 年 7 月 15 日。

② Clara R. Venzalá, "Geopolítica del Mediterráneo, un mar entre tres continentes", El orden mundial, 17 de mayo de 2020, https://elordenmundial.com/geopolitica-del-mediterraneo/，最后访问日期：2023 年 7 月 15 日。

宗旨的外交手段。欧洲睦邻政策涉及与欧盟成员国有陆地或海洋边界的邻国，其中包括阿尔及利亚、埃及、以色列、约旦、黎巴嫩、利比亚、摩洛哥、叙利亚、突尼斯和乌克兰等地中海沿岸国家。该政策的核心要素是欧盟和各个伙伴国共同商定的双边行动计划。

Panoramed 是 2017 年在 Interreg① 下创建的一个平台，旨在改善地中海地区的治理，在该地区的所有倡议、计划和国际机构之间进行协同。平台在成立之初就被赋予了三重使命：第一，从政治和战略的角度强调地中海地区在欧盟中的重要性；第二，在目前"欧洲怀疑论"的背景下，强调国家之间的合作是处理地中海地区问题的最佳（如果不是唯一可行的）选择；第三，针对地中海国家管理效率低下的刻板印象，通过这一举措证明欧洲地中海国家的协同合作有能力为欧盟其他成员国提供一个合作的范例。②

地中海联盟成员国于 2021 年 6 月 17 日举行会议，讨论如何为整个欧洲-地中海地区的疫情后复苏作准备，特别是讨论了联盟研究与创新区域平台的未来研究与创新议程，提出将重点关注气候变化、可再生能源、健康、就业和劳工议程。

新冠疫情暴发后，地中海联盟秘书处启动了促进就业捐赠计划，该计划积极支持为民众提供就业机会的非营利组织。此外，联盟成员国还讨论了 2040 年战略城市发展行动计划及其住房行动计划，这两个行动计划是欧盟委员会与地中海联盟所有的 43 个国家之间为期三年的密切合作的结果。这两个行动计划提出了一个集体愿景和关键行动原则，旨在通过基于地方的综合政策和投资支持欧洲-地中海地区发展更具弹性和包容性的城市。联盟与欧盟委员会搭建了一个新的区域平台"欧洲-地中海初创企业联盟"（Startup Europe Mediterranean，SEMED），旨在通过提供一

---

① Interreg 是由欧洲区域发展基金（European Regional Development Fund）资助的一系列计划，旨在促进欧盟内部和外部区域之间的合作。
② Antonio del Pino Rodríguez, "Panoramed: una oportunidad histórica para el Mediterráneo," *Boletín económico de ICE, Información Comercial Española*, N°3113, 2019, págs. 69–80.

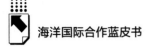

个数字创新生态系统来支持所有创新参与者，促进包容性和可持续的经济增长。

2021 年 12 月，第七届地中海对话论坛（MED）在意大利首都罗马召开。此次会议旨在为地中海制定"积极议程"，即在新冠疫情以及政治和经济转型时期，坚持以多边主义作为解决冲突的战略。会议的核心战略主题包括主要安全挑战、管理移民流动的创新政策、新冠疫情后年轻一代的命运、加速向绿色和可持续经济转型的主要行动、气候紧急情况和重启中东和平进程带来的复杂问题。这是一个关系着欧盟-地中海伙伴关系的未来、北约的作用和欧盟战略的重要会议，就充满复杂的多边竞争的地中海地区如何合作应对广泛的安全需求进行了讨论。

（二）区域内国家与域外大国的合作

1. 俄罗斯

近年来，俄罗斯在该地区的战略意图日益明显。该国在叙利亚建有塔尔图斯海军基地和拉塔基亚空军基地两个军事基地，巩固其在地中海-中东地区的存在；同时，俄罗斯还参与了有关叙利亚和平进程的峰会，两国签署了相关合作协议，保证俄罗斯政府能够优先获得该国优越的地理位置和丰富的资源带来的优势。

实际上，俄罗斯已经在地中海地区采取了外交、经济、军事和文化措施。比如，俄罗斯和土耳其在对待西方大国和民族主义的态度上保持一致，日益密切的经济合作更是支撑两国关系的关键因素。土耳其是俄罗斯的第五大贸易伙伴，俄罗斯是土耳其仅次于欧盟的第二大贸易伙伴，两国有重要的联合投资项目。土耳其目前正在建设阿库尤核电站，与俄罗斯国家原子能公司签订了建设、运营和供应合同，这进一步加强了两国在能源项目上的合作。

2. 美国

为巩固在欧洲的地位和对抗竞争对手，美国在地中海地区采取了一系列政策。最明显的是，美国支持东地中海天然气论坛。该论坛将希腊、意大利、塞浦路斯、以色列、埃及、约旦和巴勒斯坦联系在一起，以确保东地中海的天然气通过由美国盟友组成的财团运往欧洲。美国国会通过了《东地中海安全和能源伙伴关系法》，旨在加强希腊、塞浦路斯和以色列之间的合作，提升美国在东地中海的参与水平。该立法授权向希腊和塞浦路斯提供新的安全援助、解除对塞浦路斯的武器禁运，以及建立美国-东地中海能源中心。此后，美国开始参与希腊-塞浦路斯-以色列三边伙伴关系，从而形成了"3+1"进程。值得注意的是，美国鼓励这个东地中海的伙伴关系采取措施建设新的能源基础设施、发展清洁和绿色能源，这符合拜登政府应对气候变化和促进能源转型的全球目标。

反恐巩固了美国与中东和北非地区许多国家（如摩洛哥、阿尔及利亚、突尼斯、埃及、以色列、约旦和黎巴嫩）之间深厚的安全伙伴关系；当然，反恐也是其与南欧北约盟国的关系的关键组成部分。恐怖主义威胁也是美国在整个不稳定的萨赫勒地区所关注的问题。

维护地中海地区海上贸易的自由是维护全球贸易和运输利益的一部分。自19世纪修建以来，苏伊士运河一直是贸易和运输的咽喉地带，而且常常引发争议。尽管美埃两国之间存在着深刻的分歧，但埃及与以色列签订的和平条约，以及埃及对世界上最重要的国际运河之一的主权为两国的持久关系提供了关键支撑。当然，美国对维护海上贸易路线的兴趣也影响了它在波斯湾和红海南部入口曼德海峡的部署。

3. 中国

中国致力于利用商业、文化和外交工具发展与地中海地区的合作。近年来，中国已经获得了希腊比雷埃夫斯港的管理权，并成为西班牙瓦伦西亚港等其他港口的大股东，还在丹吉尔和马耳他等关键港口、意大利的几个港口、以色列的海法港和苏伊士运河的赛德港进行投资。此外，中国在非洲之角的吉布提建立了第一个境外军事基地，与有关方面共同维护国际战略通道安全。

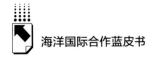

三　地中海多边合作与海洋治理

（一）地中海的国际组织与多边机制

1. 欧盟

对于欧盟来说，地中海是一个具有重要战略意义的地区，也是一个巨大的潜在市场。它占世界人口的7%，占世界GDP的13%，同时它存在重大的基础设施缺陷，例如，该地区一半的主要聚集区甚至没有污水处理设施。从南北两岸协作的角度来看，地中海地区的发展意味着巨大的利益。不仅是与北岸接壤的大国——法国、意大利和西班牙，所有欧盟成员国都将该地区的发展视作自身的"使命"。因此，在2008年7月13日，以前的进程和项目被转化为地中海联盟。

20世纪60年代，欧洲经济共同体与地中海南岸国家签署了最初的双边贸易协定，开启了欧洲在一体化进程下与这些国家的经济合作。然而，20世纪70年代初的石油危机迫使欧共体采取共同政策以确保成员国的能源供应，从而将与地中海南岸国家之间的关系转向多边化。1972年的巴黎峰会通过了全球地中海政策，目标是确保海上航线稳定和原材料（特别是能源）的供应。

西班牙的加入是欧洲共同体调整对地中海国家政策的一个决定性事件。1991年的马斯特里赫特首脑会议升级了全球地中海政策，强调基于援助主义的发展合作逻辑。尽管有一些新措施，如加强后勤和培训援助、加强财政援助和鼓励私人投资，但这些措施主要是商业层面的合作，未真正推动地中海国家的经济发展。可以认为，这是南北两岸关系向多边化过渡的阶段。

在《欧洲联盟条约》（或称"《马斯特里赫特条约》"）生效后，欧洲一体化进程的政治意义加强。在欧盟与地中海南岸阿拉伯国家的关系降温的那些年（一些欧洲国家参与了海湾战争、阿以冲突等），欧洲理事会连续发表声明，欧盟推动建立了与地中海南岸国家发展关系的新框架，这就是欧盟-地中海伙伴关系。

欧盟外交与安全政策高级代表和欧盟委员会在 2021 年 2 月发布的关于"与南方邻国重新建立伙伴关系"的联合声明体现了欧盟让南方邻国参与重大转型项目的雄心，呼吁建立一个更具有地缘政治性的欧洲以寻求更大的战略自主权。这份政策文件侧重五个优先领域：①人类发展；②善治和法治；③数字化；④和平与安全，移民和流动性；⑤与气候复原力、能源和环境有关的绿色转型。① 然而，欧盟制定的"地中海的新议程"没有明确说明欧盟打算如何促进邻国的改革，即欧盟准备提供怎样的激励措施或愿意承担何种风险。

2. 北约

1994 年 12 月 1 日，北大西洋理事会同意与非盟国的地中海国家逐个建立联系，② 以促进区域稳定。"地中海对话"应运而生，并逐渐由对话论坛模式走向和平伙伴关系模式。2004 年 6 月的伊斯坦布尔北约峰会一方面启动了针对中东和海湾国家的伊斯坦布尔合作倡议，另一方面加强了与"地中海对话"对话国的合作，从而重新建立了与阿拉伯国家的关系。③

"地中海对话"旨在促进北约与阿尔及利亚、埃及、以色列、约旦、毛里塔尼亚、摩洛哥和突尼斯七个国家建立伙伴关系。其主要目标是促进该地区的稳定和安全，避免北约与地中海伙伴之间产生误解，促进对话国之间的友好关系。对话基于不歧视、依托伙伴的具体需求、互利和与其他国际安全组织互补的原则。

自 1997 年以来，"地中海对话"年度工作计划涵盖了"地中海对话"对话国可以通过双边（北约＋1）机制参与的各领域民事-军事合作。自2002 年以来，该计划还涵盖了"地中海对话"对话国可以通过三边（北

---

① Antonio Blanc, Eimys Ortiz, "Del Proceso de Barcelona a la nueva agenda para el Mediterráneo: En busca de un modelo apropiado de cooperación," *Revista UNISCI*, N°57, 2021, págs. 233-276.

② Federico Yaniz, El Diálogo Mediterráneo en la OTAN y las crisis árabes, *Real Instituto Elcano-ARI*, N°108, 2011, pág. 6.

③ Federico Yaniz, El Diálogo Mediterráneo en la OTAN y las crisis árabes, *Real Instituto Elcano-ARI*, N°108, 2011, pág. 6.

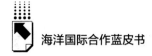
约+2）机制参与的各领域民事-军事合作。该计划包含了军事活动（占比为85%），旨在增强"地中海对话"对话国参与联盟领导的行动的能力。该计划的合作领域范围广泛，包括公共外交、军事教育、理论和培训、国防政策和战略、民事应急计划、危机管理和军备等领域。

在伊斯坦布尔北约峰会上，北约国家元首和政府首脑决定加强地中海地区的政治对话。这包括外交部长、国防部长以及国家元首和政府首脑的会议，不再局限于大使级和国防参谋长的会议。[①] 峰会结束后，"地中海对话"年度工作计划涉及的领域和活动数量大幅增加，除了全体会议（NATO+7），还提供了针对单个国家的合作方案。这些方案概述了特定国家与北约在短期和中期的合作目标，并将这种合作置于一个战略性和个性化的框架中。[②] 最早完成独立方案的国家是以色列和埃及。

北约在该峰会上提出要将在对话中建立的合作关系提高至真正的伙伴关系。"地中海对话"对话国有机会参加某些军事演习和和平伙伴关系计划的活动。北约还提出在打击恐怖主义方面进行合作、分享情报并为军事行动作出贡献。例如，摩洛哥和以色列参加了"积极奋进行动"、摩洛哥派部队稳定科索沃局势等。

然而，阿拉伯国家的变化和利比亚的事件让北约在实施《里斯本条约》的过程中陷入困境。北约没有预见到局势的变化，突然发现自己卷入了联合国安理会第1970号决议授权的禁运和第1973号决议授权的保护平民行动。北约于2011年3月27日接管了行动，此后一直在进行海军和空军行动。尽管设立禁飞区得到了阿拉伯国家联盟的支持，但"地中海对话"对话国都没有参加"联合保护者"行动。[③]

---

① Federico Yaniz, El Diálogo Mediterráneo en la OTAN y las crisis árabes, *Real Instituto Elcano-ARI*, N°108, 2011, pág. 6.

② Federico Yaniz, El Diálogo Mediterráneo en la OTAN y las crisis árabes, *Real Instituto Elcano-ARI*, N°108, 2011, pág. 6.

③ Federico Yaniz, El Diálogo Mediterráneo en la OTAN y las crisis árabes, *Real Instituto Elcano-ARI*, N°108, 2011, pág. 6.

（二）地中海区域海上安全合作

地中海包括四个次区域：南欧、巴尔干地区、马格里布地区和马什里克地区。由于意大利、西班牙、葡萄牙、希腊等南欧国家已加入多种安全组织，它们的合作较为紧密。然而，其他三个地区因为存在冲突、缺乏一体化进程，合作可能会受到限制。在马格里布地区和马什里克地区，合作仅限于政府层面，且仅涉及跨境问题。

在英国从苏伊士运河以东地区撤军后，特别是自 20 世纪 70 年代中期和 80 年代初以来，一些欧洲组织，如欧洲共同体、北约、欧洲安全与合作会议等，对该地区发生的事件表示担忧。欧洲的关切与黎凡特和中东的武装冲突局势直接相关，并涉及欧洲的石油安全问题。随着冷战结束，20 世纪 90 年代出现了不同于传统观点的看法，此种看法认为该地区是北约的南翼和欧洲-大西洋战略空间的延伸，是与中东等更广泛战略空间相连的北美"湖"。对安全问题的关注也从以往的威胁感知方面，如军事平衡、武器扩散、贸易路线的安全和战略资源获取，转向包括非严格意义上的军事问题或与欧洲安全非直接相关的方面，如政治稳定、地中海南岸和东岸严重的经济问题对社会的影响、武装冲突风险等变量。

这种转向也与欧洲的政治建设进程有关。20 世纪 80 年代和 90 年代，欧洲共同体成员国意识到，除非在其经济实力和国际地位的基础上加强政治合作，否则欧洲不可能作为一个国际行为者发挥相关的作用。因此，通过"共同外交和安全政策"在国际事务中形成共同立场的目标被概念化。然而，安全方面的问题仍然没有得到解决，因为政治环境不允许国防和安全的"盒子"被打开。这主要由几个因素造成：第一，北约或欧洲共同体的成员国在防务问题上缺乏共识，它们对安全和防务有自己的看法；第二，冷战残余和大国在欧洲安全问题上的分歧；第三，大西洋两岸对欧洲防务和安全的不同看法。对地中海地区而言，这些因素妨碍了该地区设计和制定一个全面的共同外交和安全政策。

在 1992 年的《彼得斯堡宣言》中，西欧联盟国家决定在七项原则的基础上与一些地中海国家逐步在以下方面展开双边对话：制定促进该地区稳定和信任的框架；建立信任；增加军事行动的透明度；根据国家实际安全需求调整军事力量；预防冲突；和平解决冲突；防止大规模毁灭性武器和弹道导弹扩散。① 西欧联盟与阿尔及利亚、摩洛哥和突尼斯进行了磋商；之后，对话范围扩展到埃及、毛里塔尼亚、以色列和约旦；同时，土耳其成为西欧联盟的准成员国；1995 年，西欧联盟又与塞浦路斯和马耳他展开了对话。

1997 年的《里斯本宣言》确定了与地中海有关的优先目标和关切，对1992 年的原则进行了细化，将原本仅涉及军事和国防的安全愿景扩展到政治、经济和社会方面：维护政治、经济稳定；保障石油和天然气等能源的自由流动；关注北非日益不稳定和脆弱的民主体制；关注极端主义运动；关注欧洲与北非在经济福利和人口增长方面的不对称。② 宣言还提出，未解决的冲突将导致和平进程放缓和最终恢复对抗，使整个地区变得不稳定。

1995 年初，大西洋联盟根据北大西洋理事会 1994 年 12 月的协议，决定与北非和中东国家展开定期的双边对话。此举被认为是对其他对话的补充（大西洋联盟于 1995 年开始与埃及、摩洛哥、突尼斯、以色列和毛里塔尼亚进行探索性会谈，随后约旦也加入会谈；2000 年 3 月，阿尔及利亚加入会谈）。这一举措似乎是北约地中海成员国，特别是法国、意大利和西班牙呼吁的结果，它们认为北约正在优先考虑中欧和东欧国家，而忽略了其南部邻国的问题。然而，由于欧洲和阿拉伯地区的安全文化不同，建立地中海安全对话非常困难。③ 地缘政治环境、欧盟-地中海伙伴关系以及欧盟的发展迫使人们重新审视如何实现"巴塞罗那进程"的目标，从而提出反映欧盟利益和关切的新共同安全概念。

在地中海地区，能源资源的海上运输安全不仅关系到该地区国家本身，

① Elvira Sánchez Mateos, "La Seguridad Global en el Mediterráneo," *Revista CIDOB d' afers internacionals*, N°57-58, 2002, págs. 7-28.

② Elvira Sánchez Mateos, "La Seguridad Global en el Mediterráneo," *Revista CIDOB d' afers internacionals*, N°57-58, 2002, págs. 7-28.

③ Elvira Sánchez Mateos, "La Seguridad Global en el Mediterráneo," *Revista CIDOB d' afers internacionals*, N°57-58, 2002, págs. 7-28.

而且关系到该地区以外的出口国。从这个意义上说，与所有相关国家协调该地区的海上交通安全措施是非常重要的。石油、天然气和煤炭等能源的生产国被作为重点纳入了海上安全计划。地中海作为重要的洲际海上交通路线，其海上安全和双边及区域合作政策对能源产品主要的生产和供应基地至关重要，因此欧盟和北约等组织已经关注到这个问题。然而，在过去十余年中，尽管西欧联盟、北约，特别是欧盟在"巴塞罗那进程"的框架内提出了各种倡议，与地中海南岸和东岸的国家建立了安全对话，但这些倡议并没有取得显著的成功。这主要是由于欧洲国家和组织缺乏明确的战略目标和一致的政策，以及欧洲和阿拉伯地区的安全文化不同，建立对话非常困难。因此，重新审视欧盟-地中海伙伴关系的构想，形成反映欧盟利益和关切的新共同安全概念是必要的。

地中海国家间长期存在领土争端，这威胁着该地区的稳定。其中最危险的是同为北约成员国的土耳其和希腊在塞浦路斯岛和爱琴海部分地区的争端。阿尔及利亚和摩洛哥之间的边界争端、西班牙和英国之间关于直布罗陀的争端，以及以色列和巴勒斯坦之间的长期冲突等问题同样严峻。地中海还曾经历过中东战争和两次世界大战等重大战争和冲突。尽管欧盟，尤其是"巴塞罗那进程"在解决地中海冲突问题上经常表现出自愿性，但实际上，它们几乎没有参与解决过地中海南岸和东岸的地区争端。因此，地中海国家呼吁地中海联盟在促进地中海地区稳定方面发挥更积极的作用。

（三）地中海区域海洋经济合作

沿海国家在扩展对地中海水域的国家管辖权时普遍表现出谨慎态度。虽然大多数国家划定了领海，但只有少部分国家设置了专属经济区、捕鱼区或划定了延伸到这些水域以外的污染区。因此，地中海的公海区域变得更加广阔。① 如此大的公海区域的存在使得沿海国家之间需要进行非

---

① Juan Luis Suárez de Vivero, "Gobernanza marítima. Situación actual y perspectivas," Ministerio de Defensa, Instituto Español de Estudios Estratégicos, *El Mediterráneo: cruce de intereses estratégicos*, 2011, págs. 35-72.

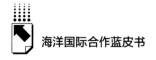
常深入的合作，以确保渔业资源可持续利用和保护地中海海洋生物的多样性。

欧盟 2002 年发布的共同体行动计划提出改善地中海的渔业管理。① 这一计划强调，建立渔业保护区将有助于控制并打击非法、不报告和不受管制的捕捞活动。为确保此计划的成功实施，欧盟需要与地中海周边所有国家进行广泛磋商，并使它们参与其中、达成共识。因此，首先需要由欧盟的所有成员国达成共同协议，然后由地中海地区的所有国家达成共同协议。

目前，地中海渔业部门主要由欧盟根据共同渔业政策进行管理。在欧盟签署的 21 项渔业协议中，大部分是与非洲国家签署的，而与地中海国家签署的相对较少。与地中海国家的渔业协议涉及以下方面。

①可持续发展。

②依托社区资源为项目提供资金。

③开展科学和技术评估，以确定可开发的资源。

④所有地中海国家对存货的处理。

⑤建立共同的渔业标准，以反映渔业的义务和承诺。

⑥开展国际合作，形成更强的地中海渔业活动协同效应。②

海洋因其在创新和增长方面的巨大潜力，成为欧盟未来经济驱动力的重要保障之一。新冠疫情后的复苏将来自面向新利基市场的新行业，如蓝色经济，而地中海将成为这一复苏的主要基础。虽然地中海仅占世界海洋表面的约 1%，但却占全球航运的 30%。蓝色经济因获得欧盟复苏基金而受到推动，这将使占主导地位的行业市场多样化，成为疫情后经济复苏的关键。据欧盟委员会估计，西班牙蓝色经济占就业的比例为 5%，占总附加值的 3%；法国、意大利和英国蓝色经济占就业的比例分别为 1.4%、2.3% 和 3.2%。欧盟的

① Juan Luis Suárez de Vivero, "Gobernanza marítima. Situación actual y perspectivas," Ministerio de Defensa, Instituto Español de Estudios Estratégicos, *El Mediterráneo: cruce de intereses estratégicos*, 2011, págs. 35-72.

② Gonzalo Parente Rodríguez, "La cooperación marítima en el Mediterráneo como factor de estabilidad," *Cuadernos de pensamiento naval: Suplemento de la revista general de marina*, N°11, 2010, págs. 5-14.

"下一代欧盟"（Next Generation EU）计划主张推动中长期经济发展，海洋市场是其中一个轴心，并被纳入了联合国 2030 年可持续发展议程的目标。[①]

欧洲的复苏将基于地中海这个新的利基市场，这将特别有利于该海域的沿岸地区。如果蓝色经济最终被证明是疫情后的一个新兴行业，这将推动港口、物流网络和电力分配等的发展，促进沿海旅游和邮轮旅游的增长。

2021 年 2 月，欧盟外交与安全政策高级代表和欧盟委员会发布了关于"与南方邻国重新建立伙伴关系"的联合声明，为与南方国家开展合作的新议程奠定了基础。新的欧洲-地中海议程伴随着一个经济和投资计划。新冠疫情的直接影响之一是全球价值链的重组，这为欧盟和其地中海南岸邻国之间的整合创造了新的机会。除了数字化转型，互联经济还有助于在地中海地区建立更好的数字连接，促进更大程度的经济一体化。

（四）地中海区域移民治理机制

地中海并非一道屏障，而是连接不同国家的纽带，有利于人类活动的开展。如果没有人员交流，就无法真正理解这个地区的文化、政治、社会和经济生活。

移民影响着欧盟和成员国的行动领域，并逐渐影响欧盟移民管理政策的设计。移民带来了保障人权和社会融合方面的挑战，其中包括保障移民的公民权利和融入民主机构的权利。

由于南北岸之间的不平等，地中海越来越成为一个边界，而不再是一个共同的空间。暴力和人口膨胀导致成千上万的人从非洲和中东移民到欧洲，对地中海两岸的国家造成影响，移民问题已经成为该地区最大的挑战之一。叙利亚难民危机是人们记忆中最大的人道主义灾难之一。

地中海区域的非法移民现象沿着整个海岸线由南向北蔓延。大量非法移民涌入土耳其、西班牙、意大利和希腊，表明相关国家和欧盟缺乏通过合作

---

① Carlos Manzano, "El Mediterráneo se ata a la 'economía azul' para superar el Covid," Crónica Global, 27 de abril de 2021, https://cronicaglobal.elespanol.com/business/mediterraneo-se-ata-economia-azul-superar-covid_475483_102.html, 最后访问日期：2023 年 8 月 1 日。

机制解决这一问题的能力。

1997年，随着《阿姆斯特丹条约》的签订，庇护和移民程序的共同处理被纳入其中，签证、庇护、移民和其他与人员流动有关的问题被统一在一套规则之下。"申根协议"（1995年）是最显著的成果。该地区取消了内部边界，统一了针对外国人的签证政策和入境要求。1999年，欧洲理事会坦佩雷高峰会议提出了共同的欧洲避难体系，并辅以鼓励合法移民和打击非法移民的政策（1999年坦佩雷计划）。这些共同规则的目的是建立一个自由、安全和正义的内部区域。2000年，《尼斯条约》建立了一个警察和司法合作系统，制定了与预防种族主义和仇外心理有关的规则。2002年，欧盟塞维利亚首脑会议召开，移民问题开始在欧洲议程上占据重要位置。欧洲理事会发布了关于遣返非法居民的共同政策的绿皮书。该政策的目的是实现成员国在遣返非法居民方面的共同合作，以及在与原籍国达成一致的情况下确定重新接纳规则。2003年欧洲理事会制定并于次年通过了题为"加强欧洲联盟的自由、安全和公正"的海牙计划。该计划旨在建立一个自由、安全和公正的共同区域，确立关于移民待遇、移民融合和人员安全的政策框架（制定全球性的移民方法被确立为优先事项），强调欧盟需要与第三国在移民重新入境和遣返回原籍国方面加强以下合作。

①维护移民基本权利，为其提供欧洲公民身份。

②打击恐怖主义。

③制定一个平衡的移民方法。

④明确外部边界的综合管理方式。

⑤制定一个共同的庇护程序。

⑥最大限度地发挥移民的积极影响，确定欧洲多元文化融合的框架。[1]

2004年的欧洲睦邻政策也间接涉及移民问题，其核心目标是深化与东欧和南欧邻国的经济和政治关系，以增强共同的稳定和安全。同年，欧盟通

---

① Maria Cristina Nin, Stella Maris Shmite, "El Mediterráneo como frontera: desequilibrios territoriales y políticas migratorias," *Perspectiva Geográfica*, vol. 20, N°2, 2015, págs. 339-364.

过向第三国提供财政和技术援助的埃涅阿斯（Aeneas）方案，规范了移民和发展问题相关行动的融资。2005 年，在制定关于非法移民的共同政策的过程中，欧盟委员会提出了与遣返在成员国境内非法居留的第三国国民的共同程序和规则有关的建议。2006 年，欧盟委员会成立了移民事务专员小组，该小组负责处理与移民有关的司法和内政、发展、就业、教育和培训、区域政策、经济、对外关系等方面的事务。同年，欧洲和非洲移民与发展部长级会议在拉巴特举行，最终达成了《拉巴特宣言》，该宣言建议加强原籍国、过境国和目的地国之间的合作，以实现全面的移民管理。2008 年，欧盟成员国签署了《欧洲移民与难民庇护公约》，该公约提出，欧盟成员国应促进移民学习语言、实现就业以及尊重其身份和价值观。同年，经过三年的广泛辩论，《遣返指令》获得通过，其目的是统一欧盟成员国遣返非法移民的程序、时间和方法。该条例于 2010 年开始实施。[①]

透过以上过程可看出欧盟对移民问题的关切以及实施限制性行动的必要性。为解决这个问题，欧洲机构需要进行广泛的讨论。美国和欧洲国家遭受的恐怖袭击和 2008 年开始的经济危机等事件使得对非法移民的控制规则变得更加严格。欧盟已将控制非法移民的问题列入政治议程，并将移民问题作为内部安全议程中的优先事项，通过广泛的经济、军事和外交措施来加强边界控制。

2021 年 10 月，地中海联盟成员国举办了高级官员会议，批准了一项新的区域倡议，以支持难民和流离失所者接受高等教育。该项目在埃及、法国、意大利、约旦、黎巴嫩、摩洛哥、波兰、葡萄牙、西班牙、土耳其 10 个国家实施，在三年的项目周期内为以叙利亚难民为主的 300 名受益者提供两年紧急奖学金。该项目不仅提供学术指导和软技能培训，还包括职业发展规划等支持。此外，该项目旨在建立一个全面运作的机制，以满足危机时期对高等教育的需求。该项目还特别关注年轻女性赋权以及与数字时代新需求

---

① Maria Cristina Nin, Stella Maris Shmite, "El Mediterráneo como frontera: desequilibrios territoriales y políticas migratorias," *Perspectiva Geográfica*, vol. 20, N°2, 2015, págs. 339-364.

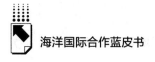
相匹配的研究。

2023年6月，欧盟公布了"西地中海和大西洋航线计划"，旨在加强与非洲国家的合作、打击人口贩运集团、加强边境管理、遣返非法移民、促进合法入境。

结　语

2021年11月28日，在"巴塞罗那进程"提出26周年之际，地中海国家举办了首次"地中海日"活动，旨在培养地中海身份认同，促进文化间交流并接纳和发展该地区的多样性。近几十年来，地中海国家在基于共识原则加强地区合作、推动一体化进程以及促进地区和平、稳定和社会经济进步等方面不遗余力。

然而，在未来的区域地缘政治中，还存在许多复杂因素：美国想维持在地中海的战略部署；俄罗斯回归地中海，尤其是其在地中海东岸的存在感加强；土耳其、伊朗等中等国家的崛起；等等。任何全面的地中海战略都必须建立在两个关键因素之上：平衡和整合。在新的情况下，所有沿海国家、在该地区有利益关系的非地中海国家和在该地区有强大影响力的区域组织都有必要更多地参与和开展合作。为实现地区的可持续发展，需要构建双边和多边的合作机制，只有这样才能使所有的行为主体受益。这是解决地区冲突和安全威胁、加快地区发展的根本路径。

B.8
北冰洋国际合作报告*

罗　颖**

摘　要： 在气候变化的影响下，北极作为资源宝库与世界新航线的所在地日益受到关注。北极理事会作为北冰洋国际合作的主要平台自成立以来发挥了重要作用。2022 年欧洲地缘政治格局突变，北极理事会的正常运作按下了暂停键。2022 年也成了北冰洋国际合作的分水岭，标志着北冰洋地区治理进入一个充满变数的时期，北冰洋国际合作迎来了新格局、新发展与新方向。北冰洋中央是公海区域，也是地球上少数地理形态还在探索发现的地区，中国作为一个大国，有责任在气候变化剧烈与地缘政治动荡的北冰洋区域贡献自己的力量。

关键词： 北冰洋　海洋国际合作　全球治理

北冰洋地区不仅是新的世界航线所在地，亦是资源的宝库。围绕北冰洋的博弈正在成为我们这个星球的重大事件。北冰洋的绝大部分是国际公域，随着冰川的融化，这片国际公域的可活动范围正在扩大。北冰洋国际合作是非常现实的研究命题。

* 本报告系国家社科基金一般项目"俄罗斯北极新战略及其对中国的影响与对策研究"（项目编号：21BGJ065）和教育部区域和国别研究培育基地极地问题研究中心项目"北极生物资源利用与中医药文化融合研究"（项目编号：21JD004A）的阶段性成果。
** 罗颖，博士，广东外语外贸大学南国商学院极地问题研究中心研究员，中欧文化交流研究所所长，莫斯科大学、拉普兰大学访问学者，主要研究领域为北极资源利用、北极原住民文化以及北极地区现代化。

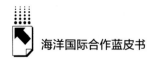

一 北冰洋国际合作的背景

（一）北冰洋国际合作的区域特征

1. 北冰洋的地理特征

（1）北冰洋是亚欧大陆与北美大陆环抱的一片水域。北冰洋通过白令海峡与太平洋相通，通过戴维斯海峡与大西洋相通。北冰洋面积为 1475 万平方公里，体积为 1807 万立方公里（约占世界海洋面积的 4%，体积的 1.35%），平均深度为 1225 米，最大深度为 5527 米（格陵兰岛东北部）。海洋的浅陆架区（深度达 200m）占北冰洋面积的 39.6%（世界大陆架的 7.3%）。

（2）区域内海洋。根据物理、地理和水文特征，北冰洋由诸多海洋组成，包括挪威海、巴伦支海、喀拉海、拉普捷夫海、东西伯利亚海、楚科奇海和波弗特海等海域。

（3）区域内岛屿。北冰洋区域内的岛屿众多，比较大的岛屿有：斯瓦尔巴群岛、法兰士约瑟夫地群岛、新地岛、北地群岛、新西伯利亚群岛、弗兰格尔岛、伊丽莎白女王群岛和格陵兰岛。

（4）北极航道。北极目前公认有三条航道：东北航道、中央航道以及西北航道。

东北航道，俄罗斯称之为北方海航道，以北欧地区为出发点，经巴伦支海、喀拉海、拉普捷夫海、东西伯利亚海和楚科奇海，大部分在俄罗斯的大陆架附近，水域开阔，便于航行。由于气候变暖，东北航道的无冰通航期越来越长。东北航道的商业价值与日俱增。

中央航道经过北极点，终年冰雪覆盖，这是一条理论上的商业航线，除非极点附近的冰全部融化，否则没有开发价值。

西北航道是大西洋和太平洋之间最短的航道，由格陵兰岛经加拿大北部的北极群岛到阿拉斯加北岸，纬度比东北航道高，冰层厚，是世界上最险峻的航线之一，在北极探险史中被称为"探险家的墓园"。

2. 北冰洋的历史与文化

据北极考古发现，1 万多年前北冰洋沿岸已经有人类居住，形成了悠久的北极原住民文化。北极原住民文化分为三大板块：北欧北极、北美北极与北亚北极。

北欧北极原住民主要是萨米人，分布在挪威、瑞典、芬兰和俄罗斯。北美北极原住民主要是因纽特人，主要分布在阿拉斯加、加拿大北部以及格陵兰，除此之外，还有白令海峡附近的阿留申人等人数较少的北极原住民。北亚北极原住民主要分布在俄罗斯境内，根据《2035 年前俄罗斯联邦北极地区发展和国家安全保障战略》的文件，俄罗斯北极地区有 19 个北极原住民。这些北极原住民有：雅库特人、科米人、涅涅茨人、萨米人、楚科奇人、埃文基人和因纽特人等。

除北极原住民以外，维京人的历史与北极的历史深度交织。公元 8 世纪至 11 世纪，被历史学家称为"维京时代"。维京人向西发现了冰岛和格陵兰岛，并最终到达北美。公元 882 年维京人奥列格建立了基辅罗斯。[1]

彼得大帝及其继任者支持了维斯图·白令领导的大北方探险，发现了白令海峡及其周边岛屿，完成了跨越欧洲、亚洲至美洲的陆路与海路的探索。

北极原住民信奉萨满教或万物有灵的宗教（与萨满教相似，但名称各异），俄罗斯北极地区的原住民经历了苏联时代，后来大多数接受洗礼，皈依了东正教，但萨满教的很多礼仪被保留，形成了东正教与萨满教杂糅的信仰。北欧与北美的北极原住民的万物有灵宗教信仰没有受到影响，被保留了下来。

北极原住民的民俗彼此之间较为接近，穹顶的帐篷，驯鹿狩猎文化，敬畏自然、不惧死亡、相信轮回，新生的婴儿被认为是祖先灵魂再次归来。

北极原住民在北冰洋沿岸漫长的生息岁月中，积累了大量与极端环境和平共处的传统知识，这些知识有关冰雪、驯鹿、渔猎，并在此基础上形成了独特的冰雪文化、驯鹿文化和渔猎文化，成为人类文明中富有特色的部分。

---

[1] Сахаров А. Н., Морозова Л. Е., Рахматуллин М. А., Боханов А. Н., Шестаков В. А. История России с древнейших времен до нашей дней. Москва: Издательство ACT, 2018: 56.

3. 北冰洋的经济产业

（1）原住民传统营生。北冰洋地区传统的四大营生：游牧（饲养驯鹿）、捕鱼、采集与狩猎。原住民饲养驯鹿，是为了获得稳定的肉食来源，驯鹿肉、血是一种健康食品。驯鹿肉有明显的增加肌肉量减轻脂肪的作用。长期食用驯鹿肉可以防止动脉硬化、高血压，并且可以抑制肥胖。

捕鱼是北极原住民的谋生手段之一，他们也长期食用鱼肉。北极的淡水鱼类，如白鲑鱼、狗鱼、江鳕等具有极高的营养价值。现代研究证明俄罗斯北极原住民日常食用的淡水鱼（其中大部分是白鲑鱼）鱼肉的食用量与肌肉量成正比，具有增强体质，预防心脑血管病的作用。

采集浆果蘑菇等植物也是原住民的一种主要营生方式。各种浆果也是北极原住民的主要食材。在北极原住民区域生长着很多浆果，北极的野生浆果有蓝莓、马林果、沼泽蔓越莓、熊果、黑松球等。据统计北极野生浆果已有较大产量，这些浆果除了可以作为水果，还可以制作成面包、巧克力、果酱等食品，对保护视神经、抗衰老、调节肠胃功能有很好的效果。

狩猎是北极原住民古老的谋生手段，比如沿海居民的捕猎鲸、海豹、海象与海狮，森林地区居民的猎狐、狼和熊。早在16世纪，北极的动物皮毛工业已有一定的规模。

（2）新兴工业。随着气候变暖，北冰洋经济圈的优势产业有：水产养殖、渔业捕捞、油气开发、矿产开采。

北欧北极地区的水产养殖已成为支柱产业。相关研究指出："挪威水产养殖在20世纪70年代的开创性时代发展成为一个主要产业，主要以养殖大西洋鲑鱼和虹鳟鱼，具有影响周围环境和野生种群的潜力。"[1]

气候变暖使得渔场北移，北极渔业的发展已经得到北冰洋沿岸国家的重视，北极野生鱼类捕捞竞争激烈，挪威和俄罗斯就巴伦支海捕鱼问题展开了

---

① Taranger, G. L., Karlsen, Ø., Bannister, R. J., Glover, K. A., Husa, V., Karlsbakk, E., Kvamme, B. O., Boxaspen, K. K., Bjørn, P. A., Finstad, B., Madhun, A. S., Morton, H. C., and Svåsand, T. Risk assessment of the environmental impact of Norwegian Atlantic salmon farming. –ICES Journal of Marine Science, doi: 10.1093/icesjms/fsu132.

几十年的谈判。① 现代捕鱼业使用拖网和延绳钓方式，对北极生物的种群繁衍产生了不可忽视的影响。

除了渔业资源以外，北冰洋的油气资源储量丰富，油气开采产业前景可观。北冰洋地区已探明的原油储量为2150亿桶，累计开采843亿桶，年产量占世界的1/10；天然气556000亿立方米（相当于3475亿桶原油，约占世界的25%），年产量占世界的1/4。俄罗斯对油气开采积极实践，因此油气产量尤以俄罗斯为最高。② 近年来，挪威连续发现大型油田，已经成为世界第三大石油出口国。

采矿业对环境产生了巨大影响。俄罗斯的诺里尔斯克（Norilsk）铜镍矿，常收到俄罗斯政府以破坏环境为由的巨额罚单。此外，美国阿拉斯加的金矿、加拿大的金刚石矿、瑞典的铁矿、芬兰的洛铁矿、斯瓦尔巴的煤矿等都是在生产中的大型矿山。③ 虽然采矿业对北极的环境造成不同程度的影响，但是北极矿产的品级很高，这也是北极诸国无法舍弃该产业的原因。

北冰洋地区被誉为"人类最后的资源宝库"，其资源开发尚处在初始阶段，水产养殖、渔业捕捞、油气开发、矿产开采等优势产业潜力巨大。

（二）北冰洋国际合作的主要内容和方式

1. 北冰洋国际合作在冷战结束后经历了三个历史阶段

第一阶段：从20世纪90年代到2007年俄罗斯北极"插旗事件"，这个时间段是北冰洋国际合作的发展阶段。在这个阶段诞生了北极理事会。1989年9月，根据芬兰政府的提议，北极八国（美国、加拿大、苏联、挪威、瑞典、丹麦、芬兰和冰岛）代表召开了第一届"北极环境保护协商会议"，共同探讨通过国际合作来保护北极环境。1991年6月，北极八国在芬兰罗瓦

① 〔挪〕盖尔·荷内兰德：《俄罗斯和北极》，邹磊磊等译，中国社会科学出版社，2019，第92页。
② 张侠、屠景芳：《北冰洋油气资源潜力的全球战略意义》，《中国海洋大学学报》（社会科学版）2010年第5期，第8~10页。
③ 刘益康：《北冰洋圈的矿产勘查热》，《世界有色金属》2010年12月，第32~33页。

涅米签署《北极环境保护宣言》（以下简称《宣言》），在这一过程中，芬兰政府发挥了积极的推动作用。《宣言》的签署，启动了保护北极环境系列行动——"北极环境保护战略"（AEPS）。该战略提出，北极地区的环境问题需要广泛的合作，建议成员国在北极各种污染数据方面实现共享，共同采取进一步措施控制污染物的流动，减少北极环境污染的消极作用。《宣言》提出将周期性召开会议，评价计划进度，交流信息。"北极环境保护战略"的工作职能通过其设立的四个工作组履行，分别是北极监测和评估工作组（AMAP）、北极海洋环境保护工作组（PAME）、北极动植物保护工作组（CAFF）以及紧急情况的预防、准备和应对工作组（EPPR）。1996 年 9 月 16 日，北极八国在加拿大渥太华举行会议，宣布成立北极理事会（Arctic Council），并随后将"北极环境保护战略"的所有工作也纳入其中。[①] 1998 年，德国、英国、荷兰、波兰成为北极理事会观察员国，2000 年法国也成为其观察员国。[②]

第二阶段：2007 年俄罗斯北极"插旗事件"之后至 2022 年俄乌冲突爆发前，北冰洋国际合作转化为国际竞争。

以往，北极只对科学家和研究人员有吸引力，但从 2007 年 8 月 2 日"北极-2007"探险队员在北极点海底插上俄罗斯国旗并放置装有写给后代的信的密封舱时起，北极开启了新一轮地缘政治争夺，各方在北极地区举行的单边或多边军事演习此起彼伏。北极周边国家在各自北冰洋沿岸的军事部署也不断强化，且纷纷发誓要确保本国在北极地区的多种权利。客观上讲，北极理事会在监测与评估北极环境、气候变化，促进原住民参与地区可持续发展方面取得了一定成果。但它也存在着明显的先天性缺陷，如没有法律约束性的义务和规定、并非一个严格意义的国际组织、参加方的局限性、没有常设性的独立秘书处、没有机制性的资金来源等。[③] 2013 年 5 月 15 日，北

---

① 修婷婷：《北极理事会改革问题初探》，《外交学院》2015 年第 11 期，第 49 页。
② "List of Arctic Council Observers," Arctic Council, https://arctic-council.org/about/observers/, accessed: 2022-07-23.
③ 《俄媒：俄罗斯不愿让其他"玩家"介入北极之争》，中国新闻网，https://www.chinanews.com.cn/gj/2013/05-15/4818632.shtml，最后访问日期：2022 年 7 月 22 日。

欧五国与美国力挺中国、日本、韩国、意大利、印度、新加坡六国成为北极理事会观察员国。俄罗斯在北极一家独大，引入更多的观察员国，符合北欧及美国的利益。关于北极理事会观察员国的激烈争论，体现了此阶段北冰洋地区的竞争已处于白热化程度。

第三阶段：俄乌冲突爆发以后，瑞典和芬兰申请加入北约，未来北极八国除了俄罗斯以外，均为北约国家，北冰洋国际合作演变为以阵营对抗为主的区域合作模式。

2022年3月以来，北极理事会中西方国家暂停了与俄罗斯的合作，北极理事会下的各项科研活动也全部被按下暂停键。①

2. 北冰洋国际合作的主要内容

北冰洋国际合作主要有三个焦点：科学研究、资源开发与航道利用。

（1）科学研究。在"人类应对气候变化"的宏大命题下，所有国家应担负起相应的责任。关于气候变化主题的科学考察与科学研究在北冰洋地区广泛开展，参加的国家也不止北极八国，有条件参加北冰洋科学研究的国家均展开了合作。

当前国际合作分为北冰洋域内国家合作、域内国家与域外国家合作、域外国家合作三种。北极国家曾经提出"北极是北极国家的北极"这样的口号。这是为了排除北极域外国家，无视《联合国海洋法公约》的行为。目前北冰洋域内国家的合作频度较高的是美加合作、北欧国家之间的合作；域内国家与域外国家的合作是俄罗斯采取的主要方式，俄罗斯邀请法国、德国、中国、日本、韩国等国的科学家参加联合科考；域外国家之间的北极科学合作主要是通过举办一些国际研讨会来实现，比如中日韩的北极相关会议。

（2）资源开发。北极资源开发的国际合作比较普遍，比如俄罗斯北极地区的亚马尔天然气项目，法国、中国和俄罗斯均占有较大股份。俄乌冲突

---

① "Q&A with Morten Høglund, the new Chair of the Senior Arctic Officials," Arctic Council, https：//arctic-council. org/news/q-a-with-morten-hoglund-chair-of-the-senior-arctic-officials/, accessed：2023-07-29.

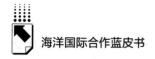

爆发后，法国公司已经退出其股份。

跨国公司是北极资源开发国际合作的主要形态。在全球化的大潮下，北极国家在北冰洋圈建立了许多专属经济区，这些专属经济区大多数向外资开放。

2014年克里米亚事件后，西方对俄罗斯进行制裁，但是北极的专属经济区项目有很多豁免。2022年俄乌冲突爆发后，北极专属经济区的很多项目被搁置，前途尚不明朗。

（3）航道利用。随着气候的变暖，北极航道的优势越来越明显，除了缩短航程、节省能耗外，还可以避免海盗袭击以及使用运河的费用。北极航道有三条线路，分别是：东北航道（北方海航道）、西北航道与中央航道。目前东北航道的通航条件较好，发展潜力巨大。

俄罗斯对北极航道的开发超过了100年，目前东北航道的货物量主要是俄罗斯国内的货运量，其他北极七国一致抵制开发北方海航道，但是俄罗斯已经和控制苏伊士运河的世界港口公司签订了协议，共同开发北极航道。北极航道的开发趋势已不可阻挡。

北方海航道在俄罗斯北极物流网络中居于核心地位，但俄罗斯北极物流网络不仅包括水运，还有陆运与空运，是一个涵盖水陆空的完整交通系统，三者的交通基础设施互相联系构成网络。阿列克谢·安德烈耶维奇·克拉夫丘克在《俄罗斯北极地区的运输物流能力：现状与发展前景》一文中提出："北方海航道与北极航运的成功发展将使俄罗斯联邦能够完成统一的国家运输网络的建设，而这一网络反过来又将确保西伯利亚和俄罗斯远东广大内陆地区的发展。"①

北极物流网络将在统一国家运输网络之前建成，并成为俄罗斯联邦统一国家运输网络的一部分。亚历山大·阿纳托利耶维奇·比耶夫在《俄罗斯北极地区能源基础设施和交通运输网络形成的主要方向》一文中指出："在

---

① Кравчук А. А. Транспортно-логистические возможности Российской Арктики: современное состояние и перспективы развития. Государственная служба 2017 том 19 № 4：113-119. ［DOI：10.22394/2070-8378-2017-19-4-113-119］.

区域投资登记册上注册的运输、物流和能源项目的总信息中，有 151 个项目被确定为 2025 年前的项目。截至 2025 年北极地区运输和能源项目所需资金总额达到 5 万亿卢布的水平。"①

3. 北冰洋国际合作的主要方式

（1）北极理事会。北极理事会是北极合作的主要信息平台，是目前北极问题最具有影响力的区域性政府间论坛。北极理事会是一些密集的和持久的跨国网络的中心，将北极研究者、官员和政治决策者汇聚在一起。②

北极作为独特的国际合作领域，北极理事会自 1996 年成立以来为解决北极国家的共同关切提供了一个空间和机制，特别强调北极环境保护和可持续发展。多年来，该理事会已成为北极地区讨论这些问题的杰出的高级别论坛，并将该地区变成了一个独特的国际合作区。这种合作跨越八个北极国家、六个在理事会拥有永久参与地位的原住民人民组织、六个工作组以及近40 个在理事会拥有观察员地位的非北极国家和国际组织。③

（2）联合科考队。"人类应对气候变化"课题的研究团队每年组织对北冰洋冰川以及北极圈内永冻土的科学考察。北极域内国家与域外国家也经常组织联合科考。

（3）常驻科学研究站点。在一些地理位置特殊的地区设立常驻科学研究站点，比如俄罗斯的"雪花"北极站，可以接收国际科学家长期驻站研究。

（4）漂浮科学考察船。俄罗斯北极联邦大学提供的常年在北冰洋漂浮的科学研究平台，向全世界大学科研人员开放，接受包括学生和教师的驻站学者。

---

① Биев А. А. Основные направления формирования сети транспортной и энергетической инфраструктуры в арктических регионах России. Региона л ьные п ро б лемы п рео бра зов ания э кон оми ки，№11，2017.

② 汪毓雯：《北极理事会规制变迁研究》，《现代商贸工业》2021 年第 26 期，第 19~20 页。

③ "The Arctic - An Area of Unique International Cooperation，" Arctic Council，https：//arctic-council. org/explore/work/cooperation/，accessed：2022-07-22.

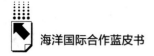

（5）跨国公司。跨国公司是全球化背景下北极合作的主要方式，在吸引国际投资的各北极国家的专属经济区，其主要行为主体是跨国公司。

（6）航运公司。航运也常常是关联好几个国家。比如船属于一个国家，货物属于另外一个国家，船员又属于其他国家。

（三）北冰洋国际合作的现状

北冰洋国际合作传统上分为三大片区：北欧片区（丹麦、挪威、瑞典、芬兰、冰岛）、北美片区（美国、加拿大）和北亚片区（俄罗斯）。三大片区与我国的联络平台不同，中国和北欧之间有固定的合作机构——中国-北欧北极研究中心，中国和美国之间的合作平台为中美北极论坛，中国和俄罗斯的合作平台为中俄北极论坛。中国的北极理事会永久观察员国地位是在北欧与美国的支持下完成，当时俄罗斯与加拿大投了反对票。

俄乌冲突的爆发成了北冰洋国际合作格局剧烈变化的信号，冲突引发了一系列连锁反应。比如瑞典、芬兰宣布申请加入北约，至此八个北极国家除了俄罗斯外都将是北约国家，北极成了潜在军事对抗最为强烈的地区。由于俄罗斯一国在北冰洋地区占据了约63%的海岸线，约一半以上北极圈内陆地，俄罗斯被排除在合作范围之外，北冰洋合作本身的有效性反遭质疑。

在当前欧洲地缘政治格局下，北冰洋地区国际合作将分为两大片区开展。以俄罗斯为一方，与亚非拉等不参与制裁的国家展开合作；以北约七国为另外一方，相互间继续开展合作。中国作为与两个片区均可开展对话的国家，存在沟通两大片区的可能性。

北极理事会对各国的北极研究和合作是一种软性的信息交流和督促机制，达成的具有法律效力的协议不多（见表1）。

北极理事会的国际合作通常以没有法律效力的项目方式开展。长期合作的项目见表2。

表 1　北极理事会达成的具有法律效力的协议①

序号	协议名称	缔约国	签订时间
1	北极航空和海上搜救合作协定	加拿大、丹麦、冰岛、挪威、瑞典、芬兰、俄罗斯、美国	2011 年
2	北极海洋石油污染防备和反应合作协定	加拿大、丹麦、冰岛、挪威、瑞典、芬兰、俄罗斯、美国	2013 年
3	关于加强国际北极科学合作的协定	加拿大、丹麦、冰岛、挪威、瑞典、芬兰、俄罗斯、美国	2017 年

表 2　北极理事会长期合作的项目②

序号	项目名称	所属工作组	项目主持国家或组织
1	查明和清理摩尔曼斯克州萨米地区未经授权的非法废物处理	北极污染物行动计划工作组（ACAP）	挪威、萨米理事会、瑞典
2	了解气候变化对北极生态系统的影响和相关的气候反馈	北极监测和评估工作组（AMAP）北极动植物保护工作组（CAFF）	丹麦
3	石油泄漏事件中的安全合作	紧急情况的预防、准备和应对工作组（EPPR）	阿留申国际协会、加拿大、挪威、丹麦、美国
4	海洋垃圾区域行动计划（减少包括微塑料在内的海洋垃圾对北极海洋环境的负面影响）	北极海洋环境保护工作组（PAME）	芬兰、挪威、丹麦、美国
5	北极的水下噪音	北极海洋环境保护工作组（PAME）	加拿大、美国
6	海洋生物多样性监测	北极动植物保护工作组（CAFF）	冰岛、挪威
7	北极海洋微塑料和垃圾	北极监测和评估工作组（AMAP）	加拿大、挪威
8	北极地区蓝色生物经济	可持续发展工作组（SDWG）	阿留申国际协会、加拿大、冰岛、挪威、丹麦、美国

① "Browsing by Subject 'Legally Binding Agreement'," Arctic Council, https：//oaarchive. arctic - council. org/browse? value=Legally%20binding%20agreement&type=subject, accessed：2023-07-30.
② "Projects," Arctic Council, https：//arctic-council. org/projects/, accessed：2023-07-30.

序号	项目名称	所属工作组	项目主持国家或组织
9	环极生物多样性监测计划（CBMP）	北极动植物保护工作组（CAFF）	丹麦、美国
10	维持北极观测网络（SAON）	北极监测和评估工作组（AMAP）	加拿大、芬兰、冰岛、因纽特人北极圈理事会、挪威、瑞典、丹麦、俄罗斯、美国
11	北极海洋环境中其他有效的划区养护措施（OECM）区	北极动植物保护工作组（CAFF）北极海洋环境保护工作组（PAME）	加拿大、丹麦、美国
12	北极儿童：学前教育和学校教育（向游牧原住民的子女提供知识和技能）	可持续发展工作组（SDWG）	加拿大、芬兰、俄罗斯北方原住民协会、俄罗斯

二　北冰洋的大国合作

世界政治的实质是大国政治，同样北冰洋的合作主要聚焦在大国合作方面。

（一）美加合作

美加的北极合作以北美区域一体化合作为背景，有些看似与北极无关的合作也有着更深层的联系，值得进一步研究。美国与加拿大在历史上均为英国的殖民地，在文化上有密切的联系。美加的合作从深度和广度而言在环北冰洋沿岸国家中较为典型。

美加在北极地区合作是主流，分歧是末节，早在1988年美加已签署《美加北极合作协议》。美加两国在北极的合作主要体现在军事安全、气候环境和科学考察三个方面。[1]

---

[1]　王晨光：《"勉强大国"与"中等强国"：美加北极关系析探》，《美国问题研究》2017年第2期，第148~163页。

美加签署和推动的一系列北极合作协定有：《北美防空协定》《三大司令部北极合作框架协定》《美加气候、能源与北极领导力联合声明》等。

尽管美加在北极西北航道与群岛划界等方面有分歧，但美加在合作推动北极理事会的事务方面，结合却十分紧密。美加常常在北极理事会等机构扮演一致行为人角色，《保护北极熊协议》《北极环境保护战略》等协议就是美加联手通过北极理事会达成的。

美国虽然是一个超级大国，但北极在其全球战略中并不占主要地位，阿拉斯加原住民文化受俄罗斯的影响很深，与美国本土文化联系不密切。而加拿大相当部分的国土位于北极圈之内，对于北极事务的关切程度远远高于美国，加拿大形成了鲜明的包含北极原住民文化的北极文化。相比政治、军事以及经济等因素，文化因素是更为持久地维系一个地区安定的力量，在美加的北极合作中，加拿大是更为积极的一方。

（二）中国与北欧合作

北欧（Northern Europe）位于欧洲的最北部，共有约 2500 万居民，包括五个民族国家，分别为挪威、瑞典、芬兰、丹麦和冰岛。[①] 北欧五国的历史背景紧密相连，生活方式、宗教、社会和政治制度也相近。北欧五国都参与北欧理事会，且都是高度发达国家。北欧五国在北极事务上常常行动一致。

北欧五国在北冰洋占据的土地不是最多的，但由于深厚的北极历史文化，其在北极理事会的影响力却非常大。北冰洋三分天下：北欧、北美、北亚。北美和北亚均有传统意义上的大国比如美俄，只有北欧，富有而不具威胁，与中国既没有历史上的领土问题，也没有中美当下的竞争性问题，中国和北欧的合作前景没有不可逾越的障碍。

2013 年 12 月 10 日，来自冰岛、丹麦、芬兰、挪威、瑞典和中国等 10 家北极研究机构的专家学者，在上海签署了《中国—北欧北极研究中心合

---

① 〔挪〕库恩勒、陈寅章等主编《北欧福利国家》，许烨芳、金莹译，复旦大学出版社，2010，第 1 页。

作协议》，宣布中国—北欧北极研究中心正式成立，秘书处设于中国极地研究中心。[1] 中国—北欧北极研究中心已形成一个多元、多边、注重实效性和开放性的北极社会科学研究合作平台与学者网络，成为中国参与北极事务的观点宣传和信息发布的重要渠道，以及中国北极政策"合作共赢"理念的重要实践平台。

北欧五国中，冰岛与中国关系最为稳定。中国冰岛北极科学考察站，位于冰岛北部，于 2018 年 10 月 18 日正式运行，是我国在北极地区继黄河站之后的第二个综合研究基地。

新冠疫情后，芬兰与中国的交往与疫情前相比有所减少，赴芬兰旅游的中国游客的数量也在减少。中国与芬兰的关系需要深耕，需要加强沟通渠道的建设。

挪威、瑞典、丹麦与中国的合作在疫情后处于恢复阶段，旅游业合作有望重回疫情前水平，这三个国家受美国的影响很大，其中对中国政策比较灵活的是挪威。

中国企业在格陵兰岛有大量投资意向，各种矿产资源以及基础设施建设均包含在内，这些项目受到格陵兰原住民的欢迎，但是频频遭到美国与丹麦的反对。

除了美国对北欧国家施压以外，影响中国与北欧之间合作关系的障碍是文化互信度不够。两个地区之间的合作基础是文化互信，北欧五国均为高度发达国家，靠经济实力推动中国与北欧合作的方案不具备吸引力，北欧对中国了解不深，所以容易被其他国家误导。如果中国与北欧国家相互之间十分了解，建立文化互信，那么中国与北欧的北极合作会越来越顺利。

（三）中俄合作

由于美国的全球战略的核心利益不在北极地区，美国在北冰洋的存在感

---

① "Organization," The China – Nordic Research Center（CNARC），https：//www.cnarc.info/organization，accessed：2022-07-22.

没有凸显。无论从地理角度还是历史角度，俄罗斯在北冰洋的综合实力属于超级存在。

1. 中俄共建"冰上丝绸之路"

俄罗斯是中国山水相连的邻国，两国有着密切的经济联系和共同利益。俄罗斯作为全资源大国，其能源、矿产、粮食等方面在中国有巨大的市场，而中国作为全供应链制造大国，中国的产品在俄罗斯也起到市场支撑作用，中俄两国在经济结构上有极高的互补性，经济结构的互补性是中俄北极合作的基石。

2011 年 9 月，俄罗斯国防部长谢尔盖·绍伊古在出席阿尔汉格尔斯克举行的第二届"北极——对话之地"国际论坛期间，首次提出"冰上丝绸之路"的概念。[1]《2035 年前俄罗斯联邦北极地区发展和国家安全保障战略》[2] 提出了把北方海航道建设成"世界级交通走廊"的目标。"世界级交通走廊"不是一个孤立的概念，它是俄罗斯北极物流系统形成的缩影，它不仅限于北方海航道，而且是一个涵盖水陆空的运输系统。

"世界级交通走廊"承载了俄罗斯谋求成为海洋强国的百年梦想，但是依靠俄罗斯现有的国力，短期内实现比较困难。中国定位为北极事务的利益攸关方，对北极的开发和可持续发展负有责任，中国愿与俄罗斯一起开发利用北极航道，合作共赢。

中国的科研机构要加强对北极的全面研究，特别是加强对俄罗斯北极的人文研究，深入研究俄罗斯北极的地理、历史、宗教、风俗习惯，为中国企业投资俄罗斯北极，选择最优的合作方案奠定心理基础。

气候变化带给北极开发新的机遇，北方海航道在国际合作的背景下成为"世界级交通走廊"并非不可能，中俄合作建设北极交通基础设施，打造现代化北极物流系统，将推动中俄合作的水平迈向新台阶，为北极的可持续发

---

① 钱宗旗：《俄罗斯北极战略与"冰上丝绸之路"》，时事出版社，2018，第 193 页。

② Указ призидента Российской Федерации о Стратегии развития Арктической зоны Российской Федерации и беспечения национальной безопасности на период до 2035 года. http://kremlin.ru/acts/news/64274，最后访问日期：2020 年 10 月 28 日。

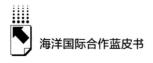
展贡献稳定力量。

2.欧洲地缘政治变化对俄罗斯北极的影响

俄乌冲突对俄罗斯北极战略的实施影响很大。首先是北极八国中除俄罗斯外的七国都停止了与俄罗斯的合作，目前俄罗斯作为北极理事会的轮值主席国，其工作处于瘫痪状态。其次是随着芬兰、瑞典申请加入北约，北极理事会已经形成了阵营对立。

3.新形势下的中俄北极合作

围绕俄乌冲突的制裁与反制裁，俄罗斯总统普京的能源"卢布结算令"导致卢布逆势升值，俄罗斯的财政收入不降反升。中国以及亚非拉诸国不参加对俄制裁，成为俄罗斯国家稳定的重要因素，随着冲突的长期化，中俄关系的重要性正持续增长。

在目前的背景下，中俄在北极的合作向着好的方面发展，由于欧美在俄罗斯北极合作项目的退出，也给中国与俄罗斯的北极合作带来机遇，一方面中国接手这些国家项目可以使一些涉及全人类福祉的重大研究不至于中断，另一方面中国还可以更多参与北极事务，为人类和平利用北极作贡献。

（四）美国与北欧合作

美国与北欧存在文化上的亲密性，北欧五国除了芬兰以外，均属于北日耳曼语支，与英美同属于日耳曼语族，英语在北欧拥有通用语的地位。文化上的亲密性导致了美国与北欧的互信更容易建立，美国与北欧在北冰洋地区的合作是普遍存在的。

1.地缘关系

北欧国家对于美国来说极具地缘重要性：格陵兰群岛对于防卫北美具有重要意义；北欧国家本土与海岸可作为战时进攻俄罗斯的海（潜）空基地。北欧三国与德国共同扼守波罗的海进入大西洋的通道，可防俄罗斯波罗的海舰队进入大西洋；俄罗斯的北大西洋舰队也可以通过挪威海岸加以防御；反之如果北欧陷落，俄罗斯就可以从侧翼直接威胁荷兰与英国海岸，甚至直接经由大西洋威胁格陵兰与北美。①

2. 安全利益

美国一直在破坏北欧国家的军事同盟，防止北欧国家成为独立的一方势力，其目的是要把北欧国家纳入北约的范畴。美国与北欧之间相互博弈多年，美国的目的在俄乌冲突后实现了，随着芬兰与瑞典申请加入北约，所有北欧国家都将成为北约成员国，美国作为西方国家盟主的角色增强。

美国与北欧的合作主要是在国家安全方面，因为他们有共同担心的俄罗斯。俄罗斯作为苏联的继承者，在军事方面依然强大。北欧五国中有三个国家与俄罗斯毗邻，防御俄罗斯的进攻是这几个国家长期不懈的工作，这也是北欧五国愿意听从美国的根本原因。

3. 应对气候变化

在《联合国气候变化框架公约》的指引下，北欧积极参加应对气候变化的国际合作。2008 年北欧部长理事会发布《北欧应对北极气候和环境污染物战略》，设立了北欧致力于减少污染物排放的目标和行动策略，并表示将在减少全球温室气体排放方面进行合作。②

美国政府在应对气候变化方面的政策不稳定，奥巴马政府积极倡导应对气候变化的国际合作，而特朗普政府干脆退出了《巴黎协定》，导致了美国与北欧国家在气候变化方面合作的不连贯。

4. 商业合作

2018 年，北欧部长理事会联合北极经济理事会共同发表了《北极商业分析》，报告强调了促进北极可持续增长的四要素，即企业家精神和创新、创意文化产业、公私伙伴关系与合作、生物经济。这些领域也被明确将在未来几年继续得到北欧北极合作的重视。③

---

① 丁祖煜、李桂峰：《美国与北欧防务联盟计划的失败》，《史林》2008 年第 2 期，第 140~149 页。
② 朱刚毅：《北欧五国北极安全合作的特点、动力与困境》，《战略决策研究》2021 年第 5 期，第 74~102 页。
③ "Arctic Business Analysis Report has been Published," UArctic, March 16, 2018, https：//www. uarctic. org/news/2018/3/arctic - business - analysis - report - has - been - published/, accessed：2022-07-22.

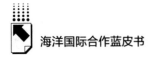

由于中国在格陵兰的商业活动增多，美国实行了"重返"格陵兰的战略，美国拉拢丹麦参加与中国的竞争。长期来看，美国的损耗极大，而格陵兰与丹麦等国也能在中美博弈中渔翁得利。

三　北冰洋多边合作与全球海洋治理

北极的地理特征是一片海洋，北冰洋的中心是国际公海。1920年缔结的《斯匹茨卑尔根条约》将斯瓦尔巴群岛的主权赋予挪威，但同时还规定了缔约国在群岛的陆地及领水享有若干权利，中国也是缔约国之一。《斯匹茨卑尔根条约》在序言中还制定了一个和平发展与利用的公平机制。这是北冰洋多边合作的开端。

1982年，联合国组织缔结的《联合国海洋法公约》获得通过，为和平利用北冰洋提供了法律基础，并揭开了全球海洋治理的序幕。

（一）北冰洋国际组织与多边机制

1. 北极理事会（Arctic Council，AC）

北极理事会，是由美国、加拿大、俄罗斯和北欧五国（挪威、瑞典、丹麦、芬兰、冰岛）八个领土处于北极圈的国家组成的政府间论坛，于1996年9月在加拿大渥太华成立，是一个高层次国际论坛，关注邻近北极的政府和本地人所面对的问题。其宗旨是保护北极地区的环境，促进该地区在经济、社会和福利方面的持续发展。理事会主席一职由八个成员国家每两年轮流担任。

2. 北极科学部长级会议（Arctic Science Ministerial, ASM）

北极科学部长级会议是由北极国家发起的覆盖全球主要北极事务相关国家和国际组织的政府间高级别合作交流平台，主要目标是增强国际北极科学合作和协作。[①] 目前北极治理呈现"门罗主义"特征，即北极圈国家在主导

---

① 陈留林、刘嘉玥、王文涛、俞勇：《域外国家参与北极科学合作的路径——以北极科学部长级会议机制为例》，《极地研究》2021年第3期，第414~420页。

北极治理的过程中推崇"北极是北极国家的北极"的理念，并通过制度安排将"门罗主义"理念确立在北极理事会、北极经济理事会等北极治理机制中。北极气候环境变化在全球范围内产生深刻影响，北极治理全球性需求与"门罗主义"主导北极治理现状之间的矛盾日益凸显。始于 2016 年的北极科学部长级会议作为北极科学领域的新机制，为世界各国、国际组织与科学团体等相关行为体参与北极科学合作提供了平等的交流平台，促进北极事务决策者和科学界的"直接沟通"，具有超越北极治理中的"门罗主义"特征的潜力。①

3. 北极经济理事会（The Arctic Economic Council，AEC）

北极经济理事会由北极理事会八个成员国（美国、加拿大、俄罗斯、瑞典、丹麦、挪威、芬兰、冰岛）于 2014 年 9 月 3 日在加拿大耶洛奈夫（Yellowknife）发起成立。其宗旨是强化北极地区的经济合作，为北极地区可持续发展创造一个稳定、可预见、透明的商业环境，为北极地区的贸易与投资提供便利，为北极地区原住民和中小企业的经济开发创造条件。AEC 将通过"分享优秀经验、技术方案和开发标准及其他咨询"来推动北极商业活动和负责任的经济活动，并明确把 AEC 定性为一个服务北极理事会和北极地区商业社会之间互动关系的基础性质论坛，将负责为北极地区具体领域的合作和北极理事会的活动建言献策。②

4. 北极原住民协会

（1）因纽特人北极圈理事会（Inuit Circumpolar Council）：1977 年由阿拉斯加埃本·霍普森创立，发展成代表生活在阿拉斯加（美国）、加拿大、格陵兰（丹麦）和楚科奇（俄罗斯）地区的 18 万因纽特人的主要国际非政府组织。

（2）阿留申国际协会（Aleut International Association）：由阿留申普里比

---

① 潘敏、徐理灵：《超越"门罗主义"：北极科学部长级会议与北极治理机制革新》，《太平洋学报》2021 年第 1 期，第 92~100 页。

② 《北极经济理事会简况》，中国商务部网站，http://is.mofcom.gov.cn/article/ztdy/202008/20200802989975.shtml，最后访问日期：2022 年 7 月 22 日。

洛夫群岛与堪察加半岛阿留申地区北部原住民协会共同建立。协会负责解决阿留申大家庭的环境文化问题以及白令海资源的利用问题。

（3）北极阿萨巴斯坎理事会（The Arctic Athabaskan Council）：代表阿拉斯加、育空河和加拿大西北部76个社区约45000名阿萨巴斯坎后裔的国际组织。

（4）格威奇国际理事会（Gwich'in Council International）：理事会代表加拿大西北地区、育空河地区以及阿拉斯加9000名格威奇人，北极理事会永久成员。

（5）萨米理事会（The Saami Council）：萨米理事会是原住民组织中历史最悠久的，由挪威、瑞典、芬兰和俄罗斯的萨米人组成。萨米人有一半在挪威，共有约八万人，拥有九种萨米语言。

（6）俄罗斯北方原住民协会（The Russian Association of Indigenous People of the North）：该协会代表俄罗斯40个北极原住民族群，总人数超过25万，关注环境、文化、教育、经济发展等问题。

5. 世界驯鹿养殖者协会（Association of World Reindeer Herders）

世界驯鹿养殖者协会于1997年在挪威成立，会员包括俄罗斯、挪威、瑞典等九个国家。中国是最后一个入会的驯鹿养殖国。世界驯鹿养殖者协会旨在促进世界范围内养殖驯鹿的民族间在专业、文化和经济社会方面的交流，加强驯鹿养殖者的国际间合作，促进驯鹿产业发展。

6. 国际北极科学委员会（International Arctic Science Committee, IASC）

国际北极科学委员会成立于1990年，是一个非政府的国际会员组织，鼓励和促进北极研究各个方面以及北极所有地区的合作。IASC致力于整合与北极有关的人文、社会和自然科学，并就北极问题提供科学建议。

IASC的主要活动是协助开展需要进行环北极或国际合作的研究项目。有关正在进行的项目的信息可在年度项目目录中获得。IASC的成员是国家科学组织（通常是国家科学院），目前有23个国家代表。

（二）北冰洋资料交换

北极八国以及世界上所有科研实力较强的国家都在收集有关北冰洋的气

象、海冰、地质等数据。比如美国的国家航空航天局、国家海洋和大气管理局，这些机构的数据通常不用于国家层面的交换，但是世界其他国家的科学家可以个人名义注册并下载数据。

1. NASA：美国国家航空航天局（The National Aeronautics and Space Administration，NASA），又称美国宇航局、美国太空总署，是美国联邦政府的一个行政性科研机构，负责制定、实施美国的太空计划，并开展航空科学暨太空科学的研究。NASA 是世界上最权威的航空航天科研机构，与许多国内及国际上的科研机构分享其研究数据。

2. NOAA：美国国家海洋和大气管理局（The National Oceanic and Atmospheric Administration，NOAA）是美国商务部下属的一个科学机构，专注于海洋、主要水道和大气的状况。NOAA 警告危险天气、绘制海图、指导海洋和沿海资源的使用和保护，并开展研究以提供对环境的理解和改善对环境的管理。

3. ААНИИ：俄罗斯南北极研究院（Арктический и антарктический научно-исследовательский институт，ААНИИ），包括 21 个科学部门，其中有：高纬北极考察队、冰与水文气象信息中心、极地医学中心、工程与生态中心、科学远征舰队、世界海冰数据中心。该研究院在北极地区取得了许多地理发现，如在北冰洋中部发现了许多北极岛屿和水下山脊。研究院在北方海航道的发展以及为导航提供科学和运营支持方面发挥着重要作用。研究院自成立之初就参与国际活动，参与了包括国际极地年三个计划在内的杰出国际项目，使南北极研究院成为世界领先的极地研究中心之一。

目前北冰洋地区国家间的资料交换模式还未形成，数据交换在科学家之间以个人名义完成。数据往往通过公开发表的论文进行验证与讨论。

（三）北冰洋观测预报与防灾减灾

北冰洋观测预报的强国是美国和俄罗斯，观测预报主要有两个途径，一个是利用卫星遥感数据，另一个是建立海洋观测站。俄罗斯在北冰洋拥有最大的国土和领海，其建立海洋观测站的条件最好，俄罗斯与海洋极地研究相关的大学以及研究院所均在北冰洋沿岸建立了观测站。近年来，由于机器人的广泛应用，有很多北极域外国家在北冰洋水域投放观测机器人，这种机器人对于防冻材料的要求较高，对于收集观测信息大有帮助。

1. 观测现状

目前北冰洋观测资料公开下载的多是美国的科研机构，比如 NASA 和 NOAA，俄罗斯的观测资料可能是最多的，但俄罗斯的资料是不公开的，想拿到俄罗斯的观测资料要看机构间的合作水平。

北极海冰变化对局地及全球的大气、海洋系统有持续显著的影响，极区是地球系统的重要组成部分，也是当前全球气候变化重要的响应区和驱动区之一。

全球气候系统是由大气、海洋、陆面、冰雪和生物五大圈层组成的复杂系统，北极和南极的地理位置决定了两极地区在全球气候变化中具有不可替代的作用。

北极海冰融化如何影响中纬度天气气候是备受瞩目的焦点问题之一。2018 年初，"炸弹气旋"连续两次袭击北美地区并造成剧烈降温、暴雪和狂风暴雨等恶劣天气，同时引发马萨诸塞州近岸区域发生严重风暴潮灾害，城市被海水倒灌，沦陷为一片汪洋。2003 年中国南方的冰灾以及 2021 年中国华北地区的异常降水，在半年之前的北极气象冰情数据均有异常显示，如何建立北冰洋观测数据与防灾减灾的关联机制，还需要进一步科研攻关。

2. 观测建议

（1）建立自主北冰洋观测数据系统。北冰洋观测预报的两大强国是美国和俄罗斯，美国的数据虽然提供下载，但并非所有数据都公开。防灾减灾方面的数据，国家要收集一手的资料，不能依靠别的国家数据，应加强北冰洋海域的科学考察，定期投放用于收集数据的机器人，并整合全部数据，建立自主的北冰洋观测数据系统。

（2）建立联合观测站。俄罗斯是北冰洋区域内面积最大的国家，也是建立观测站条件最好的国家，借俄罗斯推行"面向东方"战略之机，积极推动中俄两国的科研院所建立北冰洋联合观测站，实现数据共享，对中国的观测数据系统建设意义重大。除了俄罗斯以外，中国2018年在冰岛建立的考察站也具有示范作用。

（四）北冰洋国际合作方向

应对气候变化是目前全球最有号召力的主题，两极是气候变化最为突出的地区，南极是冰雪覆盖的大陆，北极是北冰洋，当所有冰盖融化之后，北极将是一片汪洋，北冰洋区域是气候变化最为强烈的海洋地区。

全球化是当前时代的潮流，虽然战争、疫情等因素会干扰全球化的步伐，但全球化是不可逆的趋势。全球化根源于生产力的发展，生产力发展使得生产分工的不断专业化，从而导致全球配置的最优生产分工。如果阻止生产力的发展不可能，那么科学技术的进步则不可逆，全球化作为科学技术进步的要求与表象也不可逆。

在气候变化与全球化的背景下，北冰洋地区合作与资源利用依然是两大主题。

1. 北冰洋区域合作的热点

（1）北冰洋水体研究。北极海洋环境保护组织（PAME）和北极区域水文委员会（ARHC）就北极区域水文对安全和可持续海上航行的重要性制定了一项联合政策声明。根据ARHC于2017年发布的《北极航行风险摘要公报》，研究机构需考虑编制和传播支持北极航行安全和环境保护的报告及其他信息，审查包含北极地理空间信息的数据库（包括ASTD系统）的潜在互操作性，以确定其跨平台的潜在利用，从而改进分析。同时，相关研究机构应着手发布ARHC自2018年北极水文风险评估的年度更新，指定一名PAME代表就更新的方法、结构、可用性和其他方面与ARHC沟通。

（2）北极航运管理。随着气候变暖的加剧，专家指出北极航道中的东北航道在2030年前夏季无冰基本没有悬念，一条新的世界航路呼之欲出，这也是控制了苏伊士运河的世界港口公司与俄罗斯合作的背景。在此情势之下，加快投资北极支点港口城市与北极物流体系，并在北极航道完全无冰之前完成北极物流体系的构建显得尤为重要。

航道的开发必然导致管理的新问题。北极航运活动产生的黑碳排放及其减排技术的发展引人瞩目。各方需加强协调，促进北极理事会成员国、永久参与者和北极理事会观察员之间的对话与合作，研究各种燃料和废气处理方法，作为减少船只引擎排放有害气体的可能手段。

各方应提高北极理事会对 2012 年《开普敦协定》条款的认识，鉴于渔船的安全以及北极国家和其他国家在执行过程中获得的经验，认识到随着该区域渔船流量的增加，渔船安全在北极的重要性。

各方应积极开展北极应急准备的国际合作。北极救援项目的重点是制定最佳做法、建议和紧急风险评估系统，以及改善潜在危险设施安全的系统。

随着北极航道商业运营的开展，北极航运管理成为我国迫切需要加强研究和完善政策法规的方向。极地搜救、医疗、保险、生态安全等方向均缺乏足够的信息。

（3）北极生态环境保护。以北极点为中心的中北冰洋区域管理当前受到了重视。各方应综合关于北冰洋中部的现状、趋势和预计变化、该区域的人类活动和压力以及现有管理措施的相关信息，以便为今后的政策和决策提供信息。

北极海洋生态系统的管理需要多方协作，环极地地方环境观察员倡议发挥了作用。2009 年，阿拉斯加原住民部落健康联盟（ANTHC）在美国环境保护署（EPA）的资助下，发起了当地环境观察员（LEO）网络。ANTHC与部落领导和环境工作人员协商，开发了一个工具，记录和分享环境观察结果，承认传统知识和地方知识的价值。

LEO 网络是一个由人、当地观察者和主题专家组成的网络，他们分享关于不寻常的动物、环境和天气事件的知识。这是一个基于网络的平台，有一个新颖的概念，第一人称观察者可以提交新闻文章，并对不寻常的事件和不断变化的环境进行观察。这些条目包括地图上的描述和照片。低地球轨道卫星网络对任何人开放，并鼓励纳入传统知识和当地知识。通过这种方式，LEO 已经发展到 3000 多名成员。实际上，低地球轨道卫星成员已经认识到根据当地知识和传统知识观察到的变化，并能够与其他知识专家联系。因此，偏远社区提高了对气候变化影响脆弱性的认识。

（4）北极海洋风险评估。北极海洋风险评估可用于进行与北极船舶交通和作业相关的区域和全区域风险评估，包含最佳实践方法和数据来源，让北极利益相关方就最佳实践方法和数据来源达成一致，并使其随时可用，以便更好地理解、交流特定的北极风险影响因素（ARIFs），并将其纳入风险评估流程。

海洋风险评估的预期用户是参与或负责优化风险管理战略的利益攸关方，这些战略涉及预防与防备北极地区的生命损失和严重环境损害，例如：有权实施预防和准备措施的政府与行政部门、政府间组织和非政府组织、顾问。风险评估数据不是为了航行规划的目的，但船主和经营者可以使用该评估的要素来获得有关北极风险因素和数据来源的信息。

海洋风险评估（也称为航行、航运或船舶交通风险评估）和溢油/环境风险评估的方法和数据来源包含：船舶搁浅、碰撞、接触、火灾/爆炸和沉没。风险评估首先预测危险事件的可能性或频率，然后预测对人和环境的潜在严重后果。环境风险评估的目的是通过考虑不同类型的环境对溢油相关损害的敏感性，评估溢油的潜在生态和社会经济后果。该方法包括绘制敏感区域一年中不同时期的地图，以及对不同泄漏类型的脆弱性评估。该方法还包括泄漏建模，以说明潜在泄漏的结果和轨迹。

2. 北极资源利用合作

北极被称为"人类最后的资源宝库"，北极的各种资源的开发也历时已久。北极的资源主要分为以下三类：能源和矿产资源、生物资源、旅游资源。

（1）北极能源和矿产资源。北极国家大多数是潜在的能源和矿产资源大国，而俄罗斯目前是开采北极能源和矿产资源最多的国家，其在北极圈占有的领土也最多，目前俄罗斯已与中国、法国、德国、日本、美国等国有能源与矿产资源开发合作。

（2）北极生物资源。随着北极气候的变暖，北极渔场的冰冻期越来越短，这将会加速北极鱼类的生长与繁殖。北极的鱼类有着极高的营养价值，尤其是白鲑鱼，被称为天然的防冻剂，长期食用可抑制多种老年病的发展。

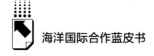

气候变暖使得许多喜爱冷水的鱼类向北寻找栖息地，近年来北大西洋与北太平洋渔场有北移的趋势。

除了北极的鱼类，北极的其他生物资源也十分丰富。北极的动物皮毛在300多年前就成为主要的贸易货品，北极的驯鹿具有多方面的药用开发价值。仅俄罗斯北极的植物资源种类就多达96种以上，随着气候变暖，树线北移，生物资源日益繁盛，原住民对北极生物的功效有着深刻的认识，关于北极生物资源利用的知识也被收集整理，传统知识现代化是当下北极具有现实意义的命题。

此外，北极蓝莓、蔓越莓等浆果类也是原住民的传统食品，北极浆果除了可以作为水果食用，还可以酿酒，做成冻干、果酱。目前北极的浆果等经济作物的专属经济区已经初具规模，俄罗斯与北欧五国均比较重视此类项目。

（3）北极旅游资源。旅游资源是北极原住民拥有的具有巨大开发价值的资源。北极迥异的自然风光、原住民近万年的历史与独特的民族传统文化极富吸引力。自然景观与人文景观相得益彰，这两种景观在世界其他地区很难同时存在，并且具有不可复制性。北极旅游与环境保护问题相互砥砺，形成有效的旅游管理机制，利用北极与保护北极同时进行，可持续发展的北极前景可期。

结　语

北冰洋地区是地球上少数地理形态还在探索发现的地区之一。世界上主要的大国位于北半球，随着气候变化，北极航道的全年常态化运营已经从科学研究阶段推进到实施阶段，新的世界级航道将给生态环境、地缘政治以及经济格局带来剧烈的冲击，同时酝酿着人类历史新的机会与突破。

北约在北冰洋地区的扩张给北极可持续发展带来了风险，此时正是中国作为负责任的大国担负起全球经济健康发展重任的时机，北冰洋中央区域是国际公海，作为北极理事会中与对立双方都能对话的中立国家，中国在北冰洋地区的作用开始凸显。

总而言之，世界上的主要大国均位于北半球，北冰洋地区不仅有新的航道，也有丰富的资源，且离使用资源的国家较近，北冰洋在全球海洋治理中的地位和作用不言而喻。加强对北冰洋地区的研究，人文科学研究与自然科学研究并举，了解和尊重北冰洋地区存在的文明，增强与中国合作北极国家的文化互信，才能做到各美其美、美美与共，进而推动北极可持续发展，为"人类命运共同体"倡导下的地球文明作出贡献。

专题报告
Special Reports

B.9
全球海洋治理与中国参与报告*

陈伟光　孙慧卿**

摘　要： 世界对海洋资源的开发利用不断深入，相伴而来的是全球海洋问题频发，亟须世界各国协同解决，推动全球海洋治理体系的建设和完善。本报告通过对全球海洋治理现状的梳理，发现全球海洋治理具有治理主体多元化、制度体系复杂化和议题关注度提升的特征。截至2022年，全球海洋治理主体已广泛涉及主权国家、政府间国际组织、非政府组织、企业和个人等行为体的共同参与。2022年召开的《国家管辖范围以外区域海洋生物多样性养护和可持续利用协定》（简称BBNJ协定）政府间会议，在全球海洋治理制度方面具有里程碑意义。2022年，中国积极参与全球海洋治理，

---

* 本报告系国家社科基金重大项目"制度型开放与全球经济治理制度创新研究"（项目编号：20&ZD061）和教育部创新团队发展计划滚动支持项目"中国参与全球经济治理机制与战略选择"（项目编号：IRT_17R26）的阶段性成果。

** 陈伟光，博士，广东国际战略研究院高级研究员、教授、博士生导师，主要研究领域为全球经济治理、世界经济、国际政治经济学；孙慧卿，广东外语外贸大学广东国际战略研究院博士研究生，主要研究领域为全球经济治理。

与世界各国加强合作，推动海洋命运共同体的构建，从塑造价值共识、构建多层治理主体结构、弥合碎片化治理结构、协同发展与治理关系四个方面努力，共同维护海洋秩序。

关键词： 全球海洋治理　国际合作　治理制度　中国参与

引　言

海洋对世界各国经济发展和安全利益的重要性日益增强。基于对经济利益和地缘政治的追求，人类对海洋资源开发利用的广度和深度不断拓展，同时暴露出众多问题和挑战。为解决全球海洋问题、合理利用海洋资源、维持海洋秩序，国际社会尤其是沿海国家越来越关注海洋合作与治理。由于海洋具有广袤性、整体性、流动性等特点，发端于一个国家的海洋问题会迁移至其他国家，最终成为多个国家共同面临的问题，此时仅凭一国之力已无法完全解决，客观上需要国际社会协同合作、共同参与海洋治理，以维护海洋安全和海洋经济可持续发展。

全球化程度的不断加深，更加突出了海洋在经济社会发展和国家战略中的地位和作用。随着世界各国挖掘、开发和利用海洋能力的提升，海洋资源的竞争不断加剧。联合国 2030 年可持续发展议程中提出要"保护和可持续利用海洋和海洋资源，促进可持续发展"，[1] 充分体现了海洋的重要性。《联合国海洋法公约》则奠定了全球海洋治理的制度基础。随着新兴经济体的群体性崛起，越来越多的国家有参与全球海洋治理活动的强烈意愿，海洋治理的主体、客体和机制进一步演进，全球海洋治理步入了深度治理的新阶段。本报告分析了全球海洋治理的现实状况以及面临的困境，阐述了中国参

---

[1] United Nations, "Transforming our World: The 2030 Agenda for Sustainable Development," October 21, 2015, https://documents-dds-ny.un.org/doc/UNDOC/GEN/N15/291/89/PDF/N1529189.pdf?OpenElement, accessed: 2023-09-22.

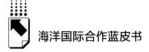

与全球海洋治理的理念及对解决现实困境的实践意义，并提出相关策略
建议。

一　全球海洋治理的现状分析

海洋是人类活动的重要场所，海洋资源的开发利用影响着世界经济、社会
的可持续发展，全球海洋治理是维护海洋秩序、促进海洋资源合理开发利用的
重要途径，其发展呈现治理主体多元化、治理制度体系复杂化、治理议题关注
度提升的特点。

（一）治理主体多元化

全球海洋治理主体是指参与全球海洋治理的主要行为体，主要包括主权
国家、政府间国际组织、非政府组织、跨国公司以及个人行为体，这些行为
体能够从参与海洋活动中获得或多或少的利益，为解决共同面临的海洋问题
或主动或被动地参与全球海洋治理活动。① 其中，主权国家是全球海洋治理
最重要的参与主体，发挥核心作用。截至 2021 年，全球共有主权国家 197
个，其中沿海国家 150 个。大国和大国集团在全球海洋治理中往往发挥主导
作用。近年来，新兴国家不断崛起，并逐步从合作治理的边缘走向中心，为
推动更广泛地合作发挥积极作用。就中国而言，随着我国综合国力的不断提
升，更为积极、主动和深度地参与全球海洋治理。如为维护海上航行安全，
截至 2022 年，中国已累计派出 42 批护航编队赴亚丁湾、索马里海域执行护
航任务，② 累计完成 1500 余批 7100 多艘中外船舶的护航任务，③ 在保护往
来船只、反海盗行动中发挥了关键作用。除此以外，中国海军通过与其他国

---

① 袁沙、郭芳翠：《全球海洋治理：主体合作的进化》，《世界经济与政治论坛》2018 年第 1
　期，第 45-65 页。
② 《中国海军第 42 批护航编队起航奔赴亚丁湾》，新华网，2022 年 9 月 21 日，http：//www.
　news. cn/world/2022-09/21/c_1129021189_4. htm，最后访问日期：2023 年 9 月 23 日。
③ 《中国海军亚丁湾护航 14 周年》，新华网，2022 年 12 月 27 日，http：//www. news. cn/mil/
　2022-12/27/c_1211712597. htm，最后访问日期：2023 年 9 月 25 日。

家开展交流合作，向国际社会传递了和平与友谊的理念，为维护世界和平与地区稳定作出了努力。如 2022 年中国派长沙舰赴孟加拉国参加"国际阅舰式"，① 同年 1 月中俄海军在阿拉伯海举行反海盗联合军事演习②，同年 12 月两国海军在我国舟山至台州以东海域举办了为期 7 天的"海上联合-2022"联合军事演习③。

政府间国际组织是主权国家参与海洋治理的有益补充，主要以联合国系统为核心，包括联合国系统内、外的全球性国际组织以及区域性国际组织（见表 1）。联合国及其专门机构在全球海洋治理框架体系中发挥着重要作用。联合国海洋大会是由联合国主持的、海洋可持续发展领域最重要的国际会议，已经成功举办两届。第二届联合国海洋大会于 2022 年 6 月 27 日至 7 月 1 日在里斯本举行，大会为确定全球海洋保护优先事项明确了方向，通过了成果文件——《2022 年联合国海洋大会宣言——我们的海洋、我们的未来、我们的责任》。④ 在联合国主持下签订的《联合国海洋法公约》设立了国际海底管理局、大陆架界限委员会和国际海洋法法庭三大执行机构，分别负责国际海底区域活动的管控、大陆架界限的审议、海洋争端的解决事项。国际海事组织作为联合国专门机构负责改进国际海运程序，提高海上航行安全标准、减少船舶造成的海洋污染。⑤ 联合国系统外的国际组织主要有世界贸易组织（WTO）、国际水文组织、国际捕鲸委员会和国际石油污染赔偿基金组织等。其中，世界贸易组织与联合国相互独立，然而在解决部分海洋事务时，WTO 也有相关管辖权。例如欧共体-智利"剑鱼案"中，欧共体和智利

---

① 《中国海军长沙舰起航赴孟加拉国参加"国际阅舰式"》，新华网，2022 年 11 月 25 日，http：//m. news. cn/2022-11/25/c_1129160267. htm，最后访问日期：2023 年 9 月 25 日。

② 杜江帆、高验杰：《中俄海军举行反海盗联合演习》，中国国防部网站，2022 年 1 月 27 日，http：//www. mod. gov. cn/gfbw/jsxd/rdtp/16026142. html，最后访问日期：2023 年 9 月 25 日。

③ 《中俄"海上联合-2022"联合军事演习结束》，新华网，2022 年 12 月 27 日，http：//www. news. cn/2022-12/27/c_ 1129235977. htm，最后访问日期：2023 年 9 月 25 日。

④ 徐亦宁：《联合国海洋大会成果突显航运业的作用》，《中国远洋海运》2022 年第 8 期，第 62、11 页。

⑤ 《联合国系统》，联合国网站，https：//www. un. org/zh/about-us/un-system，最后访问日期：2023 年 9 月 25 日。

分别将争议提交至 WTO 争端解决机构和国际海洋法法庭。国际水文组织负责编制海洋水文数据。国际捕鲸委员会是获得联合国认可的政府间国际机构，主要目标是管理、协调商业捕鲸行业，防止鲸类减少。区域性国际组织主要是指由相同区域内或不同区域间国家组成的，以维护区域性利益为目标的国家所组成的国际性组织或集团。① 区域性国际组织在维护共同利益、维持区域和平与安全、解决地区争端方面发挥重要作用。北极理事会、南太平洋委员会等是较为活跃的区域性国际组织。北极理事会旨在保护北极地区的环境、促进经济社会等可持续发展，实现环北极国家在该区域的合作。随着国际社会"重新发现北极"，海洋合作治理对于协调北极发展的重要性持续提升。②

表1　全球海洋治理的主要政府间国际组织

政府间国际组织类别	政府间国际组织名称
联合国系统内全球性国际组织	国际海底管理局（ISA）、大陆架界限委员会（CLCS）、国际海洋法法庭（ITLOS）、国际海事组织（IMO）、联合国海洋事务和海洋法司（DOALOS）、联合国环境规划署（UNEP）、联合国粮食及农业组织（FAO）、世界气象组织（WMO）、联合国教科文组织政府间海洋学委员会（UNESCO/IOC）、联合国海洋环境保护科学问题联合专家组（GESAMP）、联合国可持续发展委员会（CSD）
联合国系统外全球性国际组织	世界贸易组织（WTO）、国际水文组织（IHO）、国际科学理事会（ICSU）、国际海洋考察理事会（ICES）、国际捕鲸委员会（IWC）、国际油污赔偿基金组织（IOPC FUND）、海洋学科规划联席委员会（ICSPRO）、海洋环境保护科学问题联合专家组（GESAMP）、全球海洋站系统联合促进组、国际海洋金属联合组织（IOM）
区域性国际组织	欧盟（EU）、东盟（ASEAN）、北极理事会（AC）、赫尔辛基委员会（HELCOM）、南太平洋委员会（SPC）、东北大西洋渔业委员会（NEAFC）、南极海洋生物资源保护委员会（CAMLR）、亚太渔业委员会（APFIC）、国际大西洋金枪鱼资源保护委员会（ICCAT）、北海水道测量委员会（NSHC）、海洋联盟（OA）、国际可再生能源机构行动联盟、南太平洋区域渔业管理组织（SPRFMO）、北太平洋海洋科学组织（PICES）、奥斯陆巴黎保护东北大西洋海洋环境公约（OSPAR）、东亚海环境管理伙伴关系计划（PEMSEA）

资料来源：根据相关文献整理。

① 叶宗奎、王杏芳：《国际组织概论》，中国人民大学出版社，2001，第155页。
② 谢晓光、程新波、李沛珅：《"冰上丝绸之路"建设中北极国际合作机制的重塑》，《中国海洋大学学报》（社会科学版）2019年第2期，第13~25页。

非政府组织凭借自身的灵活性参与全球海洋治理，成为主权国家、国际间政府组织提供海洋服务的重要补充。非政府组织是指根据联合国经社理事会第 288（X）号和第 1296（XLIV）号决议界定的，具有非政府性和独立自治性两大特性的组织，是全球海洋治理的重要参与者。例如，海洋管理委员会、国际海洋保护及海岸清理组织、清洁波罗的海联盟等组织。① 在国际海洋合作治理中，跨国公司、公众等也发挥着不可忽视的作用。在海洋塑料垃圾治理领域，污染者付费原则将海洋治理的成本转嫁给企业，获得参与全球海洋治理的资金支持。2020 年签署的《2035 北极发展和国家安全保障战略》支持扩大私人投资者的参与。全球海洋问题趋于复杂和严峻，仅凭单个国家的力量难以有效应对，亟须国际社会各方力量的协作，发挥海洋治理主体的作用，有利推进海洋可持续发展目标的实现。

（二）治理制度体系复杂化

全球海洋治理形成了以《联合国海洋法公约》为核心，以其他制度、规则等为重要补充的国际海洋法律框架体系。1982 年，联合国第三次海洋法会议通过了《联合国海洋法公约》，截至 2022 年 4 月 9 日缔约国总数达 168 个，② 是目前接受范围和影响力最广的国际公约之一，被视为"海洋宪章"。《联合国海洋法公约》包括 17 个部分、320 个条款以及 9 个附件，分别针对自由航行权力、领海宽度、专属经济区范围、大陆架最大扩展范围、海洋环境保护、海洋科学与技术能力，以及其他冲突解决机制等内容做出了明确规定。③ 此后，联合国大会先后通过了《关于执行〈联合国海洋法公约〉第十一部分的协定》和《执行〈联合国海洋法公约〉有关养护和管理跨界鱼类和高度洄游鱼类种群规定的协定》两份执行协定，作为对《联合

---

① 袁沙、郭芳翠：《全球海洋治理：主体合作的进化》，《世界经济与政治论坛》2018 年第 1 期，第 45~65 页。

② "States Parties," International Tribunal for the Law of the Sea, https：//www.itlos.org/index.php?id=137&L=0, accessed：2023-09-25.

③ 《联合国海洋法公约》，联合国网站，https：//www.un.org/zh/documents/treaty/files/UNCLOS-1982.shtml#14，最后访问日期：2023 年 9 月 25 日。

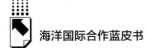
国海洋法公约》的重要补充。

在海洋治理实践中，形成了数目众多、涉及领域广泛的公约、协定。其中，海洋生物多样性保护和海洋环境污染防治两个方面发展较为突出。在海洋生物多样性保护方面，《生物多样性公约》为保护生物多样性的首个综合性国际公约，其内容涵盖了海洋生物多样性的保护条款，并且在公约第五条提出鼓励缔约国之间、缔约国与国际组织之间就国家管辖范围外地区生物多样性保护进行合作。① 2021 年 10 月，联合国生物多样性公约大会第一阶段会议通过《昆明宣言》，宣言承诺构建"2020 年后全球生物多样性框架"，并提出相关支持政策向发展中国家倾斜的思路，体现了缔约方合作寻求共识的愿景。联合国大会在 2017 年决定力争就国家管辖范围以外区域海洋生物多样性的养护和可持续利用问题达成具有法律约束力的国际文书。截至 2022 年，共组织五届 BBNJ 政府间会议（IGC）展开讨论，其中 2022 年 3 月和 8 月分别召开了第四次和第五次会议，各方分歧仍未消解。在海洋污染治理方面，第二次世界大战之前，海洋污染问题已经备受关注，第二次世界大战之后，一系列重要的防治海洋污染的国际公约相继出台（见表 2）。《联合国海洋法公约》第 194 条第 1 款提出各国可联合采取必要措施防治海洋环境污染。除此之外，国际社会先后出台了一系列防治海洋污染的公约，既有防止污染的预防性公约，也有对海洋污染损害赔偿的补偿性法律规定，如《1969 年国际油污损害民事责任公约》和《1971 年设立国际油污损害赔偿基金国际公约》就海洋污染的赔偿责任等进行了明确规定。塑料垃圾是海洋环境污染的重要污染源之一，最早提及海洋塑料垃圾的报道出现在 1972 年，② 但是直到 20 世纪末海洋废弃物被纳入《华盛顿宣言》，③ 海洋塑料污染才开始受到广泛关注，并且陆源污染也开始受到国际社会的关注。联合国

---

① 《生物多样性公约》，联合国网站，https：//www.un.org/zh/documents/treaty/cbd，最后访问日期：2023 年 9 月 25 日。

② Carpenter E. J.，Smith K. L.，"Plastics on the Sargasso Sea surface，"*Science*. 175，1972，pp. 1240-1241.

③ 安立会、李欢、王菲菲、邓义祥、许秋瑾：《海洋塑料垃圾污染国际治理进程与对策》，《环境科学研究》2022 年第 6 期，第 1334~1340 页。

环境规划署（UNEP）从 2011 年起将海洋塑料垃圾污染统计入年鉴，并于 2012 年提出《海洋垃圾全球伙伴协议》，呼吁各国在塑料垃圾治理方面采取行动。国际社会各界对加强海洋塑料垃圾治理方面的诉求和态度较积极，以欧盟、挪威为代表的经济体对建立海洋塑料垃圾污染的新国际公约表示支持。[①]

表 2　海洋污染防治公约

公约名称	年份	主要治理领域	类别	有关主管当局
《国际防止海洋石油污染公约》	1954	海洋污染	国际公约	—
《国际干预公海油污事件公约》	1969	海洋污染	国际公约	—
《1969 年国际油污损害民事责任公约》	1969	海洋污染	国际公约	—
《1971 年设立国际油污损害赔偿基金国际公约》	1971	海洋污染	国际公约	—
《防止倾倒废物和其他物质污染海洋的公约》	1972	海洋污染	国际公约	国际海事组织
《关于防止船舶造成污染的国际公约》	1973	海洋污染	国际公约	国际海事组织
《关于干预公海上除油类之外的其他物质造成海洋污染的议定书》	1973	海洋污染	国际公约	—
《控制危险废物越境转移及其处置巴塞尔公约》（简称《巴塞尔公约》）	1989	危险废料跨境转移	—	联合国环境规划署
《国际油污防备、反应和合作公约》	1990	海洋污染	国际公约	—
《防止船舶和航空器倾倒废弃物造成海洋污染公约》（《奥斯陆公约》）	1972	海洋污染	区域性条约	—
《华盛顿宣言》	1995	海洋废弃物	国际公约	—
《关于持久性有机污染物的斯德哥尔摩公约》	2004	有机污染物	—	联合国环境规划署

资料来源：根据相关文献资料整理。

以《联合国海洋法公约》为总纲的海洋治理国际条约，为区域海洋合作治理机制以及法律框架的构建提供了制度基础，区域海洋合作治理的框架及法律基础则为建立更小规模的区域海洋治理框架提供了思路，形成了全球

---

① 安立会、李欢、王菲菲、邓义祥、许秋瑾：《海洋塑料垃圾污染国际治理进程与对策》，《环境科学研究》2022 年第 6 期，第 1334~1340 页。

海洋治理的"全球—区域"一级框架和"区域—小区域"二级框架的多层级治理框架。《联合国海洋法公约》正文部分多处提及有关海洋区域合作的不同表述,视为区域合作治理的法律基础。20世纪70年代,学术界关注重点过渡到海洋区域合作的实践,提出以"海洋区域主义"(Marine Regionalism)的议题来研究全球海洋法中内嵌的区域合作。全球性海洋法中区域合作的法律基础与具体区域性海洋合作机制之间存在积极、互动格局,全球性的海洋法规推动了区域性海洋合作机制的建立,① 形成了一批由全球海洋治理法律、法规向区域派生的区域性海洋治理条约。例如亚洲地区有关国家依据《联合国海洋法公约》相关规定,在重申区域合作的重要性的基础上达成《亚洲地区反海盗及武装劫船合作协定》,该协定旨在强化亚洲地区海上安全方面的区域合作。联合国环境规划署发起的"区域海洋项目"成为区域海洋治理的助力。地中海海洋环境保护方面最终形成了以功能性合作方式进行动态调整的"巴塞罗那公约体系",目前该体系包含《地中海特别保护区和生物多样性议定书》《防止地中海区域受有害废物越境转移及处理导致污染议定书》等不同治理内容的议定书。此外,在全球海洋治理实践中,也会设立与全球性海洋法并无直接关联的单独区域性条约,如《南极海洋生物资源养护公约》,与其他国际性、区域性条约和宣言共同构成了全球海洋治理的制度体系。

在双边或多边协议为主的规则、规范中,双边合作的针对性更强,合作双方国家可以针对具体问题进行对话。例如中韩日俄在海洋环境保护方面签署了一系列的双边协定,主要包括《中韩环境合作协定》《中日环境保护合作协定》《韩日环境合作协定》《韩俄环境合作协定》等。根据《联合国海洋法公约》条款,直接相邻国家的海洋边界划界需由双边协定予以规定,2022年7月斐济与所罗门群岛签订了海洋边界协议,以确定两国各自管辖海域的永久海洋边界。多边合作相对双边合作利益关系更为复杂但相对稳

---

① 郑凡:《从海洋区域合作论"一带一路"建设海上合作》,《太平洋学报》2019年第8期,第54~66页。

定，在区域海洋治理合作中发挥着重要作用。如中日韩环境部长会议
（TEMM）、西北太平洋行动计划（NOWPAP）、东北亚环境合作会议
（NEACEC）为东北亚地区的海洋治理提供基础。

由此可以看出，全球海洋治理制度体系复杂性的特征主要表现为以下两
点：一是全球海洋治理制度涉及的领域多元，各个领域又存在问题交叉和叠
加，相应的治理安排构成一个庞大繁杂的国际制度体系；二是制度主体范围
不同，有多边、区域和双边规则，呈现平行、重叠、嵌套三种不同形态的复
杂性。[1] 如中韩日俄间在海洋环境保护方面的双边、多边合作制度安排同时
存在三种关系形态。

（三）治理议题关注度提升

人类对于海洋及海洋资源的认识、开发、利用日渐深入，全球性海洋问
题（Global Marine Issue）不断涌现。进入 21 世纪后，诸如海洋环境污染、
海水酸化、海平面上升、北极冰川融化等海洋问题日益严峻，全球海洋面临
的威胁增加，促使海洋国际合作与全球治理关注度不断提升。为呼吁国际社
会更为广泛和深入的关注海洋问题，2008 年第 63 届联合国大会通过第 111
号决议，决定自 2009 年起，每年 6 月 8 日为"世界海洋日"，每年设置不同
的主题。这一联合国官方纪念日的确立为世界各国共同应对海洋挑战搭建了
平台，提升了世界对海洋的关注度。2022 年，联合国"世界海洋日"的会
议主题为"振兴：海洋集体行动"，会议直播面向来自 143 个成员国的 8.6
万观众[2]，规模庞大。需注意的是，不同国家和地区地理位置上与海洋关系
不同，对海洋治理的需求存在差异，对全球海洋治理议题的关注度和关注点
不同，这一点在各国海洋宣传活动的主题设置上有所体现。就中国而言，国
家海洋局决定自 2008 年开始启动"全国海洋宣传日"，之后与联合国"世

---

[1] 任琳、张尊月：《全球经济治理的制度复杂性分析——以亚太地区经济治理为例》，《国际
经贸探索》2020 年第 10 期，第 100~112 页。

[2] 2022 年数据来源：https://unworldoceansday.org/un-world-oceans-day-2022/，最后访问日
期：2023 年 9 月 25 日。

界海洋日"同步,定于每年 6 月 8 日为"世界海洋日暨全国海洋宣传日",每年活动既有不同城市承办的主场活动,又有全国各地举办的形式多样、内容丰富的主题宣传活动,获得公众广泛参与。除此之外,国际社会对于全球海洋治理议题关注度的提升还体现在海洋生态与安全、海洋经济、海洋科技等关键领域。

在海洋生态和海洋安全领域,世界各国通过各级别会议发声,加强涉海问题交流,助力达成共识。2021 年 10 月,在昆明召开的"2020 年联合国生物多样性大会(第一阶段)"高级别会议受到国际社会广泛关注,并通过了《昆明宣言》。《昆明宣言》承诺第 11 条款为海洋保护条款。[1] 2021 年召开的第二届东北亚地方合作圆桌会议,提出加强国际合作、共同打造东北亚海洋经济合作圈的倡议,为区域性海洋合作治理的代表之一。全球海洋治理合作持续向新领域延伸,如在海洋安全领域,世界各国的合作从传统安全领域逐渐扩展到非传统安全领域。海上非传统安全问题主要包括海盗袭击、海上武装抢劫、海上贩毒、武器走私和海上人口贩运等犯罪活动,这些问题严重影响着海上安全和地区稳定。由于不同区域治理的不同步以及治理力度的差异,海上安全问题不断变化,自 21 世纪以来海上安全的焦点更多集中于东南亚海域和几内亚湾海域。几内亚湾、新加坡海域的海盗和持械抢劫活动增加,海上安全问题突出。据统计,2022 年前 9 个月共发生 90 起海盗和持械抢劫事件,其中 13 起发生在几内亚湾地区。[2] 为缓和海上安全局势,各国纷纷派出力量联合护航保障商船海洋行驶安全,参与海上安全治理合作,这其中也包括海洋力量薄弱、参与海洋治理能力不足的非洲。2016 年,非盟特别首脑会议通过的《洛美宪章》则将海洋跨国犯罪作为主要治理目

① 《2020 年联合国生物多样性大会(第一阶段)高级别会议昆明宣言生态文明:共建地球生命共同体》,新华网,2021 年 10 月 14 日,http://www.news.cn/world/2021－10/14/c_1127954749. htm,最后访问日期:2023 年 9 月 25 日。

② "No room for complacency, says IMB, as global piracy incidents hit lowest levels in decades," ICC Commercial Crime Services, October 12, 2022, https://www.icc－ccs.org/index.php/1321－no－room－for－complacency－says－imb－as－global－piracy－incidents－hit－lowest－levels－in－decades, accessed:2023－09－25.

标，并提出了保持海洋善治的要求，体现了非洲国家对于海上非传统安全的重视。除此以外，针对北极地区的治理，俄罗斯新版北极政策将经济、科技合作领域的合作对象由限定北极国家扩展至域外国家，合作的国家范围进一步扩大。整体来看，在海洋问题合作治理的诸多领域，国际社会的关注度日渐提升。

在海洋经济和科技领域，海洋经济、科技的合作与治理地位持续提升。《海洋经济 2030》报告中强调海洋经济是亿万人民赖以生存的食物、能源、矿物质、健康、休闲和交通运输的主要来源，明确指出海洋经济对于人类社会发展的重要性。该报告同时指出新"海洋经济"是由先进技术等多种因素共同驱动的，传统海洋产业加快创新，而新兴海洋产业更受关注。[①] 当今世界，海洋经济和科技发展呈现出竞争与合作并存的格局。一方面各海洋大国相继推出相关法律法规指引海洋经济和科技发展，竞争日趋激烈。世界主要海洋国家如美国、英国、挪威、日本、澳大利亚等持续加大海洋经济扶持政策，巩固传统海洋产业中的领先地位，以保持国际竞争力。美国是传统海洋强国，近些年连续推出多项政策推动海洋经济发展，如《拯救我们的海洋法案》《数字海岸法案》《蓝色地球法案》《蓝色经济 2021~2025 年战略规划》《海洋资源和工程发展法令》《美国海洋科技十年愿景》等；挪威更为关注在海洋经济领域的竞争力和话语权的提升，主动发起倡议成立可持续海洋经济高级别小组，期望在海洋产业领域治理中发挥主导作用；中国高度重视海洋经济的发展，先后颁布《全国海洋经济发展规划纲要》《关于促进海洋经济高质量发展的实施意见》《关于改进和加强海洋经济发展金融服务的指导意见》等文件，为发展海洋经济提供指引；日本发布《日本海洋科学技术》《海洋基本计划》《海洋科技发展计划》等海洋治理相关文件。海洋新兴产业也成为各国相互竞争的领域，以海洋科技创新竞争为突破，成为海洋经济增长的新活力。

另一方面海洋经济的发展与各国合作紧密相连。美国高度重视海洋经济

---

① OECD, *The Ocean Economy in* 2030, Paris：OECD Publishing, 2016, p. 3.

的发展，不断勾画海洋经济的新蓝图，在 2020 年颁布的《拯救我们的海洋法案 2.0》中也明确提出要在海洋领域加强国际合作与协调。2018 年，挪威联合多位政府首脑成立了可持续海洋经济高级别小组，与其他国家紧密合作提升国际社会影响力，该小组最终获得联合国的支持，并在国际性会议平台合作发声。英国和世界主要邻海国家进行海洋能源的合作不断加强，目前合作的国家有中国、法国、葡萄牙、美国、加拿大、澳大利亚、日本、韩国、新加坡、印度等。① 2019 年，英国倡议成立海洋合作新平台"全球海洋联盟"，多国共同努力保护海洋。加拿大和中国在经贸合作上高度互补，两国在海洋经济合作方面仍有巨大的可挖掘空间。② 中国与俄罗斯在北极地区实现多个项目的合作，共建"冰上丝绸之路"。

二　全球海洋治理面临的困境

随着全球海洋问题的日益凸显，国际社会协同合作共同参与全球海洋治理的意识不断增强，守护人类共同的蓝色家园成为共识。然而，全球海洋治理仍存在治理主体的理念差异、治理制度供需失衡、治理体系碎片化以及治理机制效能不足的困境。

（一）治理主体的理念差异

随着世界经济和社会发展与海洋的联系愈加密切，世界各国对可持续发展更为重视，陆上资源的匮乏，使得海洋的重要性凸显。然而，各治理主体对于海洋治理合作的理念和认知存在差异，难以形成共识。

首先，与海洋联系的紧密程度影响着不同国家对于海洋合作治理的态度。世界不同国家或地区存在地缘性差异，对海洋的依赖程度不同，导致治

---

① 刘贺青：《英国海洋能源产业全球布局背景下的中英海洋能源合作评析与对策》，《太平洋学报》2016 年第 10 期，第 39~46 页。
② 姚朋：《加拿大海洋经济和"一带一路"视野下中加海洋经济合作发展前瞻》，《晋阳学刊》2020 年第 2 期，第 95~103 页。

理主体参与全球海洋合作治理的态度迥异。沿海国家与海洋的关系更为密切，能够更为便利地从海洋获益，同时也更容易受海洋问题的负面影响，参与海洋合作治理的态度最为积极。内陆国家因地理位置上与海洋割裂，不能直接从海洋获益，参与海洋治理合作的态度最不积极。[1]

其次，对海洋控制权的差异影响着不同海洋治理主体的合作态度。传统发达国家和新兴市场经济国家是参与全球海洋治理合作的重要主体，在全球海洋治理中的关切不同，态度差异明显。霸权国家对海洋合作治理态度消极，除对全球多边治理机制漠视以外，还干扰其他国家和地区的海洋治理合作。美国至今仍未加入《联合国海洋法公约》（以下简称《公约》），主要原因是考虑其安全利益和经济利益，并针对《公约》中强制性技术转让、限制生产和国际海底管理局的表决程序等方面提出了修改意见。美国除以《公约》为由干预他国的海洋合法行动外，还以非缔约国身份为由，依据国内法干扰海洋秩序。[2] 在东北亚地区，海洋合作除受区域内邻海国家地理、历史、政治等方面的影响外，还受到以美国为首的西方势力的干扰，导致海洋合作治理态度消极、行动滞后，难以达成一致共识。[3] 相反，以新兴经济体为代表的新兴治理主体，对于加强全球海洋治理合作、共同维护海洋的可持续发展意愿强烈。

最后，不同国家或地区间的经济发展不均衡，容易导致关注的侧重点不同。部分经济欠发达国家更为重视经济短期增长而忽略海洋的可持续发展，过度开发、利用海洋及海洋资源，导致"公地悲剧"不断发生。海洋作为全球渔获物的重要产地，也是"公地悲剧"的典型区域，世界很多国家采取措施予以保护，如我国从 1995 年开始实施的伏季休渔制度，对于维持海洋可持续发展发挥了重要作用。

---

① 袁沙、郭芳翠：《全球海洋治理：主体合作的进化》，《世界经济与政治论坛》2018 年第 1 期，第 45~65 页。

② 杨勉：《美国为何至今未加入〈联合国海洋法公约〉》，《世界知识》2014 年第 12 期，第 32~34 页。

③ 付媛丽、史春林：《东北亚海洋生态安全合作治理及中国参与》，《国际研究参考》2021 年第 3 期，第 15~22，54 页。

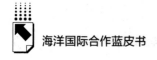
（二）治理制度供需失衡

制度和规则作为全球海洋治理领域重要的公共产品，存在着需求和供给不均衡问题。国际社会合作密度加强，海洋治理领域的制度供给不断增加，然而相较于已有海洋问题的复杂严峻和新海洋议题的相继显现，海洋治理相关公约、国际性法律、习惯法严重不足。例如，在东亚海域污染合作治理实践中，虽建立了东亚海协作体（COBSEA）、东亚海环境管理伙伴关系计划（PEMSEA）两个制度基础，然而在实践过程中区域公约不足、海洋污染合作治理制度缺失的问题依然严峻。在海洋污染治理领域，海洋塑料污染治理占据主要地位，全球层面治理合作主要以"硬法""软法"和自愿承诺为制度基础，而区域层面则以"区域海"项目为代表，促进各海洋区域为共同保护海洋环境形成制度化的合作机制，以波罗的海的"框架公约+附件"模式、地中海的"框架公约+议定书"模式和北海-东北大洋的"公约+公约"模式最为典型。[①] 而西北太平洋区域在海洋环境合作治理领域的制度供给缺位，尚待建立相应的法律体系。

近年来，"逆全球化"思潮涌起，全球海洋治理公共产品供给减少，加剧了制度规则领域供给不足的形势。以《联合国海洋法公约》为核心的全球海洋治理体系，为解决全球性和区域性海洋问题搭建了有效的规则和制度安排。然而美国等少数国家的单边主义、霸权主义政策盛行，用国内法替代国际法，冲击和解构全球化阶段世界各国团结合作、高度依存的全球治理模式，国际合作治理进程受阻，合作不确定性和风险加大。

全球海洋治理制度和规则的供给不足还体现在具体的区域海洋问题治理中，主要表现为全球范围的海洋治理制度框架无法有效应用于区域海洋治理。例如《联合国海洋法公约》的相关条约，在解决南海环保问题上受到

---

① 孔凡宏、沙媛媛、李姗姗、朱伟平：《西北太平洋区域海洋垃圾合作治理的模式选择》，《上海海洋大学学报》2022年第1期，第201~211页。

较大约束。区域内部分国家对加入国际环境公约的消极态度，导致部分公约无法有效指导南海环境的区域治理，合作治理的法律约束力不足。[①] 在南海问题上，沿岸国家的经济、社会发展水平不同，对海洋资源保护和环境治理的诉求存在差异，实施相关措施的步调并不一致，至今尚未形成规制区域海洋环境保护的专门组织和具有法律约束力的区域性公约或协定。[②]

（三）治理体系碎片化

全球海洋治理体系结构的碎片化趋势日益严峻。海洋治理体系的碎片化有利于治理分工精细化、参与主体多元化、不同海域自由裁量权的差异化，然而国际海洋规则之间存在不相容甚至相互冲突，或是治理机构之间功能的重叠或盲区，这种客观上存在的治理体系的碎片化使得相关法律、法规与机制的连贯性和全局性遭受阻碍，导致海洋保护制度的割裂。人类开发利用海洋的能力不断提升，海洋新议题不断出现，诸如海水酸化、海平面上升、海洋塑料垃圾增加、海洋能源开采、生物的多样性养护等问题愈加受到国际社会的关注，然而现有的治理体系无法很好地整合这些新的问题，新的机制、规则的产生可能对原制度、机制产生矛盾和不兼容的现象，最终导致海洋治理失灵。在区域治理中，非洲的海洋治理呈现典型的碎片化状态，沿海国家之间尚未建立区域政府间合作机制，区域、次区域、国家层面也缺乏共识，尚无法整合有效的制度架构。面对碎片化的海洋治理体系迫切需要构建合作治理、协同治理、整合治理的体系框架。

（四）治理机制效能不足

世界各国在参与海洋合作治理过程中，合作治理机制的效能并未充分发挥。尽管目前全球海洋治理机制及制度框架已基本形成，然而在实践中，由

[①] 刘天琦、张丽娜：《南海海洋环境区域合作治理：问题审视、模式借鉴与路径选择》，《海南大学学报》（人文社会科学版）2021年第2期，第10~18页。

[②] 薛桂芳：《"一带一路"视阈下中国—东盟南海海洋环境保护合作机制的构建》，《政法论丛》2019年第6期，第74~87页。

于"世界无政府状态",缺少能够凝聚各方力量、整合各国资源的管理机构,合作治理的关系较为松散,部分合作机制停留在会议讨论以及信息交流上,无法形成有效约束,机制十分低效。比较典型的案例是东北亚区域的环境合作治理机制,虽成立了一系列的双边、多边合作机制,但是大多数合作层次偏低,仍处于合作的初级阶段。例如中国与东盟国家围绕南海领域的合作机制整体制度化水平较低,主要体现为非正式机制层面的合作,缺乏有效的高层次合作机制。

三 全球海洋治理的困境跨越与中国参与

中国在世界经济和社会发展中的地位日益凸显,在国际事务中的话语权不断提升,在参与全球海洋治理过程中逐渐形成了系统的中国海洋观。作为负责任大国,中国应从塑造价值共识、共建多层治理主体结构、完善治理体系、促进海洋发展与海洋治理互动方面加强与国际社会合作,不断纵深推进全球海洋治理。

(一)中国参与海洋治理的理念

中国是海陆兼备的陆海复合型国家之一,海洋经济活力日益凸显。虽然持续受到新冠疫情等多种因素影响,2022 年全国海洋经济总量仍实现 94628 亿元,占国内生产总值的比重达 7.8%,[①] 为 2010 年的两倍以上。新冠疫情暴发前的 2019 年全国海洋经济总量达到 89415 亿元,[②] 占国内生产总值的比重达 9.02%。[③] 海洋经济规模持续增长,促使我国加紧开发和利用海洋资

---

① 《2022 年中国海洋经济统计公报》,中国自然资源部网站,2023 年 4 月 13 日,http://gi. mnr. gov. cn/202304/P020230414430782331822. pdf,最后访问日期:2023 年 9 月 25 日。

② 《2019 年中国海洋经济统计公报》,中国自然资源部网站,2020 年 5 月 9 日,http://gi. mnr. gov. cn/202005/t20200509_ 2511614. html,最后访问日期:2023 年 9 月 25 日。

③ 《中华人民共和国 2019 年国民经济和社会发展统计公报》,国家统计局网站,2020 年 2 月 28 日,http://www. stats. gov. cn/sj/zxfb/202302/t20230203_ 1900640. html,最后访问日期:2023 年 9 月 25 日。

源，形成了具有中国特色的海洋强国战略，也为构建国际海洋新秩序和推动全球海洋治理贡献着中国智慧和中国方案。

党的十八大以来，"21 世纪海上丝绸之路""蓝色伙伴关系""海洋命运共同体"等有关海洋治理的新理念相继提出，中国参与全球海洋治理的理论体系逐渐形成。2013 年 9 月和 10 月，国家主席习近平在出访中亚和东南亚国家期间，先后提出共建"丝绸之路经济带"和"21 世纪海上丝绸之路"的战略构想。①"一带一路"倡议坚持"共商、共建、共享"的基本原则，体现了中国坚持多边主义发展与合作共赢的全球海洋治理理念，得到了世界各国的广泛认可。目前加入"一带一路"倡议的国家和国际组织越来越多，截至 2022 年 12 月，已有 150 个国家和 32 个国际组织同中国签署的"一带一路"合作文件超过 200 份。② 2017 年，国家发展和改革委员会与国家海洋局联合发布《"一带一路"建设海上合作设想》，提出构建"蓝色伙伴关系"的设想，这一设想体现了中国海洋发展与联合国 2030 可持续发展议程国家计划第 14 个目标的结合，也是中国积极主动参与全球海洋治理、加强与其他国家合作的重要途径。2017 年，中国—小岛屿国家海洋部长圆桌会议通过的《平潭宣言》将构建基于海洋合作的"蓝色伙伴关系"的愿景列入其中。2017 年 11 月，中国与葡萄牙正式签署文件，确立"蓝色伙伴关系"，葡萄牙成为第一个与中国建立"蓝色伙伴关系"的国家。2018 年 7 月，中国与欧盟签署《关于为促进海洋治理、渔业可持续发展和海洋经济繁荣在海洋领域建立蓝色伙伴关系的宣言》（以下简称"中欧《蓝色伙伴关系宣言》"），中欧"蓝色伙伴关系"正式成立。中国在 2022 年联合国海

---

① 《"一带一路"的提出背景及具体思路》，中国国务院新闻办公室网站，2015 年 4 月 14 日，http://www.scio.gov.cn/ztk/wh/slxy/31200/Document/1415297/1415297.htm，最后访问日期：2023 年 9 月 25 日。

② 《已同中国签订共建"一带一路"合作文件的国家一览》，中国一带一路网，2022 年 8 月 15 日，https://www.yidaiyilu.gov.cn/xwzx/roll/77298.htm，最后访问日期：2023 年 9 月 25 日；《中国政府与巴勒斯坦政府签署共建"一带一路"谅解备忘录》，中国一带一路网，2022 年 12 月 7 日，https://www.yidaiyilu.gov.cn/p/295194.html，最后访问日期：2023 年 9 月 25 日。

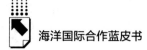
洋大会上发声，并公布《蓝色伙伴关系原则》，旨在以《蓝色伙伴关系原则》为基础，促进"全球蓝色伙伴关系合作网络"构建，更好实现可持续发展目标。① 2019 年 4 月 23 日，国家主席习近平在集体会见出席中国人民解放军海军成立 70 周年多国海军活动的外方代表团团长时指出："我们人类居住的这个蓝色星球，不是被海洋分割成了各个孤岛，而是被海洋连结成了命运共同体，各国人民安危与共。"② "海洋命运共同体"理念获得了联合国的认可，弥补了现有全球海洋治理机构和机制上的不足，③ 彰显了中国愿同世界各国、国际组织协调一致构建海洋新秩序的大国责任与担当。国家"十四五"规划明确提出中国将"深度参与国际海洋治理机制和相关规则制定与实施，推动建设公正合理的国际海洋秩序，推动构建海洋命运共同体"。④ 王毅国务委员在 2021 年 11 月"第二届海洋合作与治理论坛"开幕式上的致辞中指出，解决全球海洋治理面临诸多问题，需要国际社会团结合作，携手共建海洋命运共同体，⑤ 体现了中国愿同世界各国一道，推动构建海洋命运共同体的美好愿望。2022 年 11 月举办的厦门国际海洋论坛以"打造蓝色发展新动能，共筑海洋命运共同体"为主题，聚焦蓝色经济和命运共同体，国内外专家学者探讨共筑海洋命运共同体重要议题，⑥ 构建海洋命运共同体理念日渐成为国际社会的广泛共识。

---

① 周超、高岩、于傲：《联合国海洋大会上的"中国声音"（二）》，中国自然资源部网站，2022 年 7 月 13 日，https：//www.mnr.gov.cn/dt/ywbb/202207/t20220713_2742156.html，最后访问日期：2023 年 9 月 25 日。

② 《习近平谈治国理政（第三卷）》，外文出版社，2020，第 463 页。

③ 段克、余静：《"海洋命运共同体"理念助推中国参与全球海洋治理》，《中国海洋大学学报》（社会科学版）2021 年第 6 期，第 15~23 页。

④ 《中华人民共和国国民经济和社会发展第十四个五年规划和 2035 年远景目标纲要》，中国政府网，2021 年 3 月 13 日，http：//www.gov.cn/xinwen/2021-03/13/content_5592681.htm，最后访问日期：2023 年 9 月 25 日。

⑤ 《加强团结合作，携手共建海洋命运共同体——王毅国务委员在"第二届海洋合作与治理论坛"开幕式上的致辞稿》，中国外交部网站，2021 年 11 月 9 日，https：//www.fmprc.gov.cn/web/ziliao_674904/zyjh_674906/202111/t20211109_10445908.shtml，最后访问日期：2023 年 9 月 25 日。

⑥ 《2022 厦门国际海洋论坛聚焦蓝色经济和命运共同体》，央广网，2022 年 11 月 10 日，https：//xm.cnr.cn/wlhz/20221110/t20221110_526057375.shtml，最后访问日期：2023 年 9 月 25 日。

（二）中国参与全球海洋治理的进程

中国经济的快速崛起，以及开放型经济对于海洋及海洋资源的高度依赖，决定了中国积极参与全球海洋治理的必然性和可行性。中国积极参与国际海洋规则的建设，并从全球、区域、次区域三个层次参与海洋治理制度合作。

一是批准加入联合国框架下的国际组织和国际规则。中国政府于1996年正式批准加入《联合国海洋法公约》及为实现《公约》设立的国际海底管理局、大陆架界限委员会和国际海洋法法庭三大机构，为中国维护海洋权益、保护海洋环境和资源、参与海洋治理确立了国际法律依据。1991年，中国大洋协会在国际海底管理局和国际海洋法法庭筹备委员会登记注册为国际海底开发先驱者。此外，中国还加入全球海洋治理协调与合作的国际组织，如联合国粮食与农业组织、联合国教科文组织、联合国环境规划署、国际海事组织等。

二是加入区域性国际组织、规则。中国将参与全球海洋治理与管控、解决海洋争端相结合，实现共同善治。在"21世纪海上丝绸之路"的倡议下，中国首先与东南亚国家实现了海洋合作，与沿线国家建立了一系列与海洋相关的合作机制，如蓝色经济论坛、海洋环保研讨会、海洋合作论坛、东亚海洋合作平台、中国—东盟海洋合作中心等合作平台，并加入了诸多区域协定（见表3），与区域国家合作治理海洋，共同维护海洋利益。

表3 中国签订的部分区域协定

合作国家或区域	文件名称	签订时间
中国与东盟	《南海各方行为宣言》	2002年
东亚地区	《东亚海可持续发展战略》	2003年
东南亚	《东南亚友好合作条约》及其两个修改议定书	2003年
亚洲	《亚洲地区反海盗及武装劫船合作协议》	2004年
菲、越	《在南海协议区三方联合海洋地震工作协议》	2005年
西北太平洋	西北太平洋海洋环流与气候实验（NPOCE）（区域国际合作调查计划）	2010年
中国与海委会	IOC/WESTPAC海洋动力学和气候研究培训中心	2011年

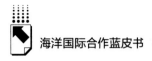

续表

合作国家或区域	文件名称	签订时间
中国、日本、韩国、俄罗斯、美国、中国台湾等	《北太平洋公海渔业资源养护和管理公约》	2013 年
上海合作组织成员国	《上海合作组织成员国边防合作协定》	2015 年
东盟	《未来十年南海海岸和海洋环保宣言(2017~2027)》	2017 年

资料来源：根据相关文献资料整理。

三是签订双边、多边海洋合作规则。国家间的海洋合作治理涉及传统安全、非传统安全等多领域的合作，中国与其他国家签订了多项双边或多边协定（见表4），以加强海洋具体领域的合作。

表4　中国与部分国家签订的双边或多边协定

签订协议合作国家	双边或多边协定名称	签订时间
美国	《中美海洋与渔业科技合作议定书》	1979 年
联邦德国	《海洋科技发展合作议定书》	1986 年
日本	《中日黑潮合作调查研究实施协定》	1987 年
苏联	两个《海洋科学技术合作协议》	1990 年
法国	《海洋科学技术合作议定书》	1991 年
西班牙	《中西海洋科技合作议定书》	1992 年
加拿大	《海洋和渔业科技合作议定书》	1993 年
韩国	《中韩海洋科技合作谅解备忘录》	1994 年
美国、俄罗斯、韩国、波兰	《中白令海峡鳕资源养护和管理公约》	1994 年
美国	《关于建立加强海上军事安全磋商机制的协定》	1998 年
越南	《中华人民共和国越南社会主义共和国关于两国在北部湾领海、专属经济区和大陆架的划界协定》	2000 年
越南	《中华人民共和国政府和越南社会主义共和国政府北部湾渔业合作协定》	2000 年
韩国	《中华人民共和国政府和大韩民国政府渔业协定》	2000 年
挪威	《中挪渔业合作协议》	2001 年
缅甸	《中缅渔业协议》	2001 年
俄罗斯	《中华人民共和国政府和俄罗斯联邦政府关于海洋领域合作协议》	2003 年

签订协议合作国家	双边或多边协定名称	签订时间
印度	《中国国家海洋局与印度海洋开法部海洋科技合作谅解备忘录》	2003 年
朝鲜	《关于海上共同开发石油的协定》	2005 年
日本	《中日东海问题原则共识》	2008 年
欧盟	《中华人民共和国政府与欧盟委员会关于在海洋综合管理方面建立高层对话机制谅解备忘录》	2010 年
泰国	《关于海洋领域合作的谅解备忘录》	2011 年
印度	《海洋领域合作谅解备忘录》	2012 年
越南	《关于开展北部湾海洋及岛屿环境综合管理合作研究的协议》	2013 年
印度	《关于加强海洋科学、海洋技术、气候变化、极地科学与冰冻圈领域合作的谅解备忘录》	2015 年
葡萄牙	《关于海洋领域合作谅解备忘录》	2016 年
美国、俄罗斯、加拿大、挪威丹麦和中国、欧盟、日本、韩国、冰岛	《预防中北冰洋不管制公海渔业协定》	2018 年

资料来源：根据相关文献资料整理。

（三）中国在全球海洋治理体系中的话语权

加快建设海洋强国，提升中国在全球海洋治理体系中的话语权至关重要。自全球海洋治理体系开始建立以来，中国一直积极参与全球海洋治理体系的建设和改革。随着联合国会员数量的不断增加，发展中国家所占比例也不断扩大。早期，中国在全球海洋治理体系中的话语权相对较低，在规则制定中处于被动接受者的局面。第三次联合国海洋法会议期间，中国在议题设置方面并未主动提出相关议案，主要是以发展中国家身份支持其他发展中国家的立场和主张，以获取发展中国家的支持。2006 年，中国成为北极理事会观察员以来，参与北极治理不深入，在北极治理的国际议题设置中发挥的仍是接受者的角色。[1]

---

[1] 赵宁宁：《中国北极治理话语权：现实挑战与提升路径》，《社会主义研究》2018 年第 2 期，第 133~140 页。

中国利用各类国际平台发声，积极为全球海洋治理提供中国智慧和中国方案，话语权不断提升。2017年，中国首次主办《南极条约》缔约国年会，这标志着中国在全球海洋治理中正在经历角色转变，逐渐成为机制设计的主要参与者。为加强在海洋治理领域的合作，中国与越来越多的国家建立双边、多边对话机制（见表5、表6），由中国主办的会议、论坛等越来越多，参与国家涉及面越来越广、社会认可度越来越高，体现出中国在海洋合作和海洋治理中的地位和话语权日渐提升。

表5 部分中国和其他国家建立的双边对话机制

涉及国家	机制名称	时间
中国和印度尼西亚	海洋科技合作论坛	2013年11月首届
中国和菲律宾	南海问题双边磋商机制（BCM）	2017年5月
中国和日本	海洋垃圾合作专家对话机制	2017年6月首次
中国和马来西亚	中马海上问题双边磋商机制①	2019年9月

资料来源：根据相关文献资料整理。

表6 部分中国和其他国家建立的多边对话机制

主要参与者	平台名称	活动成果
中日韩、东盟	东亚海洋合作平台	已经举办五届国际论坛（2016~2020年）
中日韩、东盟、美国、澳大利亚、新西兰、俄罗斯	东亚峰会	《东亚峰会关于加强地区海洋合作的声明》等多项涉海合作协议
中国、东盟	中国—东盟海洋合作中心	2015年9月8日挂牌，中心落户厦门。该中心围绕海洋科学研究、环境保护、防灾减灾等多个方面与东盟国家展开合作

资料来源：根据相关文献资料整理。

（四）中国深度参与全球海洋治理的策略

面对全球海洋治理存在的困境，中国需要积极推动"海洋命运共同体"

---

① 《中国与马来西亚建立海上问题磋商机制》，中国政府网，2019年9月12日，http://www.gov.cn/guowuyuan/2019-09/12/content_5429469.htm，最后访问日期：2023年9月25日。

的建设，加强同世界各国海洋治理合作，共同维护海洋秩序和海洋可持续发展。

第一，增强合作意愿，塑造价值共识。强化在全球海洋治理领域的价值共识，协同合作理念是凝聚治理主体的内在驱动力。各治理主体的目标存在差异，多以本国利益及海洋环境治理为立足点，存在集体行动的困境。霸权主义、逆全球化思潮、民粹主义抬头破坏了治理主体之间原有的合作机制，加大了合作的难度。加强社会各界对全球海洋治理的共识，提升参与合作的意愿，是塑造海洋合作治理的价值共识。2016 年，欧盟通过的《国际海洋治理：我们海洋未来的议程》中强调构建全球海洋治理伙伴关系的重要性，突出强化治理主体合作。中国则主张建立"蓝色伙伴关系"、加强"一带一路"建设、构建"海洋命运共同体"等价值理念。[①]这些价值理念立足维护人类共同的海洋利益，获得了社会的认可和共鸣。全球海洋治理相关会议、论坛为聚合世界各国表达诉求提供了渠道。例如欧盟与欧洲对外行动局共同发起举办的国际海洋治理论坛，成为各国交流、分享海洋治理经验的平台。

第二，加强主体合作，构建多层次治理主体结构，构建更为完善的多元主体协同参与海洋治理的多层次联合机制。主体多元化能够突出区域化治理的优点，弱化单边、双边、多边治理的劣势，提高治理的效力。在全球海洋治理中，主权国家难以承担全部治理责任，倾向于加强与非国家行为体的联合，采取多层次、多主体的治理模式。同时，治理主体承担着"逐利者"和"治理者"双重身份，容易在两种身份中有所偏倚，造成治理需求与迫切性差异。此外，不同国家经济发展水平、海洋依赖程度、海洋产出指标等方面存在差异，在全球海洋治理中出现集体行动困境，合作受阻。国际气候治理机制所遵循的"共同但又有区别"的合作治理原则值得借鉴，其能够缓解全球海洋治理集体行动的困境，促进多元主体间的协同合作。在众多治理主

---

① 田莹莹：《全球海洋治理：基本形态、现实困境与路径选择》，《中华环境》2021 年第 5 期，第 39~43 页。

体中，企业尤其是跨国企业作用日渐凸显。企业作为产业链创新的前沿，集资金、技术、产品等要素于一体，其行为具有较好的正外部效应。企业和行业协会组织在东南亚国家关于海洋塑料垃圾治理问题上的贡献，不失为一个好的典范。① 挪威国家石油公司等在其发起设立的国际海洋可再生能源行动联盟过程中，也体现出企业在参与全球海洋治理中的重要性。

第三，完善治理体系，弥合碎片化治理结构，发挥"联合国海洋网络"② 的积极作用，弥合联合国框架下全球海洋治理体系的碎片结构。全球海洋治理体系涉及全球层面、区域层面、次区域层面、国家层面等多层治理体系。世界部分国家国内法律体系实现与国际相关法律法规对接。如中国《中华人民共和国海洋环境保护法》即是基于《联合国海洋法公约》和我国实际情况基础上制定、修订完成的。③ 加拿大颁布实施的《海洋法》将《联合国海洋法公约》赋予主权国家的权利以国内法的形式体现。④ 国内法与国际法的对接，可以改善因制度、规则不一致导致的摩擦和争端，是形成治理体系网络的重要环节。促进国家间双边、多边体系与联合国多边体系的协同统一，加强局部双边治理力量与多边治理力量的融合，⑤ 有助于弥合治理体系的碎片结构。

第四，推动海洋产业和海洋科技融合，促进海洋经济与海洋治理互动。2016 年，经济合作与发展组织（OECD）（简称"经合组织"）发布报告指出，2010 年全球海洋经济产出达到 1.5 万亿美元，约占世界总增加值（GVA）的 2.5%，照此发展，预计 2030 年海洋经济将超过 3 万亿美元，⑥

---

① 刘瑞：《东南亚海洋塑料垃圾治理与中国的参与》，《国际关系研究》2020 年第 1 期，第 125~142，158~159 页。

② "联合国海洋网络"系为加强联合国系统内部机构和秘书处之间涉海活动的协调与合作而于 2002 年建立的一种机制。

③ 吴蔚：《中国涉海法律制度建设进程及全球海洋治理》，《亚太安全与海洋研究》2021 年第 6 期，第 55~68，3 页。

④ 姚朋：《当代加拿大海洋经济管理、海洋治理及其挑战》，《晋阳学刊》2021 年第 6 期，第 88~92，101 页。

⑤ 贺鉴、王雪：《全球海洋治理进程中的联合国：作用、困境与出路》，《国际问题研究》2020 年第 3 期，第 92~106 页。

⑥ OECD, *The Ocean Economy in* 2030, Paris：OECD Publishing, 2016, p. 13.

海洋经济增长速度将超越世界经济增长速度。联合国为协调、引领海洋经济健康发展，推动可持续发展目标的实施，采取了一系列创新举措，其中就包括2017年正式推出的"联合国海洋科学促进可持续发展十年（2021~2030年）"（即"海洋十年"），并于2021年6月8日宣布共有60多项倡议与计划获批"十年计划行动"。这些行动计划涉及地理范围较广，参与者包括联合国机构、国际组织、政府、民间组织、私营部门等多元主体，既体现了参与主体的多元化，也体现了不同主体间共同维护海洋健康发展的共识，这与经合组织探索建立的海洋经济创新网络的初衷一致。科学技术是世界海洋经济发展的源动力，联合国、经合组织等国际组织提倡科学技术推动海洋经济向可持续发展模式转型，实现海洋科技推动海洋产业创新发展，在海洋经济发展的同时支持生态系统保护、改善海洋健康状况，推动海洋经济高质量增长和海洋治理良性循环。

结　语

21世纪是海洋的世纪，人类经济和社会发展与海洋可持续发展紧密相连。海洋将世界各国连接为一个整体，为实现海洋的可持续发展，国际社会加入了全球海洋治理的进程。从目前来看，全球海洋治理呈现出治理主体多元化、治理制度体系复杂化、治理议题关注度提升的特点。随着各国在海洋领域合作范围的扩大，全球海洋治理也暴露出一系列仍需解决的问题，如经济利益诉求不同导致的对海洋合作治理认知及态度的差异、合作治理中对于规则制度的需求不能完全被满足的短板、治理体系结构呈现碎片化的状态、治理机制运行效果不彰的困境。

随着中国经济的飞速发展，中国在世界中的地位和话语权不断提升。作为陆海复合型的国家，中国形成了自身海洋价值体系，提出了构建"海洋命运共同体"的理念，为海洋健康发展贡献中国智慧和中国方案。全球海洋治理体系的完善、国际海洋秩序的维护有赖于世界各国的紧密合作，世界需要塑造共同的价值体系，以推进治理体系完善、寻求海洋协同发展之道。

B.10
气候变化与海洋国际合作报告

戴艳娟*

摘　要： 全球气候变化对海洋的影响远远超过对陆地的。气候变化导致冰盖融化，海洋内部温度上升引起海水膨胀，冰盖融化和海水膨胀导致海平面不断上升，这直接改变了陆地国家的生存环境；二氧化碳（CO_2）浓度上升导致海水酸化进而引起海洋生态系统变化，这影响了海洋生物的生存环境；气候变化还将引起海洋热浪，对海洋生物及依赖群落造成一系列后果。解决上述问题的途径就是控制温室气体排放，减缓或阻止气候变化。2022年在埃及的沙姆沙伊赫举行的《联合国气候变化框架公约》第27次缔约方会议（COP27），重申将全球变暖幅度控制在比工业化前水平高1.5℃的目标。自2009年联合国提出蓝碳报告后，人们认识到海洋与气候变化的相互影响，各国认识到蓝碳是减缓气候变化的重要手段和途径之一。截至2022年，各国在加强海洋国际合作过程中积极推进国际蓝碳合作，这对促使全球气温上升控制在1.5℃以内的目标达成具有重要意义。

关键词： 气候变化　蓝碳　海洋国际合作　气候会议

一　全球气候变化对海洋的影响

气候变化是指气候平均状态的巨大改变或者持续较长一段时间（典型

---

* 戴艳娟，博士，广东外语外贸大学经贸学院教授，硕士生导师，主要研究领域为产业经济、投入产出分析、国民经济核算。

期为 30 年或更长）的气候变动。《联合国气候变化框架公约》将气候变化
定义为：经过相当一段时间的观察，在自然气候变化之外由人类活动直接或
间接地改变全球大气组成所导致的气候改变。[①] 气候变化主要表现为以下三
种状况：全球气候变暖（Global Warming）、酸雨（Acid Deposition）、臭氧
层破坏（Ozone Depletion）。在气候变化的问题中，全球气候变暖是目前国际
上最关注的气候问题。全球气候变暖主要是人类通过排放温室气体造成的。
气候变暖的现象已经影响到全球各个地区，其不仅造成极端气候频发进而对
粮食和水安全、人类健康、经济和社会造成广泛的不利影响，而且对海洋生
态系统也产生不可逆的长期影响。

（一）全球气候变暖的状况及原因

根据世界气象组织每年发布的全球气候状况的资料，全球气候正在急速
发生变化。根据世界气象组织的数据，1880～2012 年，全球气温上升了
0.85℃，2011～2020 年，全球地表温度比 1850～1900 年高出 1.1℃，2022 年比
1850～1900 年基线高出 1.15℃（1～9 月的数据），是全球有记录以来的第五或
第六个最暖的年份。[②] 2015～2022 年则是有记录以来最暖的八年（见图 1）。
联合国政府间气候变化专门委员会（IPCC）的第六次评估报告，使用多年平
均值对温度超越点（长期升温超过某一特定水平的点）进行评估。2011～2020
年，温度超越点平均值估计为 1.09℃（0.95℃～1.20℃）。根据图 1 使用的六
组数据集的平均值，2013～2022 年期间的十年温度超越点平均值估计比 1850～
1900 年的平均值高 1.14℃（1.02℃～1.27℃），表明了全球气温在持续变暖。[③]

导致全球气候变暖最主要的原因是混合温室气体浓度持续增加。在过去

---

① 国家林业局：《林业碳汇计量监测术语》，https：//www.forestry.gov.cn/html/lykj/lykj_ 1708/
20200910085214307757451/file/20200910085855056348803.pdf，最后访问日期：2022 年 4 月
9 日。

② 世界气象组织（WMO）：《2021 年全球气候状况》，WMO-No.1290.2022，https：//library.
wmo.int/doc_ num.php? explnum_id=11408，最后访问日期：2023 年 4 月 15 日。

③ World Meteorological Organization（WMO），"WMO Provisional State of the Global Climate 2022,"
2022, https：//library.wmo.int/doc_ num.php? explnum_id=11359, accessed：2023-04-15.

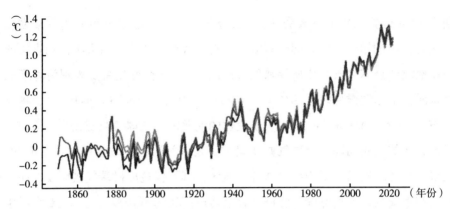

**图1 六个全球温度数据集（1850~2022年）与工业化前（1850~1900年）
条件相比的全球年平均温差**

资料来源：World Meteorological Organization（WMO），"WMO Provisional State of the Global Climate 2022，" 2022，p.7，https：//library.wmo.int/doc_num.php?explnum_id=11359，accessed：2023-04-15.

的60年间，人类活动造成每年排放的温室气体大约占总排放量的56%（包括海洋和陆地），可以说温室气体浓度增加的原因主要是化石燃料的燃烧、工业加工生产等人类经济活动。

2019年，大气中的二氧化碳（CO_2）浓度达到了410ppm（parts per million）、甲烷（CH_4）达到1866ppb（parts per billion）、一氧化二氮（N_2O）达到332ppb。CH_4和N_2O的浓度已经增加到80万年来前所未有的高度，目前的CO_2浓度至少比过去200万年的任何时候都高。[1] 2020年，全球温室气体浓度创下新高，CO_2、CH_4和N_2O的浓度分别比工业化前高出149%、262%和123%，2021年这种增长趋势仍在延续。[2] 专家估计，以目前的温室气体浓度和排放水平来看，到21世纪末全球气温很可能比1850~1900年高出1.5℃。[3]

[1] IPCC AR6 SYR，"Synthesis Report of the IPCC Sixth Assessment Report（AR6），" IPCC，https：//www.ipcc.ch/report/ar6/syr/downloads/report/IPCC_AR6_SYR_LongerReport.pdf，pp.6-7，accessed：2023-04-16.

[2] World Meteorological Organization（WMO），"State of the Global Climate 2020，" WMO-No.1264. 2021，https：//library.wmo.int/index.php?lvl=notice_display&id=21880#.YjaS4U1BxPZ，accessed：2022-04-22.

[3] World Meteorological Organization（WMO），"State of the Global Climate 2021，" 2021，https：//library.wmo.int/doc_num.php?explnum_id=10859，accessed：2022-04-09.

（二）全球气候变暖导致的极端天气

气候变暖、降水模式的改变以及更频繁和更严重的灾害，影响了粮食安全与水安全。全球气候变暖引起的极端气候增多，2022年世界各地都遭遇了各种极端气候所带来的灾害。

在南亚，巴基斯坦遭遇有史以来最热的3月和4月，高温导致作物产量下降，进而引起主食短缺的风险。巴基斯坦、印度和孟加拉国都遭遇了前所未有最严重的洪灾。在非洲之角的肯尼亚、索马里和埃塞俄比亚南部遭遇大旱，3~5月雨季的降雨量远远低于平均水平。而在南部非洲，受热带风暴的影响，莫桑比克和马拉维则遭遇洪灾。①

2022年，中国、欧洲和北非在夏季均受到异常炎热的影响，一些地方还出现了干旱。中国南半部的大部分地区（除广东省外）的季节性降雨量比平均水平低20%至50%。中国长江流域的高温干旱导致武汉的长江水位达到8月的最低纪录，而且引发了山火。欧洲在夏季也经历了多次热浪袭击，多地气温都打破了以前的高温纪录。7月中旬，英国的温度首次超过40℃，都柏林气温达到了33.0℃，是爱尔兰自1887年以来的最高温度。法国西南部受到山火影响，有超过62000公顷的土地被烧毁，而英国伦敦郊外的几场火灾也造成了巨大的财产损失。欧洲多国，包括德国、法国、英国、比利时和摩洛哥经历了几十年不遇的干旱期。飓风给古巴、美国的佛罗里达州都造成了巨大损失。②

越来越多的天气和气候极端事件使数百万人面临严重的粮食安全和水安全问题，尤其是小规模粮食生产者、低收入家庭和土著居民受到的影响更大。

（三）全球气候变暖引起海洋温度变化

气温的升高不仅仅对大陆产生影响，对海洋的影响也是深刻的，同时海

① World Meteorological Organization（WMO），"WMO Provisional State of the Global Climate 2022，" 2022，https：//library. wmo. int/doc_num. php?explnum_id＝11359，accessed：2023-04-15.
② World Meteorological Organization（WMO），"WMO Provisional State of the Global Climate 2022，" 2022，https：//library. wmo. int/doc_num. php?explnum_id＝11359，accessed：2023-04-15.

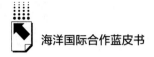
洋也是影响气候变化的重要因素。

地球系统中大约90%的累积热量储存于海洋中。温室气体浓度的上升导致地球系统中累积的过剩能量大部分被海洋吸收，增加的能量使海洋温度上升。海洋每年最多吸收约30%的人为排入大气的二氧化碳，从而有助于减轻气候变化的影响。① 由于温室气体的大量排放，海洋无法完全吸收人类排放的多余的二氧化碳，导致气候不可避免地发生变化。

1971～2010年，存在于地球系统中约93%的过多热量被海洋吸收。1980～2000年，海洋获得了约50泽焦耳（1021焦耳）热量，2000～2013年，热量增长了大约三倍量。2000年之前，海洋大部分热量都存储在海面至700米深度之间。政府间气候变化委员会（IPCC）的结论是："几乎可以肯定的是，全球上层海洋（0～700米）自20世纪70年代以来已经变暖，而且人类的影响是主要驱动力。"② 2000年后，海洋大部分热量都存储在700米至2000米的深度。③ 也就是说海洋内部在不断变热，并且中等深度（700～2000米）的热储存增速堪比0～300米深度层热储存速度。在过去20年间，海洋升温速度尤其强劲。1971～2021年，0～2000米的海洋变暖速率为0.6±0.1Wm^{-2}，其中2006～2021年为1.0±0.1Wm^{-2}。2021年，海洋上层2000米继续变暖，预计未来继续变暖的趋势不可逆转。2021年的海洋热含量是有记录以来最高的。④

（四）全球气候变暖引起全球海平面上升

海洋变暖引起的热膨胀，加上陆地上的冰融化，导致了海平面上升。

① 世界气象组织：《WMO2017年全球气候状况声明》，WMO-No. 1212. 2018，https：//library. wmo. int/doc_num. php?explnum_id=4520，最后访问日期：2023年4月18日。

② World Meteorological Organization（WMO），"WMO Provisional State of the Global Climate 2022," 2022，https：//library. wmo. int/doc_num. php?explnum_id=11359，accessed：2023-04-18.

③ 世界气象组织：《WMO关于2013年全球气候状况声明》，WMO-No. 1130. 2014，https：//library. wmo. int/doc_num. php?explnum_id=7866，最后访问日期：2023年4月16日。

④ World Meteorological Organization（WMO），"WMO Provisional State of the Global Climate 2022," 2022，https：//library. wmo. int/doc_num. php?explnum_id=11359，accessed：2023-04-16.

1901~2010 年，由于升温和海冰融化，全球海洋面积扩大，海平面平均上升19 厘米。[①] 近年来，海平面有加速上升的趋势。1993~2022 年，全球海平面平均值（GMSL）每年上升约为 3.4±0.3 毫米，但在第一个十年（1993~2002 年）GMSL 上升速度为每年上升 2.1 毫米；最后一个十年（2013~2022 年），速率增加了一倍，GMSL 每年上升 4.4 毫米。自 2020 年 1 月以来，GMSL 的增长约为 10 毫米，2021 年 1 月至 2022 年 8 月，GMSL 增加了约 5 毫米，GMSL 以加速度的方式继续上升（见图 2）。[②]

全球海平面平均值

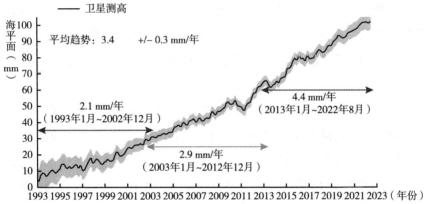

图 2 全球平均海平面变化（1993 年 1 月至 2022 年 8 月）

注：黑色曲线代表 GMSL 变化，阴影部分为不确定范围，水平的直线代表了三个连续的时间跨度的平均线性趋势。

资料来源：World Meteorological Organization（WMO），"WMO Provisional State of the Global Climate 2022," 2022, https：//library. wmo. int/doc_num. php?explnum_id＝11359, accessed：2023-04-16.

由此可见，气候变化造成海洋温度上升进而使海平面上升的事实已经形成，并且这样的趋势在不断加剧。不仅如此，海洋温度上升对海洋的生态环境、资源以及海洋经济都将产生深刻影响。

---

① 《目标 13：采取紧急行动应对气候变化及其影响》，联合国网站，https：//www.un.org/sustainabledevelopment/zh/climate-change-2/，最后访问日期：2023 年 4 月 20 日。

② World Meteorological Organization（WMO），"WMO Provisional State of the Global Climate 2022," 2022, https：//library.wmo.int/doc_ num. php? explnum_ id＝11359, accessed：2023-04-16.

（五）气候变化对海洋生态的影响

气候变化对陆地、淡水、冰冻层和沿海及开阔海域的生态系统造成了巨大的破坏，而且不可逆转。

温度是生物分布的最重要的因素之一，气温升高将导致生态系统发生改变已是普遍共识。气候变化对海洋生物的影响因纬度不同而不同。随着温度上升，热带及温带海洋的生物逐渐向极地方向移动，也就是北半球的生物朝北极方向、南极圈生物朝南极方向移动。但是极地地区的升温可能会加快海洋生物的生长速度和分解速度，也可能形成一种比现代更活跃的海洋生态系统。当然，那些不能适应温度升高的嗜冷性海洋生物，不可能转移到更寒冷的区域，因此，它们有可能逃往深海建立新生态系统，也可能从此灭绝。

在全球评估的物种中，约有一半向极地转移，在陆地上的向高海拔地区转移。数以百计的当地物种的消失是由陆地和海洋极端高温的气候导致。冰川融化导致水文变化，一些山区和北极永久冻土融化对生态系统的影响是不可逆转的。在过去的100年里，受海平面上升、气候变暖和极端气候事件的综合影响，近50%的沿海湿地已经消失，因此温度升高对生态系统将产生巨大影响。[①]

海洋吸收大量的二氧化碳，这虽然能够帮助减轻气候变化对地球的影响，但是付出了高昂的生态代价。[②] 因为大气中的二氧化碳被海洋吸收之后，二氧化碳与海水发生反应，氢离子浓度增加（＝pH值降低）。只要地球不断释放过量二氧化碳，这必然改变海洋的酸度，也就会造成海洋的酸化。

---

① IPCC AR6 SYR, "Synthesis Report of the IPCC Sixth Assessment Report（AR6），" IPCC, https：//www.ipcc.ch/report/ar6/syr/downloads/report/IPCC_AR6_SYR_LongerReport.pdf, p.15, accessed：23-05-15.

② World Meteorological Organization（WMO），"State of the Global Climate 2020," WMO-No.1264. 2021, https：//library.wmo.int/index.php？lvl＝notice_display&id＝21880#.YjaS4U1BxPZ, accessed：2023-04-18.

海洋酸化所引起的最令人担忧的是碳酸钙变得易于溶解所导致的问题。在海洋中可以形成碳酸钙沉积的生物包括热带珊瑚、深海珊瑚、海胆、贝类、甲壳类、石灰藻、孔虫和圆石藻等，这些海洋生物从海水中吸收碳酸钙从而生成骨骼和外壳，就是钙化过程。如果是酸性环境，碳酸钙容易分解，这将影响海洋生物的钙化效率，使其无法形成正常的骨骼和外壳。如果酸化程度严重，就会使海洋生物已经形成的骨骼和外壳被分解。因此，当海洋中的二氧化碳浓度不断升高，海水酸化达到一定程度时，珊瑚礁就会消失。珊瑚虫类和石灰藻、圆石藻等钙化藻类是海洋基础生态系统的一部分，承担着保护海洋环境、弱化海浪的冲击、吸收营养盐和净化海洋的作用。海洋酸化导致的珊瑚礁及附近藻类的消失，意味着海洋生物丧失了生长和生存的环境。珊瑚礁构建的生态系统被完全毁坏，这将是对海洋环境的巨大破坏，将可能对生态系统造成巨大影响。

（六）全球气候变暖对海洋资源的影响

海洋表面水温的变化与海洋生物的增减有密切关系。随着气候变暖，海水温度发生变化，海洋生物会对此作出反应并发生变化。气候变化将对海洋生物的分布产生影响，并对海洋资源也造成重大改变。

1. 海水温度上升对海洋资源分布及存量的影响

第一，海水温度上升对珊瑚、海藻和海草的分布及生存产生影响。珊瑚、海藻和海草群具有为海洋生物提供成长及栖息场所的功能，同时是海洋重要的生态系统。与鱼类等不同的是，这些珊瑚及海藻（除了流动藻类之外）自身无法移动，会受到沿岸环境的影响。珊瑚礁通常分布在北纬25°和南纬25°之间的热带海岸，适合在18~30℃的水温中生存。随着海水温度上升，珊瑚生息区域正在以非常缓慢的速度向高纬度方向转移。同时，海水温度上升也导致南方的亚热带海藻的分布向高纬度方向扩大，原来温带性海藻所在区域逐渐被亚热带海藻替代。野鱼、鲈鱼等以海藻为食的鱼类在低水温环境活动下降，因此，在冬季鱼类对海藻的危害是有限的。但是，随着近年来海水温度的上升，这些以海藻为食的鱼类的活动时间变长，对海藻的危害也增大。由于这种海水温度上升导致温带藻类生存区域缩小以及鱼类危害扩大的双重打击,原有区域的温带藻类大量减少,同时以温带藻类为食的鲍鱼及海胆等重要水产资源也随之减少。

第二,海藻、海草以及浮游植物支撑着海洋庞大的基础生产,但是这些植物在进行光合作用时,需要磷酸、硝酸及氨等营养盐,而全球气候变暖阻碍了海洋中营养盐的循环。全球气候变暖会引起海洋表层变暖,并使中深层海水的垂直混合减弱。通常海洋上层的有机物会慢慢下沉,成为海底栖息生物的食物来源,同时被海底微生物所分解成无机养分,这些无机营养物质又被垂直上升的海流带到表层提供给浮游植物。海水通过垂直运动使上下层的营养物质得以循环。气候变暖阻碍了海底营养盐的向上运输,表层的海藻及浮游植物无法得到充足的营养盐,那么浮游植物的基础产量及存量都会随之下降。浮游植物又是浮游动物的营养源,浮游植物现存量的下降,会通过食物链直接导致浮游动物现存量的下降,甚至以浮游动物为食的更高级的海洋生物的分布和存量也受到影响。因此,可以说浮游植物是整个海洋生态系统的基础,其生物量的减少导致整个海洋生态系统生物量的减少,其对海洋生态系统的影响是不言而喻的。

2. 海水温度上升对海洋经济产生恶劣影响

首先,海水温度上升引起海洋鱼类资源的分布发生变化。因为大多数海洋生物都是变温动物,对周围的水温环境反应极为灵敏。移动能力强的鱼类,当水温上升而对环境不适时,会转移至更合适的环境。海水温度上升将导致活动于现有海域的鱼类可能转移至其他区域,不同种群的鱼类数量也可能发生变化。

根据 Sakurai et al. (2000)[①] 的研究,发现栖息在美国太平洋一侧的美洲乌贼(1 年内体重可增长到 20kg 以上)的数量在急剧增加,分布范围迅速扩大。美洲乌贼数量的增加是导致金枪鱼类资源减少的原因之一。乌贼类

---

① Sakurai, Y., Kiyofuji, H., Saitoh, S., Goto, T. and Hiyama, Y., "Changes in inferred spawning areas of Todarodes pacificus (Cephalopoda: Ommas‐trephidae) due to changing environmental conditions," *ICES Journal of Marine Science*, Vol. 57, Issue 1, 2000, pp. 24–30.

群体能够在一年内从低级食物链鱼类变为高级捕食者，是目前改变海洋生态系统的物种之一。海水温度不断升高导致在寒冷期尤其是冬天出生的种群会减少，而在温暖的秋冬季出生的种群却会增加；海水温度的上升，也导致现有海洋鱼类的产卵场所发生改变，鱼类资源分布发生变化；海水温度的上升还导致台风及飓风变强，进而引起鱼类分布的变化。例如，太平洋岛的沙丁鱼卵和幼苗的生存受到影响，沙丁鱼资源可能会随之减少。

　　如果只考虑海水温度上升，预计未来会出现在高纬度区域水产资源量增加，而在低纬度区域水产资源量则会减少的现象。根据相关研究预测，气候变化可能会导致全球的渔业捕获潜力将重新分配。在北大西洋及太平洋的高纬度海洋，随着部分鱼种的生息区域的扩大，这些高纬度地区的渔获潜力将平均增加30%~70%，而热带地区的渔获潜力将下降高达40%。在20个最重要的渔业专属经济区（EEZ）中，到2055年渔获潜力增长最高的EEZ包括挪威、格陵兰岛、美国的阿拉斯加和俄罗斯（亚洲部分）。相反，渔获潜力影响最大的专属经济区包括印度尼西亚、美国（不包括阿拉斯加和夏威夷）、智利和中国，特别是许多热带地区将受到特别严重的影响。[①]

　　根据联合国粮食及农业组织对评估种群的监测，处于生物可持续水平内的鱼类种群比例呈下降趋势，从1974年的90.0%下降到2015年的66.9%。相比之下，在生物不可持续的水平上捕捞的种群比例从1974年的10%增加到2015年的33.1%，其中1970年代末和1980年代的增幅最大。2015年，最大可持续捕捞种群占评估总种群的59.9%，捕捞不足的种群占评估种群总数的7.0%。从1974年到2015年，捕捞不足的种群持续下降，而最大可持续捕捞量从1974年到1989年持续下降，然后在2015年增加到59.9%。2015年，在16个主要统计区域中，地中海和黑海的不可持续种群比例最高为62.2%，紧随其后的是东南太平洋的61.5%和西南大西洋的58.8%。相比之下，中东部太平洋、东北太平洋、西北太平洋、中西部太平洋和西南太

---

① William W. L. Cheung, Vicky W. Y. Lam, Jorge L. Sarmiento, Kelly Kearney, Reg Watson, Dirk Zeller and Daniel Pauly, "Large-scale redistribution of maximum fisheries catch potential in the global ocean under climate change," *Global Change Biology*, Vol. 16, Issue. 1, 2010, pp. 24-35.

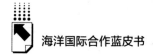
平洋在生物不可持续的水平上所占比例最低为 13%～17%，2015 年，其他领域占比在 21% 至 43% 之间。①

其次，海水温度上升将加剧南北经济差距。海洋渔业是经济和粮食的主要来源。据估计，小规模渔民和相关工人占全球捕捞渔业和相关活动就业人数的 90% 以上，全球有 3 亿人依靠渔业维持生计。全球估计有 30 亿人依赖鱼类所提供的动物蛋白、必需微量营养素和 ω-3 脂肪酸，未来作为动物性蛋白质的重要来源，全球对水产资源的需求将会进一步增加。从国家分布来看，通常发达国家大多处于高纬度区域，而发展中国家则处于低纬度区域。全球变暖导致海水温度上升，渔业资源的重新分配将加剧南北经济差距，使发展中国家的粮食供应成为愈发严重的问题。

最后，海水温度上升对以珊瑚礁为旅游资源的观光经济产生重大影响。海洋温度上升除了对渔业有影响之外，对珊瑚礁经济的影响也是巨大的。珊瑚礁除了为海洋生物提供栖息场所之外，有相当一部分收益来自为人类提供的观赏旅游服务。到 21 世纪中叶，旅游业将成为世界最大的单一产业，以珊瑚礁为旅游资源的各种潜水观光旅游活动也会增加，与珊瑚礁相关的经济波及效应也会加大。珊瑚通常位于世界亚热带地区和热带地区，存活于一定的温度范围。由于珊瑚虫、单细胞藻类与虫黄藻共生的缘故，珊瑚的颜色看上去是五彩斑斓，加上珊瑚礁周围各种丰富的生物的存在，珊瑚礁成为海上旅游及潜水观光的热门区域。但是近年由于海水温度升高等因素的影响，虫黄藻的活性降低甚至死亡，珊瑚本来的骨骼（碳酸钙）的颜色开始显露，频繁呈现白色，这就是珊瑚的白化现象。如果珊瑚严重的白化持续下去，珊瑚虫最终也将死亡。同时，海洋酸化可能导致珊瑚退化及消失，珊瑚礁也存在消失的可能。随着海洋温度的升高，浅海部分珊瑚礁的消失，将给当地以潜水为代表的观光旅游业带来致命打击，对区域经济将造成不可估量的经济损失。

---

① 《联合国海洋行动》，联合国网站，https：//oceanconference. un. org/OceanAction，最后访问日期：2023 年 4 月 16 日。

（七）海洋酸化对海洋资源的影响

1. 海洋酸化对海洋生物分布的影响

海洋酸化给海洋生物带来恶劣影响，特别是海水中二氧化碳浓度的增加会导致碳酸根离子（CO_3^{2-}）浓度的降低，利用碳酸根离子形成碳酸钙和碳酸镁壳的浮游生物、珊瑚、贝类、甲壳类、棘皮动物等钙化生物的生存将受到威胁。实验表明，贝类在初期成长阶段，即使在短短几天的时间暴露在高浓度二氧化碳环境中，死亡率和畸形率也会大幅增加，因此各种贝类在生长初期阶段在酸化海水中极其脆弱，受到的恶劣影响是巨大的。也有研究表明，没有保护壳的海洋生物在酸性较高的海水中也会受到各种不良影响，可能出现受精和初期发育的障碍或嗅觉障碍等。因此，与全球气候变暖一样，海洋酸化对海洋生物也普遍产生不良影响。

作为石灰化生物的珊瑚，在很大程度上受到了人为二氧化碳大量排放导致全球气候变暖和海洋酸化的双重影响。如果只考虑随着全球气候变暖海水温度上升的影响，珊瑚的栖息区域将向北转移，但如果同时考虑海洋酸化的影响，珊瑚的可分布区域将逐渐缩小。

2. 海洋酸化对海洋经济的影响

与全球气候变暖一样，海洋酸化也会对海洋生物造成直接影响，从而对人类社会，特别是以水产业和旅游业为主导的地区经济造成严重打击。

根据藤井（2020）[①] 的预测，21 世纪前半期，由于海水温度上升，珊瑚栖息区域扩大，日本近海的珊瑚礁可能产生的观光及经济效益略有增加，但是到 21 世纪后半期，高温和海洋酸化的共同影响将导致珊瑚大面积死亡，收入将大幅减少，预计到 21 世纪末的累计收入将减少 6 兆 7000 亿日元左右。

海洋酸化对水产业的影响是深刻的。从食品及海洋经济的角度看，人类

---

① 藤井賢彦，地球温暖化・海洋酸性化が日本沿岸の海洋生態系や社会に及ぼす影響，*Fisheries Engineering*，Vol. 56，No. 3，2020，pp. 191-195.

对贝类的依存度较高，贝类是人类从海洋中获取的重要食物来源。海洋酸化造成贝类的减少对难以采取适当措施及时进行应对的发展中国家来说，所受影响将更加深刻。针对包括海洋酸化在内的各种因素所导致的可捕获的天然海洋生物的减少，许多国家及地区为了避免渔业因此而遭受重大损失，纷纷通过人工养殖来弥补天然海洋生物减少所带来的影响。目前，世界上大部分海水养殖是采用无喂食养殖的方法，包括贝类的软体动物和甲壳类生物，它们大多属于钙化生物。海洋酸化对未来海水养殖业造成的恶劣影响可能将远超全球变暖造成的影响。当前太平洋东部和美国西海岸的牡蛎养殖就已经开始受到海洋酸化的破坏。

二 联合国气候会议与蓝碳议题

如上文所述，气候变化不仅对海洋生态环境造成影响，而且对海洋经济也造成恶劣影响。同时气温升高引起的海平面上升，将导致众多太平洋岛国可能被海水淹没。如今人类已经意识到气候变化，尤其是二氧化碳导致的全球气候变暖已经成为不争的事实。气候变暖不仅对陆地，对海洋的生态环境也造成破坏，威胁着人类的生存和发展。为了防止气候变暖对人类生存环境的恶劣影响，世界各国需要共同努力与合作。1991 年，联合国开始启动国际气候公约谈判，每年在不同的国家或地区召开峰会，主要目的就是积极促成气候变化的国际合作，签订各种条约以达成控制全球气温上升。联合国气候会议至今已经召开了 27 次，《巴黎协定》之后由强制减排改变为各国自主减排，并且提出了碳交易的模式。在此背景下，作为巨大碳汇的海洋，不仅能够长期储碳，而且还可以对二氧化碳进行重新分配。因此，在《巴黎协定》之后蓝碳议题开始被纳入全球气候会议的相关机制，得到各国的重视。

（一）以控制全球气温上升为目的的联合国气候大会

联合国气候大会最早达成的气候协定是 1992 年在巴西里约热内卢达成的《联合国气候变化框架公约》（UNFCCC，以下简称《公约》），该《公约》成为之后气候变化公约的总体框架。《公约》的最终目标是将温室气体浓度稳定在"防止气候系统受到危险的人为干扰的水平",并指出"这一水平应当在足以使生态系统能够自然地适应气候变化、确保粮食生产免受威胁并使经济发展能够可持续地进行的时间范围内实现"。①《公约》最终确立了气温上升控制在 2°C 以内的长期气候目标。基于工业化国家是过去和现在大多数温室气体排放的来源的事实,《公约》指出发达国家有责任带头,尽最大努力减少本国的排放。由于控制温室气体排放与经济发展的冲突,《公约》对于以发展经济为优先目标的发展中国家的温室气体排放量的增加予以认可。但是,《公约》所设定的各国温室气体的排放要求并无法律效力,仅仅为某种意向。为了实现其最终目标,1997 年在日本京都召开的 COP3 上,149 个国家和地区的代表通过了《京都议定书》,这是联合国第一份具有法律效力的气候法案。但是由于发达国家与发展中国家分歧严重,发展中国家认为,作为已经给地球造成严重影响、历史上排放过量的 CO_2 导致全球气温上升的发达国家应当担负主要责任,强调"区别"的义务准则,而发达国家却认为发展中国家应当与发达国家共同承担减排义务,《京都议定书》最终难以达成减排目标,导致未来控制全球气温上升目标的实现变得渺茫。

《京都议定书》之后,通过各国不断努力协调,2015 年在巴黎召开的 COP21 通过的《巴黎协定》是第二个具有法律效力的协定,提出各缔约国要把全球平均气温上升幅度控制在 2°C 以内,并在此基础上再作出升幅小于 1.5°C 的努力。各缔约国同意"尽可能快地"限制温室气体的排放,以期在 21 世纪下半叶,人为排放的温室气体能自然地被森林和海洋所吸收,避免产生过量的 CO_2,从而达到控制气温上升的目的。《巴黎协定》由原来的"自上而下"的强制减排转变为"自下而上"的自主减排,联合国气候大会为工业化国家制定了整体的减排目标,并通过分解产生每个国家的具体量化任务。各国主动提出各自的减排目标,即"国家自主贡献(Nationally Determined

---

① 《联合国气候变化框架公约》,联合国网站,https://www.un.org/zh/node/181981,最后访问日期:2024 年 1 月 31 日。

Contributions，NDC）"，全球气候治理进入了一个新起点。

自 2016 年起至今的每年的联合国气候峰会，主要内容就是针对《巴黎协定》相关具体规则的细化和落实方面的谈判。2021 年在英国格拉斯哥召开的 COP26 上，此次峰会的主席夏尔马在大会开幕式上称，COP26 是"将全球气温上升控制在 1.5℃的最后机会"。① 各国经过艰难地谈判，最终通过了《格拉斯哥气候公约》，作出了建立对气候变化的复原力、遏制温室气体排放，并为两者提供必要的资金等一揽子决定。

最近的一次峰会是 2022 年在埃及沿海城市沙姆沙伊赫举行的《联合国气候变化框架公约》第 27 次缔约方会议（COP27），仍然是力求推动各国继续团结一致，为人类和地球实现具有里程碑意义的《巴黎协定》的目标。COP27 重申将全球变暖幅度控制在比工业化前水平高 1.5℃的目标，以及力求达到在 20 年内减少温室气体排放、到 2030 年排放减半的全球目标。

迄今为止，联合国共召开了 27 次气候变化峰会，虽然实现了全球气温上升 1.5℃以内的控制目标，但是各国在控制温室气体排放需要履行的义务和责任方面争吵不休。欧美等发达国家虽然认同在经济发展过程中排放了大量温室气体造成了气候变暖，对此负有历史责任，但是并不愿意单方面承担未来的控制温室气体排放的义务，强调发展中国家有必要共同承担相关责任。发展中国家则认为，欧美发达国家理应为在发展过程中肆意排放温室气体所造成气候变暖的事实负责，强调"区别"的义务准则。最终《京都议定书》的强制减排难以达成既定的减排目标。自《巴黎协定》以来开启了"自下而上"的自主减排模式，各国主动提出各自的减排目标，发达国家给予愿意控制温室气体排放的发展中国家相关的资金援助，帮助解决经济发展为优先顺位的发展中国家在控制温室气体排放时资金不足的问题。但是至今为止，发达国家给予的相关资金援助迟缓，承诺每年出资 1000 亿美元的气候资金仍未完全落实。如果要实现气温上升 1.5℃以内的控制目标，仅仅依

---

① 《格拉斯哥气候大会：人类能否抓住扭转气候危机的"最后机会"》，文汇客户端，2021 年 11 月 5 日，https://wenhui.whb.cn/third/baidu/202111/05/432402.html，最后访问日期：2024 年 1 月 31 日。

靠直接减少温室气体排放是难以实现的，需要得到"碳中和"的助力。随着对蓝碳研究的进展，蓝碳成为国际社会公认的重要的"碳中和"手段。因此，自《巴黎协定》以来，蓝碳议题逐渐得到各国重视，全球蓝碳合作成为各国实现碳排放的控制目标的有力手段。

（二）联合国气候会议中关于蓝碳议题的演进

目前，联合国气候治理主要是以各国减少温室气体排放为主要议题。由于温室气体的减排与经济发展相矛盾，仅依靠减排控制全球气温上升可能面临失败的困境。国际气候合作属于"公共物品"，不遵守约定的一方更容易通过"搭便车"享受对方遵守约定而得到的福利。因此，虽然绝大部分国家都认识到气候变暖对于全球都是灾难性的，但是不同的国家由于所处的危机阶段不同，所采取的措施也不同。如岛国及海平面较低的国家会更加积极地促进温室气体排放的控制，而海拔较高的国家尤其是内陆国，并不特别关心海平面上升的问题，对于气候变化的危机感相对较弱，更加倾向于"搭便车"。尤其是西方国家的领导人是由选举制产生，各执政党派更加注重短期经济利益以保障其在选举中获胜，而作为"公共物品"的气候变化，各国优先考虑自身利益时，更加热衷于"搭便车"，而非承担更多的义务。以美国为例，美国的几次退出与加入气候协定均基于美国优先政策。同时在气候谈判过程中如不符合大国利益和需求，谈判将无法为继，因此在各国不断协商妥协之后，勉强保留了1.5℃以内的气温上升的目标，而更易受到气候影响的岛国及海平面较低的国家虽然期待更深入的气候合作，但是基于小国话语权的有限性，也只能接受现有的结果。

如何解决上述难题，需要各方对每一个排放源和每一个减排方案进行科学评估，并引起国际社会的关注。人类在生产生活中不可避免地排放二氧化碳，这部分碳叫作"褐碳"，褐碳通过植物的光合作用转化为有机物存储在生态系统中成为"绿碳"。如果人类排放的二氧化碳都能够转化为绿碳，储存于生态系统当中，将解决全球气候变暖的问题。大气中约50%的绿碳循环到海洋中，由海洋生物捕获并保存，证实了海洋的"碳捕获和储存"能

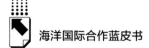
力，这部分碳被称作"蓝碳"。当前吸收和储存温室气体的海洋生态系统正在遭受破坏，导致蓝碳迅速转化为褐碳，这将成为全球气温升高的重要源头之一。① 进行国际蓝碳合作，防止海洋生态的破坏，成为控制全球气温上升的必要手段。

1992 年的《联合国气候变化框架公约》虽然认识到了海洋生态系统对控制气候变暖的重要性，并且在第 4.1（d）条规定：缔约方有"酌情维护和加强《蒙特利尔议定书》未予管制的所有温室气体的汇和库，包括海洋及其他陆地、沿海和海洋生态系统"的义务。② 《联合国气候变化框架公约》仅仅为某种意向，并无法律效力，因此海洋议题并未引起各方关注。

尽管小岛屿国家联盟极力推动蓝碳议题，尝试将蓝碳纳入附属科学技术咨询机构（SBSTA）的国际气候政策讨论议程，但是当时气候变化讨论的焦点是陆地的温室气体的减排，忽视了海洋和海洋生态系统的重要作用，而且由于巴西等国的反对，蓝碳议题在很长一段时间并未被纳入联合国气候会议的讨论议程。最早关注到蓝碳重要性的是，2009 年联合国环境规划署、联合国粮食及农业组织和联合国教科文组织政府间海洋学委员会共同合作并发布《蓝碳：健康海洋对固碳作用》（以下简称《蓝碳》报告）。③ 2014 年开始，蓝碳议题在联合国气候治理中有了初步进展，在附属科学技术咨询机构的提议下，联合国政府间气候变化专门委员会（IPCC）公布了《2006 国家

① Nellemann, C., Corcoran, E., Duarte, C.M., Valdés, L., De Young, C., Fonseca, L., Grimsditch, G., *Blue Carbon: the Role of Healthy Oceans in Binding Carbon*, *A Rapid Response Assessment* [M], Nairobi: United Nations Environment Programme, Arendal, Norway: GRID – Arendal, 2009, https://www.iwlearn.net/resolveuid/9856d625-cdb6-46ea-99dc-f7bcfe958f59, accessed: 2023-07-15.

② 《联合国气候变化框架公约》，联合国网站，https://www.un.org/zh/node/181981，最后访问日期：2024 年 1 月 31 日。

③ Nellemann, C., Corcoran, E., Duarte, C.M., Valdés, L., De Young, C., Fonseca, L., Grimsditch, G., *Blue Carbon: the Role of Healthy Oceans in Binding Carbon*, *A Rapid Response Assessment* [M], Nairobi: United Nations Environment Programme, Arendal, Norway: GRID – Arendal, 2009, https://www.iwlearn.net/resolveuid/9856d625-cdb6-46ea-99dc-f7bcfe958f59, accessed: 2023-07-15.

温室气体清单指南增补：湿地》（以下简称《湿地增补》），首次为沿海湿地（包括红树林、盐沼湿地、海草床）提供了温室气体清单编制指南。2016 年，在巴黎气候变化大会（COP21）上各国政府开始关注蓝碳议题，蓝碳从科学认识转向全球气候会议的相关机制当中。[1]

1.《蓝碳》报告[2]

2009 年，联合国环境规划署、联合国粮食及农业组织和联合国教科文组织政府间海洋学委员会共同合作，并邀请西班牙地中海高级研究所的 Carlos M. Quartet 博士参与编写，共同发布《蓝碳：健康海洋对固碳作用》。该报告确认了海洋和海洋生态系统能够稳定气候并储存碳，充当着一个巨大的温室气体汇，在缓解气候变化中有着重要作用。《蓝碳》报告指出海洋在全球的碳循环过程中起着至关重要的作用，海洋作为巨大的碳汇，不仅能长期储存碳，而且可以对二氧化碳进行重新分配，尤其是海岸植物生态系统（海草床、红树林、盐沼三大滨海蓝碳生态系统），具有固碳量巨大、固碳效率高、碳存储周期长等特点。例如，滨海蓝碳生态系统相对于陆地生态系统固碳具有明显的优势，其单位面积的碳埋藏速率是陆地森林系统的几十到几百倍。[3] 与陆地生态系统不同，随着海平面的上升，滨海湿地中的沉积物在垂直方向上不断增加而被埋藏到更深层土壤，由于有机质在厌氧环境下难以降解，其在百年到上千年尺度上保持相对稳态而不会释放回大气中，从而实现持续稳定的碳储存。[4]

---

① 胡斌：《蓝碳开发议题演进、国际实践与路径优化》，《中国国土资源经济》2023 年第 6 期，第 59~67，89 页；赵鹏、胡学东：《国际蓝碳合作发展与中国的选择》，《海洋通报》2019 年第 6 期，第 613~619 页。

② Nellemann, C., Corcoran, E., Duarte, C.M., Valdés, L., De Young, C., Fonseca, L., Grimsditch, G., *Blue Carbon: the Role of Healthy Oceans in Binding Carbon, A Rapid Response Assessment* [M], Nairobi: United Nations Environment Programme, Arendal, Norway: GRID-Arendal, 2009, https://www.iwlearn.net/resolveuid/9856d625-cdb6-46ea-99dc-f7bcfe958f59, accessed: 2023-07-15.

③ 陈雪初、高如峰、黄晓琛、唐剑武：《欧美国家盐沼湿地生态恢复的基本观点、技术手段与工程实践进展》，《海洋环境科学》2016 年第 3 期，第 467~472 页。

④ 周金戈、覃国铭、张靖凡、卢哲、吴靖滔、毛鹏、张璐璐、王法明：《中国盐沼湿地蓝碳碳汇研究进展》，《热带亚热带植物学报》2022 年第 6 期，第 765~781 页。

现今蓝碳生态系统正在遭受破坏，滨海湿地正在全球范围内急剧减少，世界滨海湿地的消失速度是热带雨林的四倍，这也威胁到海洋缓解气候变化的能力。《蓝碳》报告提出建立一个全球蓝色碳汇基金，用以保护和管理海洋与滨海生态系统；立即保护至少80%尚存的海草床、盐沼湿地和红树林；启动各种管理措施支持蓝色碳汇生物群落内在的强大恢复潜力；管理滨海生态系统，让其适宜海草、红树林和盐沼的快速生长，从而促进蓝色碳汇的自然再生能力等措施。[1]

2. 巴黎气候大会之后联合国气候大会中的海洋议题

2016年在巴黎召开的气候变化大会上（COP21），全球气候治理由强制减排机制转变为"自下而上"的自主减排模式，而且首次提出了碳交易的模式。COP21会议上的气候治理模式的确立，为各国探索开展基于蓝碳的气候变化应对行动提供了制度契机。各国自主确立本国减排义务，缔约方在气候变化行动目标、手段以及参与气候行动的部门选择等方面具有高度的自主性。蓝碳生态系统的固碳储碳功能，在碳中和成为全球多数沿海国关注的焦点之机，得到各国政府的重视。自《巴黎协定》开始，蓝碳议题由最初的科学认识转而正式被纳入了联合国气候变化大会的相关机制之中。《巴黎协定》强调维护和加强包括海洋生态系统在内的碳汇的重要性，在前言部分增加了"保护包括海洋在内的生态系统完整性"的内容，此外正文第5条以引述《联合国气候变化框架公约》第4.1（d）条的方式，将蓝碳纳入了《巴黎协定》的基本实施工具——NDCs机制之中。[2]

2018年的COP24将基于自然的解决方案（Nature – based Solutions,

① Nellemann, C., Corcoran, E., Duarte, C. M., Valdés, L., De Young, C., Fonseca, L., Grimsditch, G., *Blue Carbon: the Role of Healthy Oceans in Binding Corbon*, *A Rapid Response Assessment* [M], Nairobi: United Nations Environment Programme, Arendal, Norway: GRID – Arendal, 2009, https://www.iwlearn.net/resolveuid/9856d625 – cdb6 – 46ea – 99dc – f7bcfe958f59, accessed: 2024 – 01 – 31.

② 胡斌:《蓝碳开发议题演进、国际实践与路径优化》,《中国国土资源经济》2023年第6期, 第59~67, 89页; 赵鹏、胡学东:《国际蓝碳合作发展与中国的选择》,《海洋通报》2019年第6期, 第613~619页。

NBS）列为应对气候变化的领域之一后，次年的 COP25 会议，海洋被明确为 NBS 四个关键领域之一。

2019 年，IPCC 发布了《气候变化中的海洋和冰冻圈特别报告》（简称 SROCC），指出海洋和冰冻圈在气候系统内的作用。该报告明确指出海洋不仅是气候变化中的关键性因素，而且肯定了蓝碳生态系统的恢复对于减缓和适应气候变化方面的重要性。[①] 2019 年在西班牙首都马德里召开的 COP25 将"海洋—气候"定为会议的主题，因此 COP25 又被称为"蓝色 COP"，对于海洋应对气候变化具有里程碑意义。此次会议在 IPCC 发布 SROCC 的数据基础上对海洋系统的未来提出了担忧，指出海平面上升和海洋变暖的速度正在加快，典型海洋生态系统变得更为脆弱，基于生态系统的适应性（Ecosystem-based Adaptation，EBA），蓝碳生态系统、可持续渔业和土地管理等在低排放情境下有效的措施越来越难以为继。IPCC 附属科学技术咨询机构在会议期间举办了 SROCC 主题活动，将蓝碳列为最重要的海洋自然过程减缓措施，其在本次大会上也受到关注，成为大会官方活动和多个边会的讨论内容。中国、澳大利亚、韩国举办了蓝碳主题边会；印度尼西亚、湿地国际、皮尤基金会和全球环境研究所也举办了与滨海湿地固碳有关的边会，讨论了将滨海湿地纳入清单、滨海湿地与 NBS、红树林等方面内容；智利、西班牙、美国、太平洋岛国和多个国际组织就海平面上升情景及适应措施、滨海生态系统与蓝碳、将海洋纳入 NDC、海洋领域自然解决方案等议题举办了场边会议。会议闭幕式的主席声明中第 29 条肯定了 COP25 强调海洋的重要性，包括海洋是地球气候系统的一个组成部分，并在气候变化背景下确保海洋和沿海生态系统的完整性的努力；第 30 条提出在 2020 年 6 月召开的第 52 届 SBSTA 会议上召集一次关于海洋和气候变化的对话，讨论如何加强海洋减缓和适应行动。COP25 反映出国际社会普遍认识到海洋与气候之间的高度关联性和一体性，SROCC 的发布以及海洋

---

① 《气候变化中的海洋和冰冻圈特别报告》，IPCC，https：//www.ipcc.ch/site/assets/uploads/sites/3/2020/07/SROCC_SPM_zh.pdf，最后访问日期：2023 年 7 月 14 日。

议题将在 2020 年举办的 SBSTA 会议上讨论，为海洋进入气候变化政治谈判奠定了科学基础。[①]

2021 年在英国格拉斯哥的 COP26 举办之前，20 个国家共同签署了"Because the Ocean"（因为海洋）行动的第三份声明[②]，呼吁各国将海洋、气候和生物多样性之间的联系纳入落实《巴黎协定》的计划当中。同时，100 多个成员组织，包括各国民间组织和学术研究机构签署了《海洋气候宣言》（Ocean for Climate Declaration），呼吁各国政府将海洋保护倡议纳入减排承诺。COP26 发布的《格拉斯哥气候公约》，提出保护包括森林、海洋和冰冻圈在内的所有生态系统的重要性，并且正式启动了"海洋—气候"议题实质性工作进程。海洋在气候变化中的重要性在此次会议中得到了充分的认可及重视。COP26 高度认可 SBSTA 在研究探讨海洋在应对气候变化方面的成就，而且邀请 SBSTA 从 2022 年起就"海洋—气候"议题举办年度对话，以加强海洋行动，同时编写非正式总结报告提交给气候大会。此外，《格拉斯哥气候公约》还邀请《公约》框架下所有工作领域和其他下设机构就如何整合推动和强化基于海洋的气候行动展开审议，为联合国气候治理进一步聚焦蓝碳提供了制度动力。[③]

2022 年在埃及沙姆沙伊赫召开的 COP27 之前，大会专门设置了海洋议题的讨论，肯定了 2022 年关于海洋和气候变化讨论中得出的关键信息和结果，并决定从 2023 年起，由缔约国每两年选定的两名召集人负责与缔约国协商，决定海洋议题的讨论内容，并编写一份非正式报告提交气候大会。

---

① 赵鹏、谭论：《从马德里气候变化大会看〈巴黎协定〉时代蓝碳的发展》，《国土资源情报》2020 年第 6 期，第 11~14 页。

② 2015 年 11 月，23 个国家在巴黎 COP21 会议上签署了第一份"因为海洋"宣言，该宣言支持政府间气候变化专门委员会（IPCC）当时刚刚提出的《海洋特别报告》，也支持召开联合国高级别海洋会议，还支持落实以海洋为重点的可持续发展目标（SDG）14，并推动在《联合国气候变化框架公约》内制定《海洋行动计划》。2016 年，第二份"因为海洋"宣言在 COP22 期间发布。在该宣言中，33 个签署国鼓励《联合国气候变化框架公约》缔约方考虑提交国家自主贡献，以最大限度地减少气候变化对海洋的不利影响，并促进海洋的保护和养护。

③ 胡斌：《蓝碳开发议题演进、国际实践与路径优化》，《中国国土资源经济》2023 年第 6 期，第 59~67, 89 页。

COP27 的沙姆沙伊赫执行计划鼓励缔约国在国家气候目标和落实过程中考虑基于海洋的行动。

随着人们逐渐认识到海洋与全球气候有着紧密的内在联系，1.5℃温控目标实现与海洋健康息息相关，蓝碳等自然碳汇能够提供成本可控的减缓和适应措施，这将成为《巴黎协定》生效后重要的应对气候变化措施。蓝碳被纳入国家温室气体清单及国家自主贡献后，国际蓝碳合作将成为实现全球气温控制目标的重要手段之一。

三　气候变化与海洋国际合作

由于气候变暖对生态环境造成了极大破坏，控制全球气温上升已经成为人类目前最重要的课题之一。上文讲述了全球气候变暖是由大量二氧化碳等温室气体排放所导致，因此减少大气中温室气体浓度是减缓气候变暖的关键手段。上文也讲述了海洋存储了地球上约 93% 的过多能量，成为地球上最大的 CO_2 的储存库。2009 年蓝碳概念的提出，意味着各国认识到蓝碳在全球气候变化和碳循环过程中至关重要的作用。为了应对全球气候变化，海洋国际合作将是必由之路。

2022 年，联合国召开了三次与气候相关的重要峰会，即 6 月的海洋大会、11 月的第 27 届联合国气候变化大会和被推迟许久的 12 月的生物多样性大会。其中海洋大会有 6000 多名与会者出席了会议，其中包括 24 位国家元首和政府首脑，以及 2000 多名民间社会代表。大会共同倡导采取紧急和具体的行动应对海洋危机。各国政府和国家元首就一份旨在拯救海洋的新政治《宣言》达成了一致，《宣言》中，领导人认识到迄今为止"未能集体实现与海洋相关的目标"，再次承诺采取紧急行动，并在各个层面进行合作，尽快全面实现目标。参与会议的高层政界人士承认气候变化是"我们这个时代最大的挑战之一"，必须"果断和紧急采取行动，改善海洋及其生态系统的健康、生产力、可持续利用和复原力"，并强调以科学为基础的创新行动以及国际合作对于提供必要的解决方案至关重要。此次会议呼吁进行变革，强调需要解决地球变暖对海洋的累积影响，包括生态系统退化和物种灭绝。《宣言》的签署方重申海洋对我们星球上的生命和我们的未来至关重要，强调了实施2015年《巴黎协定》和2021年11月的《格拉斯哥气候公约》的特别重要性，以帮助确保海洋的健康、生产力、可持续利用和复原力。签署方在《里斯本宣言》中强调："我们致力于制止和扭转海洋生态系统健康状况和生物多样性的下降，并保护和恢复其复原力和生态完整性。"在会议上，100多个成员国自愿承诺到2030年在"海洋保护区内"养护或保护至少30%的全球海洋，并采取其他有效的基于区域的保护措施。①

海洋大会的《宣言》表明，各国领导人意识到海洋国际合作对于延缓气候变化的重要性，提出以科学为基础的创新行动改善海洋及其生态系统的健康。国际蓝碳合作符合这一宗旨，而且科学研究也证明蓝碳对于各国控制碳排放有着重要意义。

（一）国际蓝碳合作②

蓝碳的概念在2009年的《蓝碳》报告中首次提出，《蓝碳》报告发布后，立刻引起全球科学家的重视，由全球100家环保组织和43个国家的150名科学家发起了"蓝色气候联盟"（Blue Climate Coalition），呼吁保护海洋以减缓气候变化的影响。2010年，保护国际基金会（CI）、联合国教科文组织政府间海洋学委员会（UNESCO/IOC）和世界自然保护联盟（IUCN）共同发起了科学家间交流合作平台"蓝碳倡议"（Blue Carbon Initiative，BCI），旨在支撑全球蓝碳的科学研究、项目实施和政策制定等，推进沿海和海洋生态系统的保护、恢复与可持续利用以应对气候变化。"蓝碳倡议"每年在不同国家举办一次会议，广泛邀请各国科学家、政府官员和非政府组织代表参会，扩大了蓝

---

① 《联合国海洋大会落下帷幕，呼吁以更大雄心和全球承诺解决海洋面临的严峻局面》，联合国网站，2022年7月1日，https：//news. un. org/zh/story/2022/07/1105492，最后访问日期：2023年7月17日。

② 赵鹏、胡学东：《国际蓝碳合作发展与中国的选择》，《海洋通报》2019年第6期，第613~619页。

碳影响力，同时促进科学家在蓝碳方面的研究进展。国际"蓝碳倡议"2014年发布了《滨海蓝碳——红树林、盐沼、海草床碳储量和碳排放因子评估方法》，为各国对蓝碳进行评估提供帮助。在蓝碳研究不断深化的过程中，各国政府开始重视蓝碳，并将其纳入减缓气候变化的方式之一。

澳大利亚地处南太平洋，四面环海，具有世界上最丰富的蓝碳资源。澳大利亚的海草床、红树林和盐沼三种蓝碳生态系统在全球均占重要位置。自《巴黎协定》由强制减排转变为自愿减排碳市场机制后，澳大利亚从自身利益角度出发，开始积极推进国际蓝碳合作。2014年IPCC公布了《2006年IPCC国家温室气体清单指南的2013年补充版：湿地》不久，澳大利亚政府就率先将海草床、红树林和盐沼纳入了国家温室气体清单。2016年的COP 21会议期间，澳大利亚政府提出"国际蓝碳伙伴"（International Blue Carbon Partnership）的倡议，参加者包括：哥斯达黎加、印度尼西亚、韩国三国政府；美国国家海洋和大气管理局、阿联酋气候变化与环境部、塞舌尔环境能源和气候变化部、塞拉利昂农林和食品安全部等政府机构；联合国教科文组织政府间海洋学委员会、太平洋岛国论坛秘书处、《拉姆萨尔公约》秘书处等政府间国际组织；保护国际基金会（CI）、世界自然保护联盟（IUCN）、太平洋区域环境规划署秘书处、大自然保护协会（TNC）、世界自然基金会（WWF）等国际非政府组织；国际林业研究中心（CIFOR）、昆士兰大学全球变化研究所、澳大利亚联邦科学和工业研究组织（CISRO）等研究机构；蓝碳倡议、阿布扎比全球环境数据倡议（AGEDI）、联合国环境规划署全球资源信息数据库网络（UNEP-GRID）、东亚海环境管理伙伴关系计划（PEMSEA）等。"国际蓝碳伙伴"在马拉喀什的COP 22和波恩的COP 23期间召开蓝碳问题会议，并分别在印度尼西亚、阿联酋和斐济召开了三次年度研讨会，主要议题是将蓝碳纳入NDC。

"国际蓝碳伙伴"虽然有美国、印度尼西亚等海洋大国的参与，但是这些国家距离澳大利亚相对较远，相关国家成员参与的热情并不高，大多仅派科学家或大使馆官员与会。在此背景下，澳大利亚在COP23期间联合斐济等国发起了"太平洋蓝碳倡议"，宣布出资600万美元推动太平洋岛国蓝碳发展，并于 2018 年 3 月在政府间地区组织环印度洋联盟（IORA）框架下组织印度洋蓝碳大会。澳大利亚之所以选择太平洋和印度洋岛国，一是由于这些国家距离澳大利亚更近，二是这些国家深受气候变化的影响，气候变化可能关系到这些岛国的生死存亡。

韩国积极响应澳大利亚的提议，推动蓝碳的区域合作。2018 年 11 月，在菲律宾伊洛伊洛市召开的第六届东亚海（EAS）大会期间，韩国海洋环境管理公团（KOEM）在韩国海洋与渔业部的支持下，组织了东亚海区域蓝碳研究网络研讨会，提出建立东亚海区域蓝碳研究网络。东亚海环境管理伙伴关系组织（PEMSEA）韩国籍顾问组织并引导会议议程，韩国海洋科学与技术研究所（KOIST）和首尔城市大学积极参与，与会的韩方人员一起推动东亚海地区蓝碳的发展。

对于全球气候治理而言，蓝碳仍然是新生事物，需要加强各国政府、国际组织、科学家间的合作，共同阐释蓝碳适应和减缓气候变化的机制，共同探索有效保护和增加蓝碳的手段与途径，共同推进将蓝碳纳入"国际自主贡献""温室气体清单"等应对气候变化机制。[①]

（二）我国蓝碳合作的前景[②]

我国是世界上少数几个同时拥有这三大蓝碳生态系统的国家之一，发展蓝碳的潜力巨大。目前，蓝碳交易主要集中在 IPCC 所承认的红树林、海草床和盐沼三种滨海蓝碳生态系统。资料显示全球海草床覆盖面积约为 31.9 万平方公里[③]，全球盐沼覆盖面积约为 5.1 万平方公里[④]，2016 年全球红树

---

① 《太平洋学报》编辑部：《"加强蓝碳国际合作，共同应对气候变化"——2017 蓝碳国际论坛在厦门召开》，《太平洋学报》2017 年第 11 期，第 2 页。

② 赵鹏、胡学东：《国际蓝碳合作发展与中国的选择》，《海洋通报》2019 年第 6 期，第 613~619 页。

③ UNEP-WCWC, SHORT F. T., "Global distribution of seagrasses polygons dataset," *World Atlas of Seagrasses*, 2005.

④ Chmura G. L., Anisfeld S. C., Cahoon D. R., Lynch J. C., "Global carbon sequestration in tidal, saline wetland soils," *Global Biogeochemical Cycles*, Vol. 17, Issue. 4, 2003, pp. 1-12.

林面积为 13.6 万平方公里①。我国蓝碳资源也非常丰富，其中，红树林面积在 20 世纪 50 年代尚有 4 万多公顷②，至 1980 年代则只剩下 1.7 万~2.3 万公顷③，到了 1990 年代，降至 1.4 万~1.6 万公顷③。由于严格的保护和大规模的人工造林，此后红树林面积在平稳增加，目前中国的红树林面积为 1.78 万公顷，已成为世界上少数几个红树林面积净增长的国家之一。④

我国海草床的调查研究工作起步较晚，近年随着无人机航拍技术在海草调查方面的应用，海草床的分布及面积的估算有了一定的进展。根据郑凤英等得到的数据，我国现有海草场的总面积约为 8765.1 公顷，⑤ 主要分布在海南、广东和广西壮族自治区等地。

盐沼湿地是我国面积最大的滨海湿地，根据 2009~2013 年全国第二次湿地资源调查结果，盐沼湿地的面积为 3.43 万公顷，但是根据 HU 等发布的一项基于 Sentinel-1 时间序列数据的研究，估算出中国盐沼湿地的总面积为 1.27 万公顷⑥，总体估算精度达到 87%。Mao 等（2020）开发了基于对象和层次的混合分类方法和湿地遥感分类系统，将混合方法与湿地分类系统应用于 Landsat 8 Operational Land Imager 数据，得到总体分类精度为 95% 的

---

① Spalding Mark D, Leal Maric, "The state of the world's mangroves 2021," Global Mangrove Alliance, 2021, http://www.mangrorea/liance.org/wp-content/uploads/2021/07/the-State-of-the-worlds-Mangroves-2021-FINAL-1.pdf, accessed：2023-09-25.

② 范航清、梁士楚主编《中国红树林研究与管理》，科学出版社，1995，第 173~182 页；郑德璋、郑松发、廖宝文：《海南岛清澜港红树林发展动态研究》，广东科技出版社，1995，第 119~124 页。

③ 张乔民、隋淑珍：《中国红树林湿地资源及其保护》，《自然资源学报》2001 年第 1 期，第 28~36 页。

④ 杨盛昌、陆文勋、邹祯、李思：《中国红树林湿地：分布、种类组成及其保护》，《亚热带植物科学》2017 年第 4 期，第 301~310 页。

⑤ 郑凤英、邱广龙、范航清、张伟：《中国海草的多样性、分布及保护》，《生物多样性》2013 年第 5 期，第 517~526 页。

⑥ HU Y. K., TIAN B., YUAN L., et al. "Mapping coastal salt marshes in China using time series of Sentinel-1 SAR," *ISPRS Journal of Photogrammetry and Remote Sensing*, Vol. 173, 2021, pp. 122-134.

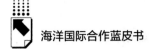

中国湿地地图，估算出中国盐沼湿地面积为 2.98 万公顷①。虽然各种研究调查的数据差异较大，但是在我国盐沼湿地面积大、分布广的事实毋庸置疑，其储碳和固碳能力在蓝碳生态系统中也是最强的。②

2022 年 11 月 11 日，我国正式向《联合国气候变化框架公约》秘书处提交了《中国落实国家自主贡献目标进展报告（2022）》，这也可以看作一份应对气候变化进程的"年报"。最新报告数据显示，2021 年，我国碳排放强度（即单位国内生产总值的二氧化碳排放）比 2020 年降低 3.8%，比 2005 年累计下降 50.8%。这距离我国提出的到 2030 年碳强度比 2005 年下降 65% 以上的目标已越发接近。③ 尽管我国仍然处于发展中国家的行列，但是作为负责任有担当的大国，我国在气候合作和减排行动上积极应对，承诺尽最大努力控制温室气体排放，以达成全球气温的控制目标。

针对全球应对气候变化的迫切需求以及我国提出的减排承诺，重视利用好滨海蓝碳资源，对于我国完成减排目标有着重要意义。我国在 2015 年后出台了一系列政策推动蓝碳的发展，其中 2015 年发布了《中共中央国务院关于加快推进生态文明建设的意见》，提出优化能源结构，增加海洋碳汇等方式控制温室气体排放；2016 年发布了《"十三五"控制温室气体排放工作方案》，提出"探索开展海洋等生态系统碳试点"的意见；2017 年发布了《关于完善主体功能区战略和制度的若干意见》，提出"探索建立蓝碳标准体系及交易机制"，同年向《联合国气候变化框架公约》秘书处提交的《中华人民共和国气候变化第一次两年更新报告》中指出："中国将实施'南红北柳''蓝色海湾''生态岛礁'等重大工程恢复海岸带生态系统，改善水

① MAO D. H. et al. "National wetland mapping in China: A new product resulting from object-based and hierarchical classification of Landsat 8 OLI images," *ISPRS*, *Journal of Photogrammetry and Remote Sensing*, Vol. 164, No. 6, 2020, pp. 11-25.

② 周金戈、覃国铭、张靖凡、卢哲、吴靖滔、毛鹏、张璐璐、王法明：《中国盐沼湿地蓝碳碳汇研究进展》，《热带亚热带植物学报》2022 年第 6 期，第 765~781 页。

③ 顾佰和、王琛、盛煜辉、于东晖、董文娟：《COP27：成果、挑战与展望》，https://mp.weixin.qq.com/s?__biz=MzA4Njg5MDEyNw==&mid=2658425507&idx=1&sn=5a74f21b 03c97117b92cda34b82bb03f&chksm=84413943b336b0551eb96059a460cd3869e44ac5aaf0472d31 07c 543b6dd7979ca78d91eb9ce&scene=27，最后访问日期：2022 年 5 月 15 日。

质环境,积极发展蓝色碳汇。"① 2022 年生态环境部等多部门印发《"十四五"全国海洋生态环境保护规划》,提出加强蓝碳监测评估能力的建设。

2017 年国家发展和改革委员会、国家海洋局联合发布中国政府提出的《"一带一路"建设海上合作设想》②,其中明确提出:"保护海洋生态系统健康和生物多样性,加强在海洋生态保护与修复、海洋濒危物种保护等领域务实合作,推动建立长效合作机制,共建跨界海洋生态廊道。联合开展红树林、海草床、珊瑚礁等典型海洋生态系统监视监测、健康评价与保护修复,保护海岛生态系统和滨海湿地,举办滨海湿地国际论坛。""加强蓝碳国际合作,中国政府倡议发起 21 世纪海上丝绸之路蓝碳计划,与沿线国家共同开展海洋和海岸带蓝碳生态系统监测、标准规范与碳汇研究,联合发布 21 世纪海上丝绸之路蓝碳报告,推动建立国际蓝碳论坛与合作机制。"

在政府积极发展滨海蓝碳政策的指引下,2017 年蓝碳国际论坛在厦门召开,主题是"加强蓝碳国际合作,共同应对气候变化";2018 年山东威海举办"蓝碳倡议"国际会议,邀请了亚太国家代表参加会议,旨在推动地区间蓝碳的科学研究合作。2021 的蓝碳国际论坛由自然资源部第三海洋研究所和"蓝碳倡议"工作组联合主办,21 个国家和地区的官员、学者与非政府组织机构代表参会,会上分享了全球蓝碳科学和政策最新进展,探索蓝碳发展机遇,交流了东亚海国家在蓝碳生态系统研究和管理方面的经验。2023 年在青岛西海岸召开的蓝碳国际论坛,既有专家学者也有政府主管部门负责人,还有知名企业家共同参与。

蓝碳作为国际新兴领域,逐渐成为沿海国家实现碳减排、优化气候治理的重要路径。然而,由于蓝碳生态系统现状、科研技术水平、地方政府治理

---

① 《中华人民共和国气候变化第一次两年更新报告》,联合国气候变化框架公约网站,https://unfccc.int/sites/default/files/resource/chnbur1.pdf,最后访问日期:2024 年 1 月 31 日。

② 《"一带一路"建设海上合作设想》,中国政府网,2017 年 11 月 17 日,https://www.gov.cn/xinwen/2017-11/17/5240325/files/13f35a0e00a845a2b8c5655eb0e95def5.pdf,最后访问日期:2023 年 7 月 15 日。

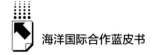

效率、地缘争端等阻滞性因素，中国与其他各国的蓝碳合作项目还未能取得突破性进展。不过随着蓝碳研究的深入，我国对蓝碳的监测数据的不断完善，未来蓝碳合作的前景是广阔的。

（三）应对气候变化的海洋国际合作

气候变化导致海洋生态发生变化，而气候变化又是人类活动所导致的。海洋与气候有着相似的特点，同样属于"公共物品"，不具备排他性，而且大部分海洋与气候相同，无主权管理者。海洋问题，如海洋的鱼类资源的过度捕捞、人类对海洋的人为污染、大片珊瑚礁退化甚至消失，以及塑料废物对海鸟、海洋哺乳动物和无数鱼类生命产生威胁等，与气候变化问题存在许多共同点，同样是迫切需要解决的问题，同时各国为了自身眼前利益，都不愿积极付诸行动。

目前由联合国主导的海洋大会就是通过国际合作来拯救海洋。现在海洋被公认为地球上最大的生态系统，与全球气候有着内在联系，从根本上是气候不可或缺的一部分。世界各国进行海洋国际合作对于减缓气候变化，控制全球气温都有着重要意义。第一次海洋大会于 2017 年 6 月 5~9 日在纽约召开，第二次海洋大会于 2022 年 6 月在西班牙里斯本召开，会议重申了海洋对气候变化所起的重要作用，再次提醒世界关注海洋问题。两次海洋大会都将防止气候变化作为重要内容。

第一次海洋大会的行动宣言指出："海洋覆盖着地球表面的四分之三，提供我们所呼吸的近一半氧气，吸收我们产生的四分之一以上的二氧化碳，在水循环和气候系统中发挥着至关重要的作用，是地球生物多样性和生态系统服务的重要来源。但是气候变化对海洋有着不利的影响，例如海洋温度升高、海洋和沿海酸化、脱氧、海平面上升、极地冰层覆盖面缩小、海岸侵蚀和极端天气事件等。为了消除损害海洋的不利影响，促进可持续经济发展和增长，在《联合国气候变化框架公约》下通过的《巴黎协定》尤其重要。强调需要在各个层面上采取综合、跨学科和跨部门的做法，加强合作、协调和政策的一致性。强调能促成集体行动的有效伙伴关系至关重要。"①

第二次海洋大会的宣言以"我们的海洋、我们的未来、我们的责任"为题，提出了 17 条内容。宣言提出："我们认识到，没有海洋，就没有我们星球上的生命，就没有我们的未来。海洋是地球生物多样性的重要来源，在气候系统和水循环中发挥至关重要的作用。因此，我们对海洋面临的全球紧急情况深感震惊。海平面不断上升，海岸侵蚀正在恶化，海洋温度上升并且酸度增加。海洋污染正在以惊人的速度增加，三分之一的鱼类种群被过度开发，海洋生物多样性继续减少，所有活珊瑚约有一半已经消失，同时外来入侵物种对海洋生态系统和资源构成重大威胁。"宣言重申："气候变化是我们时代面临的最大挑战之一，我们对气候变化对海洋和海洋生物的不利影响深感震惊，其中包括海洋温度上升、海洋酸化、脱氧、海平面上升、极地冰盖减少、包括鱼类在内的海洋物种的丰度和分布发生变化、海洋生物多样性减少、海岸侵蚀和极端天气事件以及对岛屿和沿海社区的相关影响，政府间气候变化专门委员会在其题为《气候变化中的海洋和冰冻圈特别报告》及其历次报告中强调了这些影响。"② 会议强调落实《巴黎协定》的相关规定，包括落实 1.5℃的温控目标，认识到这将显著降低气候变化的风险和影响，有助于确保海洋的健康、生产力、可持续利用和复原力，从而确保我们的未来。会议重申落实关于减缓、适应以及向包括小岛屿发展中国家在内的发展中国家提供和调动资金、技术转让和能力建设的《格拉斯哥气候公约》的重要性。会议欢迎《联合国气候变化框架公约》缔约方决定确认必须保护、养护和恢复生态系统，包括海洋生态系统，以提供关键服务，包括充当温室气体的汇和库，减少受气候变化影响的脆弱性，并支持可持续生计，包括原住民和地方社区的生计。会议提出邀请《联合国气候变化

① 《我们的海洋、我们的未来：行动呼吁》，联合国网站，https：//www.un.org/ga/search/view_doc.asp？symbol＝A/RES/71/312&Lang＝C，最后访问日期：2022 年 5 月 5 日。

② 《我们的海洋、我们的未来：行动呼吁》，联合国网站，https：//www.un.org/ga/search/view_doc.asp？symbol＝A/RES/71/312&Lang＝C，最后访问日期：2022 年 5 月 5 日。

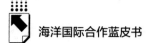

框架公约》下的相关工作方案和组成机构审议如何将海洋行动纳入相关任务规定和工作计划并予以加强，并欢迎邀请附属科学技术咨询机构主席举行年度对话，以加强海洋行动。①

国际海洋合作能有效缓解气候变化带来的问题，为了推进全球的海洋合作，联合国采用了自愿承诺方式，从保护珊瑚礁、执行《海洋公约》、抢救红树林、进行海洋和沿海生态保护、防止海洋污染、防止海洋继续酸化、开展科学知识的普及、发展可持续海洋经济及保障九个方面支持成员积极履行其自愿承诺。这一方式与国际气候治理的"国家自主贡献"类似，不仅仅是国家政府提出治理目标，提倡由各国政府、企业、民间社会和其他利益相关方积极参与并开展行动。第一次海洋会议之后至2021年，各国的政府机构及民间团体共作出了1628项自愿承诺。这些自愿承诺共同保护了大量新的海洋保护区，其中关于保护珊瑚礁及抢救红树林等的自愿承诺超过了180项。

我国积极参与了海洋资源保护和利用，以及防止海洋污染等各项承诺。例如，我国舟山市绿色海洋生态促进中心承诺在2022年1月至2023年12月31日期间完成舟山岱衢洋—中街山渔场弃置渔具减量及防治项目，此项目通过完善海上垃圾接收、转运配套设施建设，促进渔具废料处理的工业化，以实现可持续发展目标，完成后可减少沿海和海洋环境遭受陆地污染源和海洋废物的影响。②

小 结

随着全球气温的不断升高，极端天气频发，迫切需要全球采取更多的气

---

① 《2022年联合国海洋大会宣言草案：我们的海洋、我们的未来、我们的责任》，澎湃新闻·澎湃号，2017年7月7日，https：//www.thepaper.cn/newsDetail_ forward_ 189 09494，最后访问日期：2023年7月19日。

② "Project of Abandoned Fishing Net Reduction and Pollution Control/in Daiquyang-Zhongjieshan Fishing Ground, Zhoushan, Zhejiang," United Nations, https：//sdgs. un. org/partnerships/project - abandoned - fishing - net - reduction - and - pollution - control - daiquyang - zhongjieshan, accessed：2022-05-05.

候行动应对气候变化。海洋是地球生态系统的重要组成部分，也是全球气候的主要调节器，是重要的温室气体汇。气候变化的控制需要健康的海洋，健康的海洋同样需要气候的配合，气候与海洋的相互影响已经成为全球的共识。目前海洋和海洋资源日益受到人类活动的威胁，滨海湿地遭受破坏，降低了海洋作为关键生态系统的服务能力。滨海生态系统的恶化对气候变化产生了不利影响。应对气候变化，蓝碳起着非常重要的作用。随着蓝碳研究的深入，全球蓝碳合作在积极推进，这对于人类实现1.5°C的全球温控目标有着重要意义。

我国是世界人口大国，也是碳排放大国。仍然是发展中国家的我国在重视发展经济的同时，也需要重视环境问题。没有地球生态系统的保护和维护，我们就无法实现人类福祉。为了维持海洋生态系统的健康性和完整性，人类需要改变看待、管理和使用海洋和海洋资源的方式。我国秉持"人类命运共同体"的理念，主动加入了国际社会的节能减排行动，提出了"双碳"目标，在全球气候治理行动中成为表率。蓝碳作为新兴领域，也应当成为我国实现碳中和的重要手段，以推进国际海洋合作中的国际蓝碳合作对于气候治理的重大作用。

Abstract

The Blue Book focuses on the research of international maritime cooperation and has the following characteristics: firstly, the subjects of international maritime cooperation are sovereign states and relevant functional departments, the United Nations and its functional agencies, regional international organizations and their functional agencies; secondly, the way of cooperation is to form consensus and joint action by means of "hard law" and "soft law" such as conventions, agreements and initiatives; thirdly, the cooperation mainly involves marine ecosystem protection, marine industrial economy, marine safety, marine science and technology, marine culture dissemination and other aspects; fourthly, the scope of cooperation ranges from global cooperation to regional cooperation, from multilateral cooperation to bilateral cooperation. This book is the first Blue Book on international maritime cooperation, which will sort out the core concepts and contents, and appropriately review the past situation. The abstract is as follows.

In the overall report, the concept of international maritime cooperation was defined, the content and methods of cooperation were clarified, the development and current situation of cooperation were outlined, and the great power cooperation and multilateral governance were emphasized. Currently, enhancing and promoting international maritime cooperation and governance has become a global consensus. The channels of cooperation continue to expand, and the breadth and depth of cooperation continue to strengthen, forming a multi-level maritime cooperation model and mechanism. As of 2022, an international maritime cooperation and governance system has established with the United Nations Convention on the Law of the Sea, the United Nations Environment Conference and Agenda 21 as legal framework, with the United Nations and its agencies, sovereign governments, non-governmental organizations and multinational corporations as actors. The main cooperation contents include marine ecological environment protection, marine resource development and utilization, maritime security, marine scientific research and maritime cultural exchange, etc.

In the sub-reports, the development and current situation of international maritime cooperation are expounded from four aspects: marine ecological environment protection, marine industrial economy, marine safety, marine science and technology. (1) The marine ecological environment is the basic condition for the survival and development of marine organisms, and the change of ecological environment will lead to the change of ecosystem and biological resources. The United Nations has formulated conventions and programmatic documents on the protection of marine ecological environment and established a number of international institutions. The Chinese government has created marine environmental governance projects such as the Northeast Asian Marine Cooperation Mechanism and the Northwest Pacific Conservation Plan. (2) The marine industrial economy includes marine fishery, marine transportation, marine equipment manufacturing, marine oil and gas industry, coastal tourism and marine chemical industry. International cooperation in marine industrial economy includes international cooperation in marine fishery products trade, development and protection of marine fishery resources, marine transportation, high seas shipping safety and port clearance, marine equipment manufacturing, marine oil and gas, coastal tourism, marine chemical industry and so on. (3) Under the advocacy of the United Nations, the cooperation among countries has become the main way to maintain maritime security. The countries have carried out various forms of cooperation activities around marine environment, marine economy, maritime security, marine humane security and network security. (4) International cooperation in marine science and technology is of great significance for promoting the development and protection of marine resources. The report reviews the international well-known marine research institutions, analyzes the development status and research hotspots of marine science, and summarizes the mode of international marine science and technology cooperation. Finally, from the perspective of the progress, evaluation and prospect of international maritime cooperation law, the contents of the above five aspects of

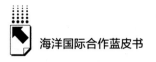
international maritime cooperation are sorted out and summarized.

In the regional report, this book selects two regional marine cases: the Mediterranean and the Arctic Ocean. International cooperation in the Mediterranean is inherently complex and diverse. The Mediterranean Action Plan is the earliest one of the 13 "Regional Seas Programmes" initiated by the United Nations Environment Programme. Bilateral and multilateral cooperation among the EU, the sub-regional organizations and the national subjects has also become the key to solving regional problems including marine space use, marine resource exploitation, marine security threats, environmental degradation and climate change, biodiversity governance and immigration governance. The Arctic Ocean region is known as "the last resource treasure of mankind". International cooperation mainly focuses on scientific research, resource development and channel utilization. International cooperation modes include the Arctic Council, joint scientific research teams, permanent scientific research stations and floating scientific research ships.

In the special report, it is expounded that global marine governance has the characteristics of diversified governance subjects, complicated institutional system and increasing attention to issues. China should strengthen the cooperation with all countries in the world to jointly maintain the marine order. The United Nations and other international organizations are actively promoting international cooperation in climate change. The United Nations Climate Change Conference has signed various treaties to achieve the purpose of controlling climate change. International maritime cooperation has formed a governance system based on the United Nations Convention on the Law of the Sea.

Keywords: protection of marine resources and environment; international cooperation; international conventions, agreements and initiatives; international organizations; sovereign states

Contents

I General Report

Abstract: Currently, international maritime cooperation has entered a period of international consultation and co-governance based on maritime laws and regulations. An international maritime cooperation and governance system has established with the *United Nations Convention on the Law of the Sea*, the United Nations Environment Assembly and the *Agenda 21* as legal framework, with the United Nations and its agencies, sovereign governments, non-governmental organizations and multinational corporations as actors. The main cooperation contents include marine ecological environment protection, marine resource development and utilization, maritime security, marine scientific research and maritime cultural exchange, etc. Promoting international maritime cooperation and ocean governance has become a global consensus. The channels of cooperation have been expanded, forming a multi-level model and mechanism for maritime cooperation. Cooperation has been strengthened in both breadth and depth, and practical international maritime cooperation covering sectoral and strategic cooperation has been achieved. Major economies represented by China, the United States and the European Union have conducted high-level dialogues and action

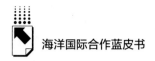
plans, and made useful practice in marine ecologial environment protection, maritime law enforcement, and port and shipping cooperation. International organizations, represented by the United Nations, are committed to sustainable development of the ocean and actively promote international ocean governance in such areas as ocean information exchange and dissemination, ocean observation and prediction, disaster prevention and reduction. In 2021, China proposed to further deepen its participation in international ocean governance in The *Outline of the 14th Five-Year Plan (2021-2025) for National Economic and Social Development and the Long-Range Objectives Through the Year 2035.* In 2022, the Second UN Ocean Conference focused on United Nations Decade of Ocean Science for Sustainable Development, and the European Union issued a joint statement on ocean governance.

Keywords: International Maritime Cooperation; International Ocean Governance; Ecology and Environmental Protection; Maritime Law Enforcement

II Topical Reports

B.2 Report on International Cooperation in Marine Ecological
Environment Protection

Tang Danling, Zhou Weichen / 030

Abstract: The global marine ecosystem represents an interconnected entity, and the protection of marine ecological environment poses a transboundary challenge. International cooperation plays an indispensable role in the maintenance of the global marine ecosystem. China has adopted a series of proactive measures in the domains of marine ecological environment protection and international collaboration. These measures encompass active participation in numerous international organizations dedicated to marine environmental protection, established under the auspices of the United Nations, as well as adherence to international conventions and seminal documents pertaining to marine environmental protection, such as the

Agenda 21, the *United Nations Framework Convention on Climate Change*, the *Convention on Biological Diversity*. As of 2022, China has emerged as a pivotal member and partner within the United Nations and various regional international cooperation organizations focusing on marine affairs. Concurrently, the Chinese government has engaged in extensive intergovernmental cooperation, establishing multilateral and bilateral mechanisms for marine environmental protection with countries including Japan, South Korea, Russia, the United States, France, and ASEAN member states. These endeavors have led to the refinement of collaborative initiatives, such as the Action Plan for the Protection, Management and Development of the Marine and Coastal Environment of the Northwest Pacific Region, contributing to the establishment of comprehensive frameworks for regional marine environmental protection. Furthermore, the Chinese government has actively promoted international scientific research cooperation. As of 2022, Chinese research institutions had cultivated robust international collaborations with over 50 marine science research institutions spanning multiple nations.

Keywords: Marine Ecology; Marine Environmental Protection; International Environmental Organizations; International Cooperation

B.3 Report on International Cooperation in Marine Industrial Economy   *Sun Zhaoji* / 057

Abstract: The marine resources are abundant and the space is vast. The marine economy can effectively alleviate the shortage of land resources and insufficient space for development. With the development of economic globalization, international cooperation in marine economy is also developing rapidly. At present, international cooperation in marine economy mainly occurs in industries such as marine fisheries, marine transportation, marine equipment manufacturing, marine oil and gas industry, coastal tourism and marine chemical industry. In 2018, marine fisheries will be a major part of global fisheries development, accounting for 65 percent of the total global fisheries. Marine transportation is the main mode of

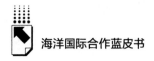
transportation for international trade in goods, with the carrying capacity of marine transport vessels reaching 2. 2 billion deadweight tons and global seaborne trade volume reaching 12 billion tons. In 2022, China's marine GDP will reach 9. 46 trillion yuan, accounting for 7. 8 percent of its GDP. Among them, the completion of ship manufacturing accounted for 47. 3% of global total, ranking first in the world. The marine economy involves the interaction between supply and demand, the balance between supply and demand and the sharing of interests. International cooperation is the foundation of the development of marine economy. The integration of the world economy is gradually deepening, and the rapid development of the global marine economy has also brought about the rapid development of international cooperation.

Keywords: Marine Economy; Industrial Development; International Cooperation

B. 4 Report on International Cooperation in Maritime Security

Wu Yan, *Xiong Jingru* / 094

Abstract: The deepening of globalization and the uneven distribution of marine resources have brought a large number of security issues, such as resource exploitation, waterway passage, and sustainable use of marine biological resources. In the face of multiple challenges, the international community has continuously strengthened international cooperation in maritime security through maritime security information cooperation, joint law enforcement and joint exercises. In this process, sovereign states and international organizations are playing an increasingly important role as subjects of maritime security cooperation.

Keywords: Maritime Security; International Cooperation; Ocean Governance

B.5 Report on International Cooperation in Marine Science

and Technology *Zou Jialing*, *Liao Yangju* / 130

Abstract: This report mainly analyzes the current status and development of international cooperation in marine science and technology. The analysis reveals that during the period from 2017 to 2021, developed countries in Europe and America played a pivotal role in international marine research. With China continuously increasing in investment in the field of marine research, China has also emerged as a new major player and strong nation in marine research. In terms of marine science and technology collaboration, international cooperation in marine technology has been deepening, resulting in an expanding collaborative network. Connections between nations have been growing and evolving. As of 2022, marine science and technology collaboration platforms have been steadily improving. More nations are participating in platforms such as the Global Three-Dimensional Ocean Observation System, Global Real-Time Ocean Observation Network, and Marine High-Frequency Radar, and varying degrees of data sharing have been achieved. China has actively engaged in marine science and technology collaboration and has achieved significant accomplishments in cooperative mechanisms, collaborative platforms, and the establishment of joint marine research centers.

Keywords: Marine Science and Technology; Marine Research; International Cooperation; Cooperation Platform; China's Participation

B.6 Report on the Legal Progess of International

Maritime Cooperation *Gu Xiaodong*, *Zhang Wenli* / 150

Abstract: The field of marine international cooperation involves multiple fileds such as marine security, marine economy, marine science and technology, marine ecological environment, marine culture and education and so on. Cooperation in the field of maritime security such as anti-terrorism, anti-piracy,

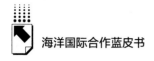

safety of maritime navigation and maritime search and rescue has been strengthened. Marine ecological protection and marine fisheries in low-sensitivity areas have become the focus of international maritime cooperation. The forms of international maritime cooperation are global and regional, multilateral and bilateral. Some marine international cooperation documents belong to "hard law" and some belong to "soft law".

Keywords: International Maritime Cooperation; Legal Progress; Hard Law; Soft Law; Marine Sustainable Development

Ⅲ Regional Reports

B.7 Report on International Cooperation in the Mediterranean Sea

Chen Xing / 177

Abstract: The Mediterranean Sea is a transportation hub connecting Europe, Asia and Africa, and a shortcut connecting the Atlantic, Indian and Pacific Oceans. In the history of human development, it plays an important role in economy, politics and military affairs. Cooperation among the countries and peoples along the Mediterranean Sea has become the key to solving regional problems such as the use of maritime space, the exploitation of marine resources, threats to maritime security, environmental degradation and climate change, the governance of biodiversity, the governance of migration, etc. In 1995, the European Union , 12 North African and Middle Eastern countries bordering the Mediterranean Sea put forward a strategic cooperation plan for the Mediterranean Rim, known as the Barcelona Process; in 2008, the Paris Summit for the Mediterranean announced the establishment of the Union for the Mediterranean. In December 2021, the 22nd Meeting of the Contracting Parties to the Barcelona Convention pledged to protect 30% of the Mediterranean region by 2030, address plastic pollution and reduce air pollution, putting the region on the path to a decade of sustainable development. In June 2023, the European Union unveiled EU Action Plan for the Western Mediterranean and Atlantic Routes, which is aimed at strengthening international maritime cooperation between the European Union and African countries.

Keywords: the Mediterranean Sea; International Maritime Cooperation; the Union for the Mediterranean; European Union

B.8　Report on International Cooperation

　　in the Arctic Ocean　　　　　　　　　　　　　　*Luo Ying* / 199

Abstract: Under the influence of climate change, the Arctic, as a treasure trove of resources and the location of new world routes, is receiving increasing attention. The Arctic Council, as the main platform for international cooperation in the Arctic Ocean, has played an important role since its establishment. In 2022, due to the sudden change in the geopolitical landscape in Europe, the normal operation of the Arctic Council was suspended. 2022 has also become a watershed for international cooperation in the Arctic Ocean, marking a period of uncertainty in the governance of the Arctic Ocean region. International cooperation in the Arctic Ocean has ushered in a new pattern, development, and direction. The center of the Arctic Ocean is a high seas region and one of the few regions on Earth where geographical forms are still being explored and discovered. As a major country, China has a responsibility to contribute its efforts to the Arctic Ocean region, which is experiencing severe climate change and geopolitical turmoil.

Keywords: the Arctic Ocean; International Maritime Cooperation; Global Governance

Ⅳ　Special Reports

B.9　Report on Global Marine Governance and

　　China's participation　　　　　*Chen Weiguang, Sun Huiqing* / 226

Abstract: The world's deepening exploration and utilization of marine

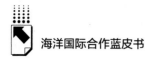
resources have been accompanied by a frequent occurrence of global marine issues, which urgently require collaborative solutions from countries worldwide to promote the construction and improvement of the global marine governance system. By sorting out the status quo of global marine governance, this report finds that global marine governance is characterized by the diversification of governance subjects, the complexity of institutional systems, and the increased attention to issues. The actors of global ocean governance have widely included various categories of subjects such as sovereign states, intergovernmental organizations, non-governmental organizations, corporates, and individuals by 2022. The intergovernmental conference on the "Agreement on the Conservation and Sustainable Use of Marine Biological Diversity of Areas Beyond National Jurisdiction" (BBNJ) held in 2022 marked a milestone in the global marine governance system. In 2022, China actively participated in global marine governance, strengthened cooperation with countries worldwide, and promoted the construction of a community with a shared future for the oceans. Efforts were made from four aspects: shaping value consensus, constructing a multi-layered governance entity structure, bridging fragmented governance structures, and promoting coordinated development and governance relationships, all aimed at jointly safeguarding the marine order.

Keywords: Global Marine Governance; International Cooperation; Governance System; China's Participation

B.10 Report on Climate Change and International Maritime Cooperation
Dai Yanjuan / 252

Abstract: Global climate change affects the oceans far more significantly than it does the land. Climate change leads to the melting of ice caps and the expansion of seawater due to the rising internal temperature of the oceans. These effects subsequently lead to a continuous rise in sea levels, directly altering the living environments of land-based countries. The rising concentrations of CO_2 contribute to changes in marine ecosystems through the acidification of seawater, which affects the habitats of marine organisms. Additionally, climate change results in ocean heat waves, carrying a range of consequences for marine life and the communities' dependent on them. The solution to these challenges lies in controlling greenhouse gas emissions to slow down or halt climate change. The 27th Conference of the Parties (COP27) to the United Nations Framework Convention on Climate Change (UNFCCC), held in Sharm el-Sheikh, Egypt, in 2022, reaffirmed the commitment to limit global warming to 1.5 degrees Celsius above pre-industrial levels. The interplay between oceans and climate change has been acknowledged since the United Nations Blue Carbon Report in 2009. Countries have recognized blue carbon as an important approach to mitigate climate change. As of 2022, it is crucial for nations to actively promote international cooperation on blue carbon while strengthening efforts concerning oceans and seas. This collaboration is essential to achieve the goal of limiting global temperature rise to 1.5 degrees Celsius.

Keywords: Climate Change; Blue Carbon; International Maritime Cooperation; Climate Conferences

皮 书

智库成果出版与传播平台

❖ 皮书定义 ❖

皮书是对中国与世界发展状况和热点问题进行年度监测，以专业的角度、专家的视野和实证研究方法，针对某一领域或区域现状与发展态势展开分析和预测，具备前沿性、原创性、实证性、连续性、时效性等特点的公开出版物，由一系列权威研究报告组成。

❖ 皮书作者 ❖

皮书系列报告作者以国内外一流研究机构、知名高校等重点智库的研究人员为主，多为相关领域一流专家学者，他们的观点代表了当下学界对中国与世界的现实和未来最高水平的解读与分析。

❖ 皮书荣誉 ❖

皮书作为中国社会科学院基础理论研究与应用对策研究融合发展的代表性成果，不仅是哲学社会科学工作者服务中国特色社会主义现代化建设的重要成果，更是助力中国特色新型智库建设、构建中国特色哲学社会科学"三大体系"的重要平台。皮书系列先后被列入"十二五""十三五""十四五"时期国家重点出版物出版专项规划项目；自2013年起，重点皮书被列入中国社会科学院国家哲学社会科学创新工程项目。

权威报告·连续出版·独家资源

皮书数据库
ANNUAL REPORT(YEARBOOK)
DATABASE

分析解读当下中国发展变迁的高端智库平台

所获荣誉

- 2022年，入选技术赋能"新闻+"推荐案例
- 2020年，入选全国新闻出版深度融合发展创新案例
- 2019年，入选国家新闻出版署数字出版精品遴选推荐计划
- 2016年，入选"十三五"国家重点电子出版物出版规划骨干工程
- 2013年，荣获"中国出版政府奖·网络出版物奖"提名奖

皮书数据库

"社科数托邦"
微信公众号

成为用户

    登录网址www.pishu.com.cn访问皮书数据库网站或下载皮书数据库APP，通过手机号码验证或邮箱验证即可成为皮书数据库用户。

用户福利

- 已注册用户购书后可免费获赠100元皮书数据库充值卡。刮开充值卡涂层获取充值密码，登录并进入"会员中心"—"在线充值"—"充值卡充值"，充值成功即可购买和查看数据库内容。
- 用户福利最终解释权归社会科学文献出版社所有。

数据库服务热线：010-59367265
数据库服务QQ：2475522410
数据库服务邮箱：database@ssap.cn
图书销售热线：010-59367070/7028
图书服务QQ：1265056568
图书服务邮箱：duzhe@ssap.cn

社会科学文献出版社 皮书系列
SOCIAL SCIENCES ACADEMIC PRESS (CHINA)

卡号：249776815138

密码：

S 基本子库
SUB DATABASE

中国社会发展数据库（下设 12 个专题子库）

　　紧扣人口、政治、外交、法律、教育、医疗卫生、资源环境等 12 个社会发展领域的前沿和热点，全面整合专业著作、智库报告、学术资讯、调研数据等类型资源，帮助用户追踪中国社会发展动态、研究社会发展战略与政策、了解社会热点问题、分析社会发展趋势。

中国经济发展数据库（下设 12 专题子库）

　　内容涵盖宏观经济、产业经济、工业经济、农业经济、财政金融、房地产经济、城市经济、商业贸易等 12 个重点经济领域，为把握经济运行态势、洞察经济发展规律、研判经济发展趋势、进行经济调控决策提供参考和依据。

中国行业发展数据库（下设 17 个专题子库）

　　以中国国民经济行业分类为依据，覆盖金融业、旅游业、交通运输业、能源矿产业、制造业等 100 多个行业，跟踪分析国民经济相关行业市场运行状况和政策导向，汇集行业发展前沿资讯，为投资、从业及各种经济决策提供理论支撑和实践指导。

中国区域发展数据库（下设 4 个专题子库）

　　对中国特定区域内的经济、社会、文化等领域现状与发展情况进行深度分析和预测，涉及省级行政区、城市群、城市、农村等不同维度，研究层级至县及县以下行政区，为学者研究地方经济社会宏观态势、经验模式、发展案例提供支撑，为地方政府决策提供参考。

中国文化传媒数据库（下设 18 个专题子库）

　　内容覆盖文化产业、新闻传播、电影娱乐、文学艺术、群众文化、图书情报等 18 个重点研究领域，聚焦文化传媒领域发展前沿、热点话题、行业实践，服务用户的教学科研、文化投资、企业规划等需要。

世界经济与国际关系数据库（下设 6 个专题子库）

　　整合世界经济、国际政治、世界文化与科技、全球性问题、国际组织与国际法、区域研究 6 大领域研究成果，对世界经济形势、国际形势进行连续性深度分析，对年度热点问题进行专题解读，为研判全球发展趋势提供事实和数据支持。

法律声明

"皮书系列"（含蓝皮书、绿皮书、黄皮书）之品牌由社会科学文献出版社最早使用并持续至今，现已被中国图书行业所熟知。"皮书系列"的相关商标已在国家商标管理部门商标局注册，包括但不限于 LOGO（ ）、皮书、Pishu、经济蓝皮书、社会蓝皮书等。"皮书系列"图书的注册商标专用权及封面设计、版式设计的著作权均为社会科学文献出版社所有。未经社会科学文献出版社书面授权许可，任何使用与"皮书系列"图书注册商标、封面设计、版式设计相同或者近似的文字、图形或其组合的行为均系侵权行为。

经作者授权，本书的专有出版权及信息网络传播权等为社会科学文献出版社享有。未经社会科学文献出版社书面授权许可，任何就本书内容的复制、发行或以数字形式进行网络传播的行为均系侵权行为。

社会科学文献出版社将通过法律途径追究上述侵权行为的法律责任，维护自身合法权益。

欢迎社会各界人士对侵犯社会科学文献出版社上述权利的侵权行为进行举报。电话：010-59367121，电子邮箱：fawubu@ssap.cn。

社会科学文献出版社